普通高等教育"十一五"国家级规划教材

塑料成型工艺及模具设计

第 2 版

主　编　王　群　叶久新
副主编　伍先明　滕　杰　张　利　陈志钢
主　审　陈明安　杨先泽

机 械 工 业 出 版 社

本书为普通高等教育"十一五"国家级规划教材。全书共9章,第1、2章介绍了塑料成型基础知识和塑料制品设计;第3、4章详细地讲述了塑料注射成型原理及工艺、注射模具设计,也是全书的重点;第5~8章扼要地介绍了其他几种主要的塑料成型工艺及模具设计;第9章对近年来国内外不断发展的注射成型新技术特别是热流道模具进行了简介。

本书体现了理论与实际相结合的特点,具有较强的针对性、实用性和可操作性。本书可作为本科院校的材料成型及控制工程、机械设计制造及自动化、高分子科学与工程等专业以及高职、高专院校的模具设计与制造专业的专业课教材,也可供从事模具设计与制造的工程技术人员参考。

图书在版编目(CIP)数据

塑料成型工艺及模具设计/王群,叶久新主编. —2版. —北京:机械工业出版社,2018.12(2024.9重印)

普通高等教育"十一五"国家级规划教材

ISBN 978-7-111-61293-3

Ⅰ.①塑… Ⅱ.①王… ②叶… Ⅲ.①塑料成型-生产工艺-高等学校-教材②塑料模具-设计-高等学校-教材 Ⅳ.①TQ320.66②TQ320.5

中国版本图书馆 CIP 数据核字(2018)第 249816 号

机械工业出版社(北京市百万庄大街 22 号 邮政编码 100037)
策划编辑:冯春生 责任编辑:冯春生 杨 璇
责任校对:张晓蓉 封面设计:张 静
责任印制:单爱军
河北鑫兆源印刷有限公司印刷
2024 年 9 月第 2 版第 12 次印刷
184mm×260mm・17.75 印张・434 千字
标准书号:ISBN 978-7-111-61293-3
定价:45.00 元

电话服务 网络服务
客服电话:010-88361066 机 工 官 网:www.cmpbook.com
010-88379833 机 工 官 博:weibo.com/cmp1952
010-68326294 金 书 网:www.golden-book.com
封底无防伪标均为盗版 机工教育服务网:www.cmpedu.com

前　言

近年来，由于我国国民经济高速、稳定的增长，促进了我国模具工业迅速发展壮大，因此，模具设计与制造专业或相关的材料成型及控制工程专业已成为国内具有优势的热门专业之一。为了适应对模具人才培养的需求，编者凭着几十年模具教学方面的经验，以及长期指导学生进厂实习时所获得的心得和体会，在参考国内外有关著作和论文的一些精华，并加以提炼、融会贯通的基础上，编写了本书。

全书共9章，第1、2章介绍了塑料成型基础知识和塑料制品设计；第3、4章详细地讲述了塑料注射成型原理及工艺、注射模具设计，也是全书的重点；第5~8章扼要地介绍了其他几种主要的塑料成型工艺及模具设计；第9章对近年来国内外不断发展的注射成型新技术特别是热流道模具进行了简介。

本书的特点是：

◆ 全书在内容上注重对塑料成型工艺理论知识的提炼，着重模具设计的可操作性和实用性。

◆ 将各种塑料成型工艺与相应的模具结构、设计要点等内容融合为一体，以利于教学内容的连贯性和适应性。

◆ 针对各种成型特点选编大量典型模具结构图例，部分图例来自于工厂的原图。

◆ 书中给出了一个典型结构塑件完整的注射模设计实例，该实例中模具结构的确定、工艺计算、模架及标准件的选择等内容都非常详细，对于初学者具有很强的指导意义和参考价值。

◆ 为了便于教学和读者自学，本书配有供教师使用的授课型课件和供学生使用的自学型多媒体网络课件。在这两种课件中都加入了大量的图片、动画和视频等素材。

本书可作为本科院校的材料成型及控制工程、机械设计制造及自动化、高分子科学与工程等专业以及高职、高专院校的模具设计与制造专业的专业课教材，也可供从事模具设计与制造的工程技术人员参考。

本书由湖南大学材料学院王群和叶久新共同主编。本书副主编为广东理工学院伍先明、张利，湖南大学滕杰，湖南科技大学陈志钢。参加编写的人员还有：长沙大学李国锋，湘潭大学李应明，南华大学欧阳八生，湖南工业大学胡成武，长沙理工大学龙春光，湖南工程学院张利君、陶友瑞，湖南生物机电职业技术学院张秀玲，湖南工学院张蓉，长沙航空职业技术学院刘劲松，湖南湘西民族职业技术学院贾越华。宁波美灵塑模制造有限公司王仲定董事长和吴江波工程师，以及东莞贝斯特热流道科技有限公司杨晓东工程师等，为本书的编写提供了宝贵的资料。中南大学陈明安教授和从事模具生产40多年的杨先泽教授级高级工程师担任本书的主审，并提出了许多建设性的意见和建议，在此一并表示感谢！

由于编者水平有限，书中如有错误，热诚希望读者批评指正。

编　者

于长沙

目　　录

第1章 塑料成型基础知识

塑料一词的英文"Plastic"原义为可任意捏成各种形状的材料或可塑材料。在塑料工程中"塑料"的定义为"以合成树脂（或化学改性的天然的高分子化合物）为基本成分，可在一定的条件下（主要是温度和压力）塑化成型，产品最后能保持形状不变的材料"。塑料在成型过程中表现出的各种性能的变化和变形流动行为，主要取决于塑料中的基本成分——高分子聚合物。因此，研究塑料成型理论，首先应该了解聚合物的结构和性能。

1.1 聚合物的结构和性能

1.1.1 高分子聚合物的形成

将低分子化合物单体转变成高分子物质的过程称为聚合反应。单体经过这种聚合反应之后，其原子便以共价键的方式相结合，形成高分子结构，相对分子质量很大。一般低分子物质的相对分子质量只有几十至几百，如一个水分子仅含有一个氧原子和两个氢原子，其相对分子质量为 18，而一个高分子聚合物的分子含有成千上万个原子，相对分子质量可达几万、几十万，甚至几百万，如尼龙分子的相对分子质量大约为 2.3 万，而高密度聚乙烯的相对分子质量大约在 7 万~30 万之间，天然橡胶的相对分子质量高达 40 万左右。

1.1.2 高分子聚合物的结构

1. 聚合物的长链结构

组成聚合物的高分子呈链状结构，其链状结构有三种类型。

（1）线型高分子 如果整条高分子像一根长长的链条，且在其主链上基本没有分支，则这种结构的高分子称为线型高分子，如图 1-1a 所示。由线型高分子构成的聚合物称为线型聚合物或热塑性聚合物。这种聚合物可以被反复加热和冷却。

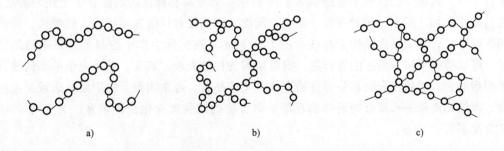

a)   b)   c)

图 1-1 高分子链状结构类型

a）线型高分子 b）支链型高分子 c）体型高分子

（2）支链型高分子 如果整条高分子具有一个线型主链，主链上带有一些支链，则这种结构的高分子称为支链型高分子，如图1-1b所示。由支链型高分子构成的聚合物称为支链型聚合物。这种聚合物一般也可以被反复加热和冷却，进行循环利用。

（3）体型高分子（网状高分子）　如果多个高分子之间发生交联化学反应，它们彼此相互连接，形成一种网状的高分子结构，则这种结构的高分子称为体型高分子（网状高分子），如图1-1c所示。由体型高分子构成的聚合物称为体型聚合物或热固性聚合物。它们一般都是由相对分子质量较小的预聚物经过交联化学反应之后形成的。这种聚合物只能在交联时进行一次加热，交联之后便会永远固化，即使再用高温也不会软化，直到在很高的温度下被烧焦、炭化为止。

2. 聚合物的聚集态结构

聚合物的聚集态结构是指聚合物分子链之间的排列和堆砌结构，也称为超分子结构。高分子的长链结构是决定聚合物基本性质的主要因素，而聚集态结构是决定聚合物本体性质的主要因素。对于实际应用中的高分子材料或塑件，其使用性能直接取决于其成型过程中形成的聚集态结构。

聚合物的聚集态结构有晶态（分子链在空间规则排列）、部分晶态（分子链在空间部分规则排列）和非晶态（分子链在空间无规则排列，也称为玻璃态）三种，如图1-2所示。

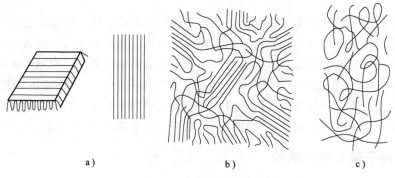

图1-2　聚合物三种聚集态结构示意图
a）晶态　b）部分晶态　c）非晶态

晶态聚合物由于分子链规则排列而紧密，分子间吸引力大，分子链运动困难，故其熔点、相对密度、强度、刚度、耐热性和抗熔性等性能好，其聚集态结构示意图如图1-2a所示；非晶态聚合物，由于分子链无规则排列，分子链的活动能力大，故其弹性、伸长率和韧性等性能好，其聚集态结构示意图如图1-2c所示；部分晶态聚合物性能介于上述两者之间，且随结晶度增加，熔点、相对密度、强度、刚度、耐热性和抗熔性均提高，而弹性、伸长率和韧性则降低，其聚集态结构示意图如图1-2b所示。在实际生产中控制上述影响结晶的诸因素，可以得到不同聚集态的聚合物，满足所需的性能要求。其实，获得完全晶态的聚合物是很困难的，大多数聚合物都是部分晶态或完全非晶态。通常用聚合物中结晶区域所占的百分数，即结晶度来表示聚合物的结晶程度。聚合物的结晶度变化范围很宽，为30%~90%，特殊情况下可达98%。

1.1.3　高分子聚合物的物理状态、力学状态及加工适应性

在自然界对于一般低分子化合物而言，在常温下其聚集状态可呈三态，即气态、液态和固态。然而，由于聚合物的相对分子质量巨大且分子结构的连续性，所以它们的聚集状态是

在不同的热力条件下呈现出独特的三态。例如：对于线型非晶态高聚物而言，分别是玻璃态、高弹态和黏流态；对于线型晶态高聚物而言，分别是结晶态、高弹态和黏流态（具体与结晶程度有关）。下面分别加以讨论。

1. 线型非晶态高聚物的物理状态、力学状态及加工适应性

线型非晶态高聚物在受热过程中有几个重要的温度点，分别是脆化温度 T_x、玻璃化温度 T_g、黏流温度 T_f（对于线型晶态高聚物称为熔点 T_m）以及分解温度 T_d。

（1）玻璃态　如图 1-3 所示，当 $T < T_g$ 时，高聚物所有的分子链间的运动和链段的运动都被"冻结"，分子所具有的能量小于链段转动所需要的能量，且分子内聚力大，弹性模量高，整个物质表现为非结晶相的固体，像玻璃那样，即称为玻璃态。处于此状态的高聚物，在外力作用下，只能通过高分子主链键长、键角的微小改变来发生变形，故变形很小，断后伸长率一般在 0.01% ~ 0.1% 范围内。同时在极限应力范围内形变具有可逆性，当外力除去后立即恢复原状。

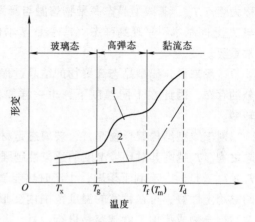

图 1-3　高聚物的物理状态与温度的关系
1—线型非晶态高聚物　2—线型晶态高聚物

上述力学特点决定了在玻璃态下聚合物不能进行大变形的成型，只适于进行机械加工，如车削、锉削、钻孔、车螺纹等，所以 T_g 是大多数高聚物成型加工的最低温度。

如果将温度降低到 T_g 以下某一温度 T_x 时，即使是分子振动也几乎被冻结，所以材料的韧性会显著降低，在受到外力作用时极易脆断，故将 T_x 称为脆化温度，它是所有高聚物性能的终止点，即高聚物使用的下限温度。

（2）高弹态　当受热温度超过 T_g 时，由于分子动能逐渐增加，链段开始运动，此时高聚物在外力作用下会产生变形，当除去外力后又会缓慢地恢复原状，类似橡胶状态的弹性体，即称为高弹态。聚合物表现出这种现象的原因如下：当温度升高时，分子动能增大，足以使大分子链段运动，但还不能使整个分子链运动，但分子链的柔性已大大增加，此时分子链呈卷曲状态，这就是高弹态，它是高聚物所独有的状态。高弹态高聚物受力时，卷曲链沿外力方向逐渐舒展拉直，产生很大的弹性变形，其宏观弹性变形量可达 100% ~ 1000%。外力去除后分子链又逐渐地回缩到原来的卷曲状态，弹性变形逐渐消失。由于大分子链的舒展和卷曲需要时间，所以这种高弹性变形的产生和回复不是瞬时完成的，而是随时间逐渐变化。

在这种高弹态下，对于非晶态高聚物可进行压力（压延、冲压、弯曲等）成型、真空成型、中空成型等。值得注意的是，进行上述成型加工时，为得到所需形状和尺寸的塑件，必须在成型后快速地冷却到 T_g 温度以下。

（3）黏流态　当高聚物受热超过一定范围时，分子动能增加到使链段与整个高分子链都可移动的程度，这时即成为能流动的黏稠状液体，称为黏流态，也称为熔体。此时的温度称为黏流温度 T_f。

在黏流态下，可依次进行挤出、吹膜、注射、贴合及熔融纺丝等成型加工。当温度继续

升高时，聚合物的黏度将大大降低，流动性大大增加，容易引起诸如注射成型中的溢料，挤出塑件的形状扭曲、收缩和纺丝过程中纤维的毛细断裂等现象。当高聚物再升高到分解温度 T_d 附近时，聚合物开始分解变色，以致降低塑件的物理、化学性能，或引起塑件外观不良现象。

2. 线型晶态高聚物的物理状态、力学状态及加工适应性

线型晶态高聚物和线型非晶态高聚物的温度-形变曲线有两处不同：一是 T_f 对应的温度称为熔点 T_m，是线型晶态高聚物熔融与凝固之间的临界温度；二是完全结晶的聚合物在 T_g 与 T_m 之间基本不呈现高弹态（应变量基本保持不变），这对扩大聚合物的使用温度范围非常重要。

一般来说，线型晶态高聚物的结晶过程不可能很彻底，总有非结晶部分。由于非结晶部分的存在，因此在不同温度下，也一样要发生玻璃态与高弹态、高弹态与黏流态之间的转变。

对于线型结构聚合物而言，玻璃态是材料的使用状态，T_g 是衡量材料使用范围的重要标志之一。T_g 越高其对环境温度的适应性越强。T_f（T_m）和 T_d 可用来衡量聚合物的成型性能，T_f（T_m）低时，有利于熔融，生产时热能消耗小；T_f（T_m）~ T_d 温度区间大时，聚合物熔体的热稳定性好，可在较宽的温度范围内变形和流动，而不易分解，即 T_f（T_m）~ T_d 的范围越宽，聚合物成型加工就越容易进行。

1.2 聚合物的流变性质

流动和变形是塑料成型加工中最基本的工艺特征。聚合物流变学主要是研究聚合物在外力作用下产生的应力、应变和应变速率等力学现象与自身黏度之间的关系，以及影响这些关系的温度、压力以及分子结构等因素。研究这些内容对于塑料的选择、成型工艺条件的确定、模具和成型设备的设计和选择以及提高塑件质量都有着重要的指导意义。

1.2.1 聚合物的黏弹性质

1. 成型过程中的应力和应变

塑料在成型过程中的流动和变形都是成型设备对其施加外力的结果。塑料受力后会产生与外力相平衡的内力，单位面积上的内力称为应力。按照受力的方式不同，可以将应力分为切应力 τ、拉应力和压应力 σ。塑料在应力作用下产生的形状和尺寸的变化称为应变。与三种应力相对应的应变分别为：反映形状变化的切应变 γ、反映尺寸变化的拉应变和压应变 ε。实际上，塑料在成型过程中受到的应力是复杂的，往往是两种或三种应力的叠加，从而发生相应的形状和尺寸的变化。

2. 聚合物变形流动时的黏弹性质

聚合物在不同的物理状态下受力变形都是聚合物高分子链运动的结果。通常情况下，聚合物从微小链段运动（或振动）开始发生弹性变形，至整个高分子链内的解缠、伸直和滑移引起的黏性变形为止，总是一个循序渐进的发展过程，因此，聚合物从黏流态下受力流动，其高分子变形必须经过一个弹性阶段才能过渡到黏性阶段。由此可见，塑料熔体在成型过程中的变形和流动同时具有弹性和黏性性质，一般统称为塑料变形时的黏弹性质，或称为塑料在成型过程中的黏弹性行为。

3. 聚合物变形的滞后效应与松弛

聚合物熔体的高弹变形和黏性变形都与时间有关，即聚合物熔体从开始变形到变形与应力相适应的平衡状态必须要经过一定的时间过程。这种变形对应力的滞后响应称为滞后效应，而变形与应力之间的平衡过程称为松弛。

在实际生产中，为了提高生产率，充型后的塑料在保压压力作用下，以较快速度冷却固化时，高分子没有足够的时间进行紧密的排列，所以变形量与注射压力和保压压力的作用不相适应，塑件脱模后内部存在较大的残余应力。在后来的使用过程中，塑件内部残余应力将通过聚合物中的分子的变形与重排而逐步释放，这种与松弛有关的现象称为时效变形。时效变形持续的时间可达数年之久。有时为了防止残余应力过大或时效变形过大而影响使用性能，常常还要采取一些措施对脱模后的塑件进行后处理，如退火处理。

1.2.2 聚合物的流动规律

1. 牛顿型流体

流体在平直圆管内受切应力而发生的流动形式有层流和湍流两种。层流被看成一层层彼此相邻且平行的薄层流体沿外力作用方向进行相对滑移，而且各层之间无相互影响。湍流则是流体各点的速度大小与方向都随时间而变化，且流体内相互干扰严重。层流与湍流的区分以雷诺数（Re）为准，$Re = Dv\rho/\eta$，其中，D 是管道直径；v 是流体的平均速度；ρ 是流体的密度；η 是流体剪切黏度。

通常称 $Re < 2100$ 时为层流，$Re > 4000$ 时为湍流。在塑料成型中，其熔体流动时的 $Re < 10$，聚合物分散体也不会大于 2100，所以塑料在成型加工过程中的流动基本上属于层流。

描述流体层流的最简单规律是牛顿流动定律，是牛顿于 1687 年提出来的，其内容为：在一定温度下，当切应力 τ 作用于两个相距为 dr 的液体平行层面并以相对速度 dv 移动时（图 1-4），则切应力 τ 与剪切速率 dv/dr（也称为速度梯度）之间呈下列直线关系

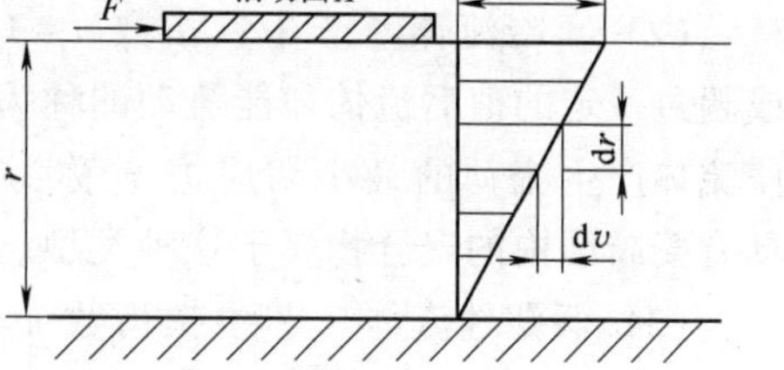

图 1-4 切应力（F/A）与剪切速率的关系

$$\tau = \eta(dv/dr) = \eta\dot{\gamma} \tag{1-1}$$

式中，η 是比例常数，常称为牛顿黏度（Pa·s 或 N·s/m^2）；τ 是切应力（Pa）；$\dot{\gamma}$ 是剪切速率（s^{-1}）。

凡是切应力与剪切速率符合式（1-1）的流体都称为牛顿型流体。

2. 非牛顿型流体

如上所述，凡液体流动时不服从式（1-1）的均称为非牛顿型流体。大多数聚合物熔体都是非牛顿型流体，并且，它们中的大多数又都服从 Ostwald-De Waele 提出的指数流动规律，即有

$$\tau = K\dot{\gamma}^n = K\left(\frac{dv}{dr}\right)^n \tag{1-2}$$

式中，K 是稠度系数，与聚合物种类和温度有关的常数，可反映聚合物熔体的黏稠性；n 是非牛顿指数，与聚合物温度有关的常数，可反映聚合物熔体偏离牛顿型流体性质的程度。令

$$\eta_a = K \dot{\gamma}^{n-1} \tag{1-3}$$

则式（1-2）可以改写为与式（1-1）相类似的形式，即

$$\tau = \eta_a \dot{\gamma} \tag{1-4}$$

式中，η_a 称为非牛顿型流体聚合物熔体的表观黏度（或非牛顿黏度）。

非牛顿指数 n 和稠度系数 K 均可由试验测定。其中，当 $n=1$ 时，则有 $\eta_a = K = \eta$，此时该非牛顿型流体转变为牛顿型流体。

由此可见，n 的值反映了非牛顿型流体偏离牛顿型流体的程度。当 $n \neq 1$ 时，绝对值 $|n-1|$ 的值越大，流体的非牛顿性越强，剪切速率对表观黏度的影响越强。显然，由式（1-3）可以看出，在其他条件一定时，K 值越大，非牛顿型流体聚合物熔体的表观黏度，即流体的黏稠性也越大，则流体的切变形和流动越困难。

非牛顿型流体原则上包括黏性流体、黏弹性流体及时间依赖性流体。但在常用塑料中，仅只有少数聚合物的熔体呈时间依赖性，而对塑料的黏弹性研究也不充分，所以通常将非牛顿型流体当作黏性流体看待。

以切应力 τ 对 dv/dr（或 $\dot{\gamma}$）所作图线称为流动曲线，如图 1-5 所示。根据 τ-$\dot{\gamma}$ 曲线，可将塑料熔体分为牛顿型流体、宾哈流体、假塑性流体、膨胀性流体和复合流体。

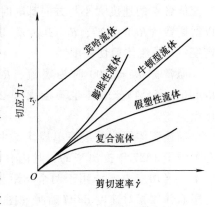

图 1-5　不同类型流体的流动曲线

（1）牛顿型流体　非牛顿指数 $n=1$，且流体的 τ-$\dot{\gamma}$ 曲线是一条通过坐标原点的直线，表观黏度与剪切速率无关，其直线的斜率即为牛顿黏度 η。

（2）宾哈流体　非牛顿指数 $n=1$，且切应力达到或超过一定的值后流体才能流动的称为宾哈流体，需要使流体产生流动的最小切应力 τ_y 称为屈服应力。一般具有凝胶结构的聚合物属于这种类型。

（3）假塑性流体　非牛顿指数 $n<1$ 时，流体的表观黏度是随剪切速率的增加呈非线性下降的，称为剪切变稀现象。除了热固性的聚合物和少数热塑性的聚合物外，大多数聚合物熔体的流动行为均属于这类假塑性流体。

（4）膨胀性流体　非牛顿指数 $n>1$ 时，流体的切应力随剪切速率的增加呈非线性增大的趋势，称为膨胀性流体。其表观黏度也随剪切速率的增加而升高，称为剪切增稠现象。

（5）复合流体　复合流体的剪切速率在一定范围内，表现出假塑性流体的"剪切变稀"的特性；剪切速率超过一定的值时，又表现出膨胀性流体的"剪切增稠"的特性。

3. 影响高分子聚合物黏度的因素

黏度是描述塑料熔体流变行为最重要的量度。从前面的叙述可知，表观黏度 η_a 与流体的稠度系数 K、非牛顿指数 n 以及剪切速率 $\dot{\gamma}$ 有关，此外还与聚合物结构、温度以及压力等有关。

（1）聚合物的分子结构和相对分子质量对黏度的影响

1）分子结构。聚合物的分子结构对黏度的影响比较复杂，大分子链柔顺性较大的聚合物，链间的缠结点多，链间的解缠、伸长和滑移都困难，熔体流动时的非牛顿性（熔体的黏度和黏度对剪切速率的敏感性）就强；而对于链的刚硬性高且分子间的吸引力较大的聚合物，熔体的黏度对温度的敏感性增加，非牛顿性减弱，提高成型温度有利于改善流动性能（如 PC、PS、PA 等）。

2）相对分子质量。聚合物相对分子质量比较大时，大分子链会有所加长，大分子链重心移动减慢，链段间相对位移被抵消的机会增多，链的柔顺性增大，缠结点增多，解缠、伸长和滑移困难，一般都需要较大的剪切速率和较长的剪切时间，所以，熔体的非牛顿性会增大。通常塑料熔体在注射成型时都要求有较好的流动性，对于相对分子质量较大而造成的流动性不好的聚合物通常要添加一些低分子物质（如增塑剂），以减小相对分子质量并降低其熔体黏度，改善塑料熔体的流动性。

3）相对分子质量分布。聚合物内大分子链之间相对分子质量的差异称为相对分子质量分布，差异越大分布越宽，反之分布越窄。在聚合物平均相对分子质量相同时，当相对分子质量分布较宽时，聚合物熔体的黏度较小，非牛顿性较强。虽然这种低的黏度易于注射成型，但是成型出的塑件的性能却比较差。所以，要选用相对分子质量分布较窄的聚合物并通过其他途径改善其黏度，从而得到性能较好的塑件。

（2）温度对黏度的影响　由于温度影响聚合物大分子链的热运动，所以聚合物的黏度也受温度的影响。通常随着聚合物温度的升高，其体积也会膨胀，大分子链之间的体积也会膨胀，大分子链之间的自由空间也会随之增大，分子间的范德华力减小，有利于大分子的变形和流动，从而降低了熔体的黏度。不同熔体的黏度对温度的敏感程度并不相同，一般与聚合物相对分子质量和分布范围有关。

（3）压力对黏度的影响　由于聚合物大分子长链的结构非常复杂，自由状态下堆砌密度低，分子间有较大的自由空间。当压力增大时意味着分子间空间缩小，也就使得分子链间的移动变得困难，从而使得熔体的黏度增大。

（4）助剂对黏度的影响　为了保证使用性能和加工需要，多数高分子聚合物都要添加一些助剂才能使用。这些助剂包括各种填充剂、增塑剂、润滑剂、稀释剂、着色剂、稳定剂和改性剂等。助剂不同对高聚物熔体的黏度影响也不同。例如：增塑剂和润滑剂能明显地降低熔体的黏度；一些很细的填充剂如亚硫酸钙和二氧化硅等也会降低熔体的黏度。

1.2.3　聚合物的弹性

聚合物是一种具有弹性固体和黏性液体双重性质的黏弹性材料。当聚合物受到外力时，一部分能量消耗在用于熔体流动的黏性变形，这部分变形在外力去除后不能回复；而另一部分变形的能量被储存起来，在外力去除后得到回复。例如：塑料在挤出成型时的离模膨胀现象就是一个非常典型的实例。

1. 聚合物熔体的弹性类型

可将聚合物熔体所表现的弹性分为剪切弹性和拉伸弹性。

（1）剪切弹性　成型物料所受的切应力 τ 与其发生的剪切弹性变形 γ_R 之比称为剪切弹性模量，简称为切变模量，用符号 G 表示。由上述定义得

$$G = \tau / \gamma_R$$

（2）拉伸弹性　成型物料所受的拉应力 σ 与其发生的拉伸弹性变形 ε_R 之比称为拉伸弹性模量，用符号 E 表示。由上述定义得

$$E = \sigma / \varepsilon_R$$

值得注意的是剪切变形和拉伸变形总是同时发生的，所以其总效果是两者叠加的结果。

2. 聚合物熔体流动过程中的弹性行为

聚合物熔体在流动过程中最常见的行为是端末效应和失稳流动。

（1）端末效应　因为聚合物熔体在导管中流动时受到摩擦和产生高弹性变形，所以要消耗一部分压力而导致沿流动方向压力的下降；同时熔体在进入导管入口端一定的区域内的收敛流动中也会产生一定的压力降。另外，在聚合物熔体流出导管端口时由于高弹变形的回复又会引起聚合物熔体的膨胀。这种在导管入口端和出口端出现的与聚合物熔体弹性行为有紧密联系的现象称为入口效应和出口膨胀效应，合称为端末效应。

（2）失稳流动　在挤出成型时，聚合物熔体在低切应力和低剪切速率作用下，挤出物具有均匀的形状和光滑的表面，如图1-6所示。

这种现象表明在低切应力和低剪切速率的牛顿流动条件下，被剪切破坏的大分子卷曲和缠结结构有较长的时间得以恢复，各种因素引起的小的扰动容易得到抑制。在高切应力和高剪切速率作用下，大分子链几乎被完全拉直，继续变形就会呈现很大

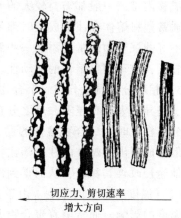

切应力、剪切速率
增大方向

图1-6　聚甲基丙烯酸甲酯（PMMA）
在不同切应力作用下发生失稳
流动时的挤出物试样（170℃）

的弹性性质，导致其熔体的流动无法保持稳定层流而变成弹性湍流状态，各种因素相互干扰，通常将这种现象称为失稳流动。引起失稳流动的切应力和剪切速率分别称为极限切应力和极限剪切速率。当聚合物熔体在失稳状态流动时，挤出物的表面变得粗糙，失去光泽，形状也变得粗细不均和扭曲，严重时会得到波浪形和竹节形或周期性螺旋性挤出物，在极端严重的情况下，甚至会出现断裂的、形状不规则的碎片或圆柱，如图1-6所示。

根据当前的研究结果可知，失稳流动和熔体破裂主要受分子结构、温度和流道结构的影响。

1）分子结构。通常聚合物相对分子质量越大、分布越窄，则出现失稳流动的极限切应力越小，即聚合物熔体的非牛顿性越强，弹性行为越突出，越容易发生失稳流动。

2）温度。提高聚合物熔体的温度能使极限切应力和极限剪切速率提高。但是温度对两者的影响程度不同，如聚乙烯的极限剪切速率比极限切应力对温度要敏感得多，在这种情况下，确定注射温度时，可用的温度下限是根据极限切应力来确定的，如果单从降低黏度的观点出发，凭借极限剪切速率允许的温度进行，就有可能造成切应力过大而使流体出现失稳流动。

3）流道结构。在大横截面流道向小横截面流道过渡处，将图1-7a所示突然过渡改为图1-7b所示逐步过渡，从而对稳定熔体流动和提高注射速度都起到重要作用。

1.2.4 聚合物熔体的充型流动

充型是指高温聚合物熔体在注射压力的作用下，通过流道和浇口后在低温型腔内流动和成型的过程。模具结构和注射工艺参数等因素都会影响聚合物熔体充型流动。充型流动是否连续和平稳，将直接影响到塑件的表面质量、形状尺寸和力学性能。

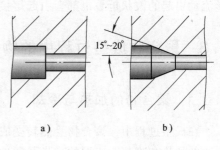

图 1-7　流道结构
a) 不合理　b) 合理

1. 浇口和型腔对熔体充型流动的影响

浇口的横截面高度与型腔的深度之比对充型流动的初始状态起着重要作用。根据浇口的横截面高度与型腔的深度的比值大小可分为三种情况讨论。

(1) 浇口的横截面高度与型腔的深度相差很大　当聚合物熔体从一个小的浇口进入一个较深的型腔时，容易产生喷射现象。受离模膨胀的影响，高速充型的熔体很不稳定，熔体表面粗糙且容易破裂，即使不发生破裂，先喷射的熔体也会因为速度的减慢而阻碍后面熔体的流动，在型腔内形成蛇形，如图 1-8a 所示，从而在塑件成型后产生波纹状痕迹或表面瑕疵。

(2) 浇口的横截面高度与型腔的深度相差不大　当浇口的横截面高度与型腔的深度相差不大时，熔体将以中速充型，熔体通过浇口后一般不会发生喷射流动，适当地降低注射速度，提高熔体的注射温度和模温，熔体进入型腔后则会以一种比较平稳的扩展性运动流动，如图 1-8b 所示。

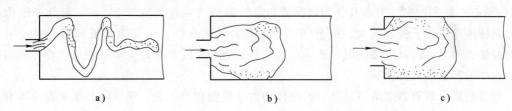

图 1-8　熔体充型时的不同表现
a) 高速　b) 中速　c) 低速

(3) 浇口的横截面高度与型腔的深度接近　当浇口的横截面高度与型腔的深度接近时，熔体一般不会发生喷射流动的现象，所以在浇口条件适当时，熔体能以低速平稳的扩展流动充型，如图 1-8c 所示。

2. 扩展流动充型与熔接痕

聚合物熔体以层流的方式在型腔内进行扩展流动，随着料流前沿运动的不同特点将充型运动过程相应地分成三个典型的阶段，即前锋料流呈辐射状流动的起始阶段、前锋料流呈圆弧状的过渡阶段以及以黏流性熔膜为前锋料头的匀整运动主阶段。热塑性塑料熔体充型的整个过程，可以看作是在低温熔膜阻滞作用下，熔体进行滞流移动的过程。

当熔体在型腔中流动的过程中遇到型芯和嵌件等障碍物时，则熔膜将被分成两股，最终在两股料流的汇合处产生熔接痕。一般情况下，熔体的温度越低，塑件在熔接痕处的强度越差。另外，当同一个型腔采用多个浇口进料时，或塑件的壁厚发生变化以及熔体的喷射和蛇形流动引起的波状折叠也都会引起熔接痕。

1.3 聚合物成型过程中的物理行为

1.3.1 聚合物的加热与冷却

在成型过程中，聚合物受热转变成黏流态，成型后又从黏流态转变成玻璃态，因此，聚合物的加热和冷却对成型的难易及塑件质量有很大的影响。

聚合物的传热主要以扩散的方式进行。由于聚合物的分子链较长等原因，造成聚合物的传热性不佳，因此，如果仅仅靠加热的方式来提高熔体的流动性往往会造成局部熔体的过热，从而导致聚合物的分解。一般将加热升温与增加熔体的摩擦生热结合起来才能获得比较满意的效果。同样，在塑料成型时，如果过分加大冷却速度也会由于塑件各部分冷却速度相差太大而造成很大的内应力。

另外，结晶型聚合物在受热转变成熔体的过程中会因为要吸收结晶潜热，而比非结晶型聚合物要消耗更多的热量。同样，结晶型聚合物在熔体的冷却过程中也会释放出更多的热量。

1.3.2 聚合物的结晶

1. 聚合物的结晶现象

根据聚合物从高温熔体向低温玻璃态冷却转变的过程中是否出现聚合物的分子链构型（结构形态）规则排列，可将其分为结晶型与非结晶型（或称为无定型）。一般分子结构简单、对称性高或分子链节虽大，但分子间力也很大的聚合物，从高温向低温转变时均可结晶，如聚乙烯、聚四氟乙烯、聚甲醛等；对于分子刚性大或带有庞大侧基的聚合物一般很难结晶，如聚苯乙烯、聚砜等。

结晶型聚合物和非结晶型聚合物的物理和力学性能相差很大。通常结晶型聚合物具有耐热性、非透明性和较高的力学性能，而非结晶型聚合物则相反。另外，高分子聚合物的结晶态与低分子物质结晶态也有很大的差别，主要表现为晶体不整齐、结晶不完全、结晶速度慢以及没有明显的熔点等。

2. 结晶对塑件质量的影响

通常结晶度大的塑件密度大，强度、硬度高，刚度、耐磨性好，耐化学性和电性能好；结晶度小的塑件，柔软性、透明性较好，伸长率和冲击强度较大。

1.3.3 聚合物的取向

1. 取向及其机理

聚合物高分子及其链段或结晶型聚合物的微晶粒子在应力作用下形成的有序排列，即称为取向（或定向）。根据应力性质不同，聚合物的取向可分为两种：一种是在切应力作用下沿着熔体流动方向形成的流动取向；另一种是由拉应力引起的与应力方向一致的拉伸取向。无论哪种取向都会导致塑件力学性能的各向异性，即沿取向方向的机械强度总是大于与其垂直方向上的机械强度。

当熔体从浇口流入模具型腔时，料流呈辐射状态，形成多轴（平面）取向结构。随着熔体不断地流入型腔，与型腔表面接触的熔体会迅速冷却，形成一个来不及取向的薄壳表面层。它对后续流入的熔体产生很大的摩擦切应力，以致产生很强的取向。与此同时，熔体内部因摩擦小，取向程度轻微。图1-9所示为从两个横截面上形象地表达注射矩形长条试样时的取向程度分布，其中图1-9a所示为轴横截面上的分布，图1-9b所示为纵横截面上的分布。

纤维状填料在扇形塑件中流动取向过程如图1-10所示。熔体从浇口处沿半径散开；在扇形型腔中心部位的流速大，当熔体前锋碰到型腔壁后被迫转向两侧形成垂直于半径方向的流动；熔体中的纤维状也随着熔体的流动方向的改变而改变，最后填料形成弓形排列。图1-10中数字1~6表示取向过程的顺序。

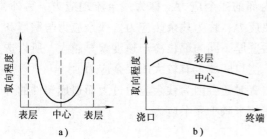

图1-9　注射矩形长条试样时的取向程度
a）轴横截面上的分布　b）纵横截面上的分布

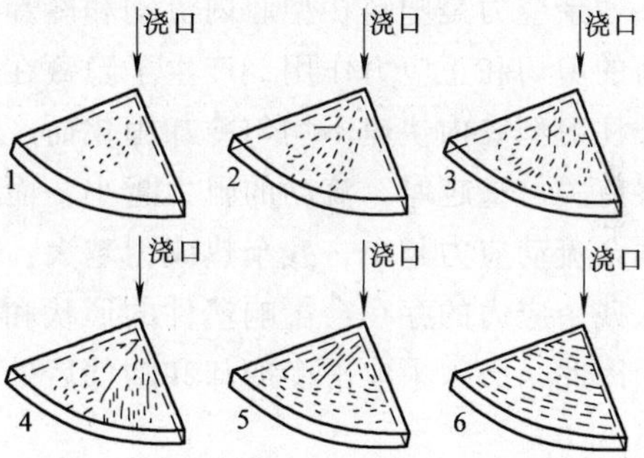

图1-10　纤维状填料在扇形塑件
中流动取向过程

2. 影响取向的因素

熔体流动时所达到的大分子的取向程度，要由取向与解取向的相对优势决定，所以在注射成型中，凡是能改变熔体流动速度梯度和熔体停止流动后在玻璃化温度以上的停留时间等因素都会影响聚合物的取向程度和分布。在这些因素中，温度、塑件壁厚、注射压力、保压力、充型速度、浇口等因素影响较为显著。

（1）温度　熔体和模具温度的升高都会使取向程度下降。这是因为温度升高后，虽然有利于熔体变形和流动，取向程度有可能增大，但与此同时，聚合物内由于温度升高带来的解取向的过程增长更快。

（2）注射压力和保压力　提高注射压力和保压力能增加熔体中的切应力和剪切速率，有助于加强取向过程，使得取向程度和塑件的密度提高。

（3）充型速度　慢速充型时熔体与周围的流道和型腔表面接触时间长，由于此时大量的热量被模具带走，大分子松弛的时间变短（即解取向能力下降），从而取向程度加强。快速充型时，塑件的表层附近可以获得高度的取向，但由于内部的温度下降较慢，其解取向的能力增强，取向程度比表层轻。

（4）浇口　采用大浇口时，由于浇口冻结较晚，流动过程被延长，则会使浇口附近的分子取向程度加强。

另外，聚合物的比热容和结晶潜热较大时，也会使冷却速度减慢，解取向能力增强，取向程度减小。

3. 取向对聚合物性能的影响

对于非结晶型聚合物来说，由于取向是大分子及其链段的有序排列，取向后的聚合物会呈现出明显的各向异性，沿着取向方向力学性能显著提高，与取向方向垂直的方向力学性能显著下降。结晶型聚合物的取向是连接晶片的微细分子束链段伸直的结果，力学性能和密度都在该取向方向上得到提高，弹性和韧性也会改善，但伸长率却因大分子的规则排列而有所下降。分子的取向对某些塑料是需要的，如生产薄膜、拉丝与铰链，会使塑件沿拉伸方向的抗拉强度、光泽度与抗弯强度均有所增加。但对某些壁厚较大的塑件，要力图消除这种各向异向，否则，塑件会产生翘曲和变形等缺陷。

1.3.4　残余应力

残余应力是塑料在型腔内流动和冷却的过程中产生的。在注射和保压阶段，塑料受到不均衡的剪切和正应力作用，产生了隐藏在塑件内部的残余应力，称为残余流动应力。另外，由于注射型腔内快速不均匀冷却固化而产生的热应力，称为残余热应力。残余应力与壁厚和位置有关，壁越厚，流动的阻力越小，而成型后壁厚不同的部位冷却速度差异越大，所以造成残余流动应力越小，残余热应力越大；另外，浇口区域也有较大的残余应力。

残余应力的存在会影响塑件的形状和尺寸，有时还会因为残余应力过大而造成塑件的开裂，因此，必须采取平衡冷却和塑件后处理等措施来减小残余应力。

1.4　聚合物成型过程中的化学行为

1.4.1　聚合物降解

塑料的成型加工通常是在高温、高压下进行的。因此，聚合物分子受到热、应力、微量水、酸、碱等以及空气中氧的作用，会导致聚合物链断裂、分子变小、相对分子质量降低的现象称为聚合物降解（也称为裂解）。轻度降解会使聚合物变色；进一步降解会使聚合物分解出低分子物质，使塑件出现气泡和流纹弊病，降低塑件各项物理、力学性能；严重降解会使聚合物焦化变黑并产生大量的分解物质。因此，所有的塑件，即使是只含有一小部分焦化材料，也应该及时去除，否则，不仅会影响塑件的外表，更重要的是会严重削弱该处材料的物理、化学性能。

1. 降解的种类

（1）热降解　聚合物在成型过程中由于在高温下受热时间过长而引起的降解称为热降解。在一般情况下，热降解的温度稍高于热分解温度。从广义上讲，聚合物因加热温度过高而引起的热分解现象也属于热降解的范畴。因此，在塑料成型过程中要注意严格控制成型的温度和加热时间，以保证塑件的质量。

（2）氧化降解　聚合物在使用过程中由于经常和空气中的氧接触，某些化学链较弱的部分经常产生某些不稳定的过氧化结构，这种结构很容易分解产生游离基，从而导致聚合物发生降解，这种因为氧化而发生的降解称为氧化降解。如果没有热量和紫外线的作用，聚合物的氧化降解极为缓慢。也可以说，高温对氧化降解起催化作用，温度越高氧化降解越快，在实际生产中将这种高温氧化下的快速氧化降解称为热氧化降解。很明显，聚合物的热降解与热氧化降解基本上一样，只不过热降解的意义更加广泛。

（3）水降解　当聚合物的分子结构中含有容易被水解的碳——杂链基团（如酰胺基、醚基等）或容易被水解的聚合物氧化基团时，在成型温度和压力下，这些基团很容易被聚合物中的水分解，生产中将这种现象称为水降解。因此，为了避免水降解现象的发生，成型前应该对聚合物进行充分干燥，这对吸湿性较大的聚酰胺、聚酯和聚醚等原材料尤其重要。

（4）应力降解　在成型过程中，聚合物高分子链在一定的应力作用下发生断裂而引起的降解称为应力降解。值得注意的是，应力降解发生时，常常伴随着热量的释放，如果不将这些热量及时扩散出去，则可能同时发生热降解。

2. 防止降解的方法

通常降解是有害的，它将使塑料的性能变差，甚至使得成型过程难以控制。因此，在生产中必须采取一定的措施来防止聚合物降解。

1）严格控制成型原料的技术指标，避免因原材料不纯对降解产生催化作用。

2）成型前对物料进行充分的预热和干燥，严格控制其含水量。例如：对于吸湿性较大的聚酰胺、聚酯和聚醚等原材料，要将其含水量控制在 0.2% 以下。

3）制订合理的成型工艺参数，保证聚合物在不易降解的条件下成型，这对热稳定性差、成型温度接近分解温度的原料尤为重要。为了尽可能避免降解的发生，对这类原料可以绘制成型温度范围图，以便正确合理地确定成型工艺参数，图 1-11 所示为硬聚氯乙烯的成型温度范围图。

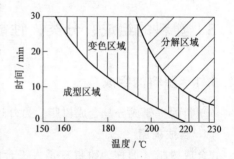

图 1-11　硬聚氯乙烯的成型温度范围图

4）成型设备和模具应该具有良好的结构，与聚合物接触的地方不应该有死角和缝隙，流道长度要适中，加热和冷却系统应该有灵敏度较高的显示装置，以保证良好的温度控制和冷却速率。

5）对热、氧稳定性较差的聚合物，可以考虑在配方中加入稳定剂和抗氧化剂等，以提高聚合物的抗降解能力。

1.4.2　聚合物交联

聚合物由线型结构转变为体型结构的化学反应过程称为交联。经交联后，塑件的强度、耐热性、化学稳定性和尺寸稳定性均有所提高。交联反应主要用于热固性聚合物的成型固化中，对于热塑性聚合物一般不使其产生交联反应，因为那样会对热塑性聚合物的流动、成型以及对成型后的塑件性能带来不利的影响。

仅从化学意义上讲，交联是聚合物高分子链上的反应基团（如羟甲基等）或反应活点（不饱和键）与交联剂作用的结果。在生产中，"交联"一词常常用"硬化"和"熟化"这两个词代替。所谓"硬化得好"和"熟化得好"，并不意味着交联反应的完全，而实际只是指成型固化过程中的交联反应发展到了一种最为适宜的程度，在这种程度下，塑件能获得最佳的物理和力学性能。通常情况下，由于各种原因，聚合物很难完全交联，但是，硬化程度则可以完全达到甚至超过 100%。因此，生产中常常将硬化程度超过 100% 的情况称为过熟；反之，称为欠熟。值得注意的是，对于不同的热固性聚合物，即使采用了同一类型和同一品级的聚合物，如果添加的助剂不一样，它们发生完全硬化时的交联反应程度也有一定的差异。

一般来讲，不同的热固性聚合物，它们的硬化方式（即交联反应过程）也不同，但硬化速度都随温度升高而加快，最终完成的硬化程度与硬化过程持续的时间长短有关。硬化时间短时，塑件容易欠熟（硬化不足），内部会有比较多的可溶性低分子物质，而且分子之间的结合也不强，因此，导致塑件的强度、耐热性、化学稳定性和绝缘性指标下降，热膨胀、后收缩、残余应力、蠕变量等数值增大，塑件表面缺少光泽，形状发生翘曲，甚至会产生裂纹。如果塑件出现裂纹，还会促使以上各种性能进一步恶化，而且会使其吸水量显著增加。硬化时间过长时，塑件容易过熟。过熟的塑件强度下降、变脆、变色、表面出现密集的小泡等，甚至还会炭化或降解。

检查硬化程度的方法很多，但是由于硬化后的塑件溶解度很小，各种化学方法测定都难以令人满意，故生产中多采用物理方法。常用的方法有脱模后硬度的检测法、沸水试验法、萃取法、密度法、导电性检测法等。如果条件许可，也可以用超声波法和红外线辐射法，其中以超声波法为最好。

1.5　塑料的组成、分类、性能与用途

1.5.1　塑料的组成

塑料的主要成分是合成树脂，另外还有许多有特定用途的添加剂。

1. 合成树脂

合成树脂（简称为树脂）是人工合成的高分子化合物。它是塑料中最基本、最重要的组成成分，约占塑料质量的40%～100%。它决定了塑料的基本性质。各种塑料都是由树脂的名字来命名的。在塑料中，树脂的主要作用是将各种添加剂黏结成一个整体，并使之具有一定的物理、力学和化学性能。合成树脂是人们模仿天然树脂的成分，用化学的方法制成的各种树脂。它克服了天然树脂产量低、性能不理想的缺点。最初制造合成树脂的主要原料是农副产品，后来改用煤，20世纪60年代后则主要采用石油和天然气。

2. 添加剂

（1）填充剂（填料）　为了降低塑料成本或者为了改进塑料的性能（如硬度、刚度、电绝缘性等），往往在合成树脂中加入一些廉价的填充剂。例如：在酚醛树脂中加入木屑等，可以获得机械强度高的电胶木；加入云母、石英或石棉，可以提高塑料的耐热性和绝缘性。常用的填充剂的形态有粉状、纤维状和片状三种。粉状的如木粉、石棉粉、滑石粉、陶土、云母粉及石墨粉等；纤维状的有石棉、玻璃纤维等；片状的通常有纸、棉布、玻璃布等。填充剂的常用量为塑料质量的40%以下。

（2）稳定剂　塑料在受热及紫外线、氧气的作用下会逐渐分解、变质（即老化或降解），为减缓或阻止这种老化现象，大多数塑料中都要添加稳定剂。稳定剂的用量一般为塑料质量的0.3%～0.5%。根据稳定剂所发挥的作用，它可分为热稳定剂、光稳定剂和抗氧化剂等。

（3）增塑剂　对于某些塑料（如氯乙烯、醋酸纤维、硝酸纤维等），为了提高其可塑

性、流动性和柔软性，降低其刚度和脆性并提高加工性能，通常加入一些能与树脂相溶的、不易挥发的高沸点有机化合物，即称为增塑剂。对增塑剂的要求是与树脂互溶性好、化学稳定性好、挥发性小、无毒、无色、无味、不吸潮、价廉等。常用的增塑剂有樟脑或邻苯二甲酸二丁酯。但是，增塑剂加入后也会降低塑料的硬度和抗拉强度，有时还会造成塑料的老化，所以大多数塑料中一般不加增塑剂，只有软聚氯乙烯才含大量的增塑剂。

(4) 着色剂　一般合成树脂为白色半透明状或无色透明状。为了增加塑件的美观性，常在塑料中添加着色剂，有时着色剂也用于区分不同的塑件对象，如电器的导线常常用不同颜色的塑料做绝缘包皮。工业上常用的着色剂有两类。

1) 无机颜料。例如：钛白粉、铬黄、镉红、群青等。它们耐光性、耐热性、化学稳定性较好，吸油量小，游离现象小，遮盖力强，并且价格低。但其着色能力、透明性、鲜艳性较差。

2) 有机颜料。例如：联苯胺黄、酞菁蓝、酞青绿等，在塑件生产中应用广泛。这些着色剂一般色彩鲜艳、着色能力强。

(5) 润滑剂　其目的是对塑料的表面起润滑作用，防止塑料在成型加工时黏模，同时还可以改进塑料熔体的流动性，降低塑件表面粗糙度值。常用润滑剂的塑料有聚乙烯、聚丙烯、聚氯乙烯、聚苯乙烯、聚酰胺、ABS 等。常用的润滑剂有硬脂酸及其盐类、石蜡等。使用量为塑料质量的 0.5%～1.0%。

(6) 固化剂　在热固性塑料成型时，有时要加入某种可以使合成树脂完成交联反应而固化的物质，如在环氧树脂中加入乙二胺或顺丁烯二酐酸，在酚醛树脂中加入六亚甲基四胺等。这类添加剂被称为固化剂或交联剂。

塑料的添加剂除了上述几种常用的以外，根据塑料品种及使用要求，还可选择性地加入如发泡剂、阻燃剂、发光剂、防静电剂、导电剂和导磁剂等添加剂。

1.5.2　塑料的分类

塑料种类很多，大约有 300 多种，常用的塑料为 30 多种，其分类方法很多，通常有两种分类方法。

1. 按受热、冷却时树脂呈现的特性分类

根据成型工艺性能，塑料可分为热塑性塑料和热固性塑料两类。热塑性塑料大多数是由聚合树脂制成；热固性塑料大多数是以缩聚树脂为主，分别再加入各种添加剂构成。

(1) 热塑性塑料　这类塑料中树脂的分子结构是线型或支链型结构（树枝状），称为线型聚合物，是以聚合反应得到的树脂为基础制得的。它在加热时软化并熔融，只发生物理变化，不产生化学交联反应，成为可流动的黏稠液体（即熔体），在此状态下可塑制成一定形状的塑件，冷却后保持已成型的形状。如再次加热，又可软化熔融，可再次成型。按熔融的热塑性塑料在冷却过程中是否发生结晶，又可以分为结晶型塑料和非结晶型（无定型）塑料。常用的结晶型热塑性塑料有聚乙烯、聚丙烯、聚酰胺等；常用的非结晶型热塑性塑料有聚氯乙烯、聚苯乙烯、ABS 等。生产中的浇注系统凝料或废旧的热塑性塑件可以回收再利用。

(2) 热固性塑料　这类塑料在受热之初分子呈线型结构，故具有可塑性和可熔性，可塑制成一定形状的塑件。但在继续受热后这些链状或树枝状分子逐渐结合成网状结构（即交联反应）。当温度达到一定值后，交联反应进一步发展，分子最终变为体型结构，树脂既

不溶解也不熔化，塑件形状固定下来不再改变，这一过程称为固化。热固性塑料的特点是质地坚硬，耐热性好，尺寸比较稳定，不溶于溶剂。如成型后的热固性塑料再加热不再软化，更不具有可塑性，所以生产中的这些边角料及废品不可回收利用。常见的热固性塑料有酚醛塑料、环氧塑料、氨基塑料、有机硅塑料、不饱和聚酯、硅酮塑料等。

塑料的这种热塑性和热固性特征是由分子的结构特征来决定的。高分子物质的分子结构与分子结构为球状的普通的低分子不同，热塑性塑料中高聚物的分子结构呈链状或树枝状，如图 1-1a、b 所示，称为线型聚合物。这些分子通常相互缠绕，但并不连接在一起，所以，受热后具有可塑性。而固化后的热固性塑料中高聚物的分子结构呈网状，如图 1-1c 所示。其实，热固性塑料在成型前还未被加热固化时，其分子结构也呈链状或树枝状，但在成型加热的过程中，这些链状或树枝状的分子发生交联反应结合成网状结构，成为既不熔化也不溶解的物质，常常称为体型聚合物。表 1-1 列出了热塑性塑料和热固性塑料的异同点。

表 1-1　热塑性塑料和热固性塑料的异同点

分类	成型前,塑料中树脂分子结构	使塑件固化定型的模具温度条件	成型后,塑料中树脂分子结构	成型过程中树脂所发生的变化	塑件的熔化、溶解性能	塑料的使用性	常采用的成型方法
热塑性塑料	线型或支链型聚合物分子	冷却	基本与成型前的相同	物理变化(可能有少量分解或交联现象发生)	可熔化可溶解	反复多次使用(可回收废料)	注射、挤出、吹塑等
热固性塑料	线型聚合物分子	加热(提供交联反应温度)	转变为体型聚合物分子	既有物理变化,又有化学变化。有低分子析出	既不可熔化,也不可溶解	一次性使用,因成型过程不可逆	压缩或压注。有的品种可以采用注射

2. 按塑料用途分类

按照用途，塑料又可以分为通用塑料、工程塑料和特殊功能塑料。

（1）通用塑料　这类塑料是指产量大、用途广且价廉的塑料。全世界公认的有六大品种，即聚乙烯、聚丙烯、聚氯乙烯、聚苯乙烯、酚醛塑料和氨基塑料。它们的总产量占全世界塑料总量的 80% 左右。

（2）工程塑料　这类塑料在工程技术中常作为结构材料来使用，它们的力学性能、耐磨性、耐蚀性及尺寸稳定性均较高，尤其具有某些金属特性，因而被逐步用来代替金属制作某些机械零部件。常见的有 ABS、聚酰胺（简称为 PA，俗称为尼龙）、聚碳酸酯（PC）、聚甲醛（POM）、有机玻璃（PMMA）、聚酯树脂（如 PET、PBT）等，前四种发展最快，为国际上公认的四大工程塑料。

（3）特殊功能塑料　这是一类具有特殊性能的塑料，如用于医药、光敏及液晶方面的氟塑料、聚酰亚胺塑料、有机硅树脂、环氧树脂、导电塑料、导磁塑料、导热塑料，以及其他某些专门用途而改性得到的塑料。

1.5.3　塑料的性能与用途

和其他材料相比，塑料具有许多优点。

（1）密度小、重量轻　塑料密度一般在 $0.8 \sim 2.2 g/cm^3$ 之间，只有钢的 1/5、铝的 1/2，更有些塑料比水还轻。泡沫塑料的密度更小，一般小于 $0.1 g/cm^3$。由于其密度小，对于力求减轻自重的机械设备（如车辆、船舶、飞机、航天器）而言，具有重要的意义。

（2）比强度和比刚度高　虽然塑料的绝对强度不如金属高，但因其密度小，所以比强度（σ/ρ）、比刚度（E/ρ）相当高，尤其是以各种高强度纤维状、片状及粉状的金属或非金属增强的塑料，其比强度和比刚度比一般钢材要高出 2 倍左右。由于这一特性，故在某些场合（如空间技术领域）更具有重要的意义。例如：由碳纤维和硼纤维增强的塑料代替铝合金和钛合金用于制造飞机、人造卫星、火箭及导弹上的零部件。

（3）化学稳定性好　绝大多数塑料都具有良好的耐酸、碱、盐、水和气体的性能，并在一般条件下不与其他物质发生化学反应。因此，塑料在化工设备及其防腐设备中广泛应用，最常见的硬聚氯乙烯管道与容器被广泛用于防腐领域及建筑给水、排水工程中。

（4）电气性能优良　几乎所有的塑料都具有优越的电气绝缘性能和极低的介质损耗性能，可与陶瓷和橡胶媲美，因此被广泛地用于电力、电机和电子工业中作为绝缘材料和结构零件，如电线电缆、旋钮、插座、电器外壳等。

（5）减摩、耐磨和自润滑性好　大多数塑料的摩擦因数都很小，耐磨性好且有良好的自润滑性能，加上比强度高，传动噪声小，所以可以制成齿轮、凸轮和滑轮等机器零件。例如：在纺织机中的许多铸铁齿轮已被塑料齿轮取代。

（6）成型和着色性能好　塑料在一定的条件下具有良好的可塑性，这为其成型加工创造了有利的条件。塑料的着色比较容易，而且着色范围广，可根据需要染成各种颜色。

（7）光学性能好　不加添加剂的塑料大多可以制成透光性良好的塑件，如有机玻璃、聚苯乙烯、聚碳酸酯都能制成透明的塑件。

（8）多种防护性能　除防腐外，塑料还具有防水、防潮、防透气、防振、防辐射等多种防护性能，尤其经改性后，优点更多，应用更为广泛。

塑料虽然优点多，但与金属材料相比，也还有一些不足之处。例如：耐热性比金属等材料差，一般塑料仅能在 100℃ 以下使用，只有少数工程塑料可在 200℃ 左右使用；塑料的热膨胀系数要比金属大 3~10 倍，容易受温度变化而影响尺寸稳定性；在载荷作用下，塑料会缓慢地产生黏性流动或变形，即蠕变现象；此外，塑料在大气、阳光、长期压力或某些介质作用下会发生老化，使性能变坏等。这些不足使塑料在某些领域的应用受到限制。所以，在选择塑料时一定要注意扬长避短。

1.6　塑料成型工艺性能

塑料成型工艺性能表现为许多方面，有些性能直接影响成型方法和工艺参数的选择，有些则与操作有关。塑料成型工艺性能包括收缩性、流动性、结晶性、热敏性、水敏性、吸湿性、水分和挥发物含量、应力敏感性、相容性、压缩比、比体积以及硬化特性等。

1.6.1　收缩性

塑件从模具中取出冷却到室温后 16~24h，塑件各部分尺寸都比原来在模具中的尺寸有所缩小，这种性能称为收缩性。因为这种收缩是在成型过程中受到各种因素的影响而造成的，所以又称为成型收缩。

1. 成型收缩的形式

（1）塑件的线性尺寸收缩　由于热胀冷缩、塑件脱模时的弹性回复、塑件变形等原因导致塑件脱模冷却到室温时，其尺寸缩小。因此，在进行模具设计时必须考虑相应的尺寸补偿。

（2）收缩的方向性　塑料在成型时，由于分子的取向作用，使塑件呈各向异性，沿着流动的取向方向收缩大，与之相垂直的方向收缩小。另外，成型时由于塑料各部位密度和填料分布不均匀，收缩也会不均匀。由于收缩的方向性，塑件容易产生翘曲、变形和裂纹，因此，当收缩的方向性明显时，就应该考虑根据塑件形状和料流的方向选取收缩率。

（3）后收缩　塑件成型后，由于成型压力、切应力、各向异性、密度和填料分布不均、模温和硬化不一致以及塑件变形的影响，使塑件内存在残余应力。塑件脱模后残余应力将导致塑件再次收缩，这种收缩称为后收缩。后收缩主要发生在塑件脱模后 10h 内，24h 后基本稳定，但是最终稳定一般需要 30~60d（天）。一般热塑性塑件的后收缩大于热固性塑件的后收缩。

（4）热处理收缩　在某些情况下，塑件按其性能和工艺要求，成型后要进行热处理（如退火），热处理后也会导致塑件尺寸的变化，这种变化称为热处理收缩。所以，对于精度要求较高的塑件应该考虑到后收缩和热处理收缩，并予以相应的尺寸补偿。

2. 收缩率计算

塑件的成型收缩率的值可用以下两种方法计算，即

$$S_s = \frac{L_c - L_s}{L_s} \times 100\% \qquad\qquad S_j = \frac{L_m - L_s}{L_s} \times 100\% \qquad\qquad (1\text{-}5)$$

式中，S_s 是实际收缩率（%）；S_j 是计算收缩率（%）；L_c 是塑件在成型温度时的单向尺寸（mm）；L_s 是塑件在常温下的单向尺寸（mm）；L_m 是模具型腔在常温下的单向尺寸（mm）。

因为实际收缩率（S_s）与计算收缩率（S_j）的数值相差很小，并且塑件在成型温度时的单向尺寸（L_c）值也难以测定，所以在模具设计中通常以计算收缩率（S_j）来计算凹模及型芯等的尺寸。

3. 影响收缩率变化的因素

在实际生产过程中，不仅不同品种的塑料其收缩率各异，而且同品种及同塑件的不同部位其收缩率也会不同，具体影响因素如下。

（1）塑料品种　各种塑料都有各自的收缩率范围，即使是同一种塑料也会因为填料及填料添加的比例不同而表现出不同的收缩率。例如：聚苯乙烯（PS）具有相对低的收缩率，而聚乙烯（PE）、聚丙烯（PP）可能具有较大的、多变的收缩率。常用塑料的收缩率见表1-2、表1-3。

（2）塑件特征　塑件的形状、壁厚、有无嵌件对收缩率的影响也很大。一般地说，塑件的形状越复杂、尺寸越小、壁厚越薄且有嵌件或有较多型孔时，收缩率小。

表 1-2　收缩率较小的塑料

塑　料　名　称	收　缩　率（%）	塑　料　名　称	收　缩　率（%）
聚苯乙烯	0.5~0.8	聚碳酸酯	0.5~0.8
硬聚氯乙烯	0.6~1.5	聚砜	0.4~0.8
聚甲基丙烯酸甲酯	0.5~0.7	ABS	0.3~0.8
有机玻璃（372）	0.5~0.9	氯化聚醚	0.4~0.6
半硬聚氯乙烯	1.5~2.0	注射酚醛	1.0~1.2
聚苯醚	0.5~1.0	醋酸纤维素	0.5~0.7

表 1-3　收缩率较大的塑料

塑料名称及收缩率	塑　件　壁　厚/mm									塑件高度方向的收缩率为水平方向的收缩率的百分比（%）
	1	2	3	4	5	6	7	8	>8	
尼龙-1010（%）	0.5~1				1.8~2				2.5~4	70
		1.1~1.3				2~2.5				
			1.4~1.6							
聚丙烯（%）	1~2		2~2.5		2.5~3		-			120~140
低压聚乙烯（%）	1.5~2					2.5~3.5				110~150
	-		2~2.5							
聚甲醛（%）	1~1.5		1.5~2			2~2.6				105~120

（3）模具结构　模具的分型面、加压方向以及浇注系统的形式、布局和尺寸，对收缩率都有影响。

（4）成型工艺参数　挤出成型和注射成型一般收缩率较大，方向性明显。压缩成型时，塑料的装料形式、预热情况、成型温度、成型压力、保压时间等，对收缩率的大小及收缩的方向性都有影响。

影响塑件收缩率的因素是多种多样的，所以要针对具体情况具体分析，其一般的选择原则如下。

1）对于收缩率范围较小的塑料品种，可按收缩率的范围取中间值，此值称为平均收缩率。

2）对于收缩率范围较大的塑料品种，应根据塑件的形状，特别是根据塑件的壁厚来确定收缩率，对于壁厚者取上限（大值），对于壁薄者取下限（小值）。

3）塑件各部分尺寸的收缩率不尽相同，应根据实际情况进行选择。如图1-12所示的聚丙烯塑件，壁厚为3mm，查表1-3得知，其高度方向的收缩大于水平方向的收缩，其百分比为120%~140%，收缩率范围为1%~2%，高度方向取平均收缩率1.5%乘以平均比值130%，内径取大值2%，外径取小值1%，以留有试模后修正的余地。当设计人员对高精度塑件或者对某种塑料的收缩率缺乏精确的数据时，通常采用这种留有修模余量的设计方法。

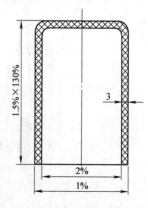

图 1-12　聚丙烯塑件各部分尺寸的收缩率

4）对于收缩量很大的塑料，可利用现有的或者材料供应部门提供的计算收缩率的图表来确定收缩率。在这种图表中一般考虑了影响收缩率的主要因素，因此可提供较为可靠的收缩率数据。另外，也可以收集一些包括该塑料实际收缩率及相应的成型工艺条件等数据，然后用比较法进行估算。

当前，生产实践中通常采用软件（UG、Pro/E 和 SolidWorks 等）绘制塑件三维图形，设置相应的收缩率后，可以很方便地进行自动尺寸计算。

1.6.2 流动性

在成型过程中，塑料熔体在一定的温度与压力作用下充填型腔的能力称为塑料的流动性。流动性的好坏，在很大程度上直接影响到许多成型工艺参数的选择，如成型温度、压力、浇注系统类型和尺寸以及生产周期等。

从分子结构来看，产生流动的实质是由于分子间产生相互滑移，而熔体分子间的滑移又是通过分子链段运动来实现的。所以，熔体的流动性主要取决于分子组成、相对分子质量大小及其结构。当熔体流动性差时，在注射成型过程中，就不易充满型腔而缺料。相反，若熔体流动性太好，则成型时容易产生流涎，而在分型面、活动成型零件、推杆等处造成溢料飞边和毛刺。塑料流动性的好坏用统一的测定与表征方法。对热塑性塑料，常用熔融流动指数测定法和螺旋线长度试验法。

熔融流动指数测定法是在如图 1-13 所示的标准装置内进行的。将被测塑料装入其中，在一定的温度和压力下，通过测定熔体在 10min 内通过小孔的塑料质量来表征其流动性，也称为熔融指数，其单位为 g/10min，通常以 MI 代表。

螺旋线长度试验法是在螺旋线模具中进行的，如图 1-14 所示。测试时塑料熔体从中央浇口进料，由里往外按阿基米德螺旋线方向将型槽线逐层延伸（盘式蚊香式），每转一周半径增大 12.5mm，槽横截面是半圆形，直径为 4.9mm，螺旋线槽总长为 1925mm，制成盘式蚊香形状的试样，测定其螺旋线的总长度即为被测塑料的流动距离，并以此来表征该塑料的流动性。

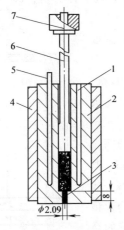

图 1-13 熔融流动指数测定仪示意图

1—热电偶 2—料筒 3—出料孔 4—保温层

5—加热棒 6—柱塞 7—重锤（加柱塞共重 2160g）

图 1-14 螺旋线及流道横截面形式

热塑性塑料的流动性分为三类。

流动性好的：聚乙烯、聚丙烯、聚苯乙烯、醋酸纤维等。

流动性中等的：改性聚苯乙烯、ABS、AS、有机玻璃、聚甲醛、氯化聚醚等。

流动性差的：聚碳酸酯、硬聚氯乙烯、聚苯醚、聚砜、氟塑料等。

对热固性塑料通常是以拉西格流动值来表征其流动性。拉西格流动性测定模如图 1-15 所示。测定步骤：①称取 7.5g 塑料粉，在 (20±5)℃ 温度下并以 50MPa 的压力下在内径为 28mm 的模子内预压成圆锭（片）；②将拉西格测定模加热至 (150±5)℃，并保温 5min；③将圆锭放入拉西格测定模的加料室，并在 20s 左右将压缩模增压至 30MPa，保压 3min；④压好后，卸掉压板，推出锥形组合模，取出试样，测其长度 L 即为其流动值，数值越大则表明流动性越好。

塑料流动性按试样长度 L 分为 3 个不同的等级，见表 1-4。

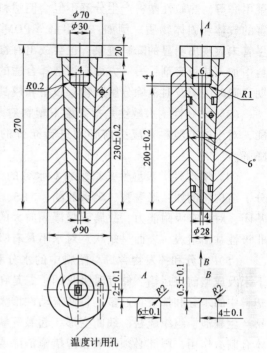

图 1-15　拉西格流动性测定模

表 1-4　热固性塑料流动性等级及应用

流动性等级	适宜成型的方法	适宜的塑件
Ⅰ级：$L = 100 \sim 130$mm	压缩成型	压制无嵌件、形状简单且壁厚一般的塑件
Ⅱ级：$L = 131 \sim 150$mm	压缩成型	压制中等复杂程度的塑件
Ⅲ级：$L = 151 \sim 180$mm	压缩、压注成型；$L > 200$mm 时，适合注射成型	结构复杂、型腔很深、嵌件多的薄壁塑件或用于压注成型

需要注意的是，塑料熔体的流动性除了取决于树脂的内在结构外，还受添加剂、模具结构和成型工艺条件等多种因素影响。当填料粒度呈细球状、湿度大、增塑剂和润滑剂含量高、预热和成型条件适当、模具型腔表面粗糙度值小、模具结构适当等时，都将使流动性提高。

1.6.3　其他工艺性能

（1）结晶性　结晶型聚合物有很多特点，如在熔融和冷却过程中要比非结晶型聚合物要吸收或释放出更多的热量；密度的变化和各向异性会带来收缩、内应力和变形；结晶度受温度和冷却速度影响等。所以在注射成型时要针对结晶型聚合物的这些特点来制订成型温度、冷却速度以及时间等工艺参数。

（2）热敏性　热敏性是指某些热稳定性差的塑料，在料温高或受热时间较长的情况下，就会发生变色、降解或分解的现象，具有这种特性的塑料称为热敏性塑料，如硬聚氯乙烯、聚甲醛等。热敏性塑料产生分解不但会使塑料性能变坏，而且有时还会产生对人体和设备有害的气体和固体物质。例如：聚甲醛（POM）在成型时超过它的上限温度或者安全时间，尽管未表现出明显的降解迹象，也会放出有毒气体。对于这类热敏性塑料，一方面可以在塑料中加入热稳定剂，另一方面应该选择合适的成型设备，正确地控制成型加工温度和加工周期。同时，应及时消除分解产物，设备和模具都应该采取防腐蚀处理。

（3）水敏性　水敏性是指高温下塑料对水降解的敏感性。典型的水敏性材料是聚碳酸酯，对于这类塑料在成型前必须进行充分的干燥，以防止其在高温的成型过程中发生水降解。

（4）吸湿性　吸湿性是指塑料对水分的亲疏程度。吸湿性的大小取决于聚合物组成及分子结构。例如：聚酰胺、聚碳酸酯、ABS、聚苯醚、聚砜等，在其分子链中由于含有极性基团，对水有吸附能力，故属于吸湿倾向大的塑料；而像聚乙烯、聚丙烯类的分子链中是由非极性基团组成，表面呈蜡状，对水不具有吸附能力，故属于吸湿倾向极小的塑料。

（5）水分和挥发物含量　塑料中的水分和挥发物来自两方面：一是塑料生产过程遗留下来及成型前在运输、储存时吸收的；二是在成型过程中化学反应产生的副产物。若成型时塑料中的水分和挥发物过多，将使流动性增大，易产生溢料，成型周期长，收缩率大，塑件易产生气泡、组织疏松、翘曲变形、起皱等缺陷。此外，有的气体对模具有腐蚀作用，对人体有刺激作用，因此必须采取相应措施消除或抑制有害气体，包括采取成型前对物料进行预热干燥处理、在模具中开设排气槽、模具表面镀铬等措施。

（6）应力敏感性　应力敏感性是指有的塑料对应力敏感，成型时质脆易裂，如聚碳酸酯、聚苯乙烯、聚砜等。对于这类应力敏感塑料，除了在原材料中加入增强材料进行改性提高抗裂性外，还应合理地设计塑件的结构和模具，并选择合理的成型条件，以减小应力。

（7）相容性　相容性是指两种或两种以上不同品种的塑料，在熔融状态下不产生相分离现象的能力。如果两种塑料不相容，则混熔后塑件会出现分层、脱皮等表面缺陷。不同塑料的相容性与其分子结构有一定关系。分子结构相似者较易相容，如高压聚乙烯、低压聚乙烯、聚丙烯彼此之间的混熔等；分子结构不同者较难相容，如聚乙烯和聚苯乙烯之间的混熔。塑料的相容性又俗称为共混性。通过塑料的这一性质，可以得到类似共聚物的综合性能，是改进塑料性能的重要途径之一，如聚碳酸酯和 ABS 塑料相容，就能改善聚碳酸酯的工艺性。

（8）比体积与压缩比　比体积是单位重量所占的体积；压缩比为塑料粉与塑件两者体积的比值，其值恒大于1。比体积与压缩比均表示塑料的松散程度，可作为确定压缩模加料腔容积的依据，其数值大则要求加料腔体积要大，同时也说明塑料粉内充气多，排气困难，成型周期长，生产率低。比体积小，则反之，而且有利于压锭、压缩。同种塑料的比体积值常常因塑料的形状、颗粒度及其均匀性不同而异。

（9）硬化特性　硬化特性是热固性塑料特有的性能，专指热固性塑料的交联反应。硬化程度与硬化速度不仅与塑料品种有关，而且与塑件形状、模具温度和成型工艺条件有关，因此必须严格控制工艺条件和改善模具结构，以避免塑件出现过熟或欠熟。

第 2 章　塑料制品设计

2.1　塑件的工艺性

塑料制品（简称为塑件）的设计不仅要满足使用要求，而且要符合塑料的成型工艺特点，同时还要尽量使模具结构简单化。在进行塑件结构工艺性设计时，必须在保证塑件的使用性能、物理性能与力学性能、电气性能、耐蚀性能和耐热性能的前提下，尽量选用价廉且成型性能又好的塑料。同时，还应该力求塑件结构简单、壁厚均匀且成型方便。另外，在设计塑件时应同时要考虑模具的总体结构合理，使模具型腔易于制造，模具的抽芯和推出机构简单。塑件形状应有利于模具的分型、排气、补缩和冷却。

总之，塑件的设计主要内容包括塑件的选材、尺寸和精度、表面粗糙度、塑件形状、壁厚、脱模斜度、圆角、加强肋、支承面、孔、螺纹、齿轮、嵌件、飞边、文字与符号及塑件表面彩饰等。

2.1.1　塑件的选材

塑件的选材主要要注意以下这些方面。

（1）塑料的力学性能　如强度、刚性、韧性、弹性、弯曲性能、冲击性能以及对应力的敏感性。

（2）塑料的物理性能　如对使用环境温度变化的适应性、光学特性、绝热或电气绝缘的程度、精加工和外观的完美程度等。

（3）塑料的化学性能　如对接触物（水、溶剂、油、药品）的耐蚀性、卫生程度以及使用上的安全性等。

（4）必要的精度　如收缩率的大小及各向收缩率的差异。

（5）成型工艺性　如塑料的流动性、结晶性、热敏性等。

常用塑料的性能与用途见表 2-1。

表 2-1　常用塑料的性能与用途

塑料品种	结构特点	使用温度	化学稳定性	性能特点	成型特点	主要用途
聚乙烯	线型结构结晶型	小于 80℃	较好，但不耐强氧化剂，耐水性好	质软，力学性能较差，表面硬度低	成型性能好，黏度与剪切速率关系较大，成型前可不预热	薄膜、管、绳、容器、电气绝缘零件、日用品等
聚氯乙烯	线型结构无定型	−15~55℃	不耐强酸和碱类溶液，能溶于甲苯、松节油、脂肪醇、环己酮溶剂	性能取决于配方	成型性能较差，加工温度范围窄，热成型前有道捏合工序	薄膜、管、板、容器、电缆、人造革、鞋类、日用品等

（续）

塑料品种	结构特点	使用温度	化学稳定性	性能特点	成型特点	主要用途
聚丙烯	线型结构 结晶型	10~120℃	较好	耐寒性差,光氧作用下易降解老化,力学性能比聚乙烯好	成型时收缩率大,成型性能较好,易产生变形等缺陷	板、片、透明薄膜、绳、绝缘零件、汽车零件、阀门配件、日用品等
聚苯乙烯	线型结构 非结晶型	-30~80℃	较好,但对氧化剂、苯、四氯化碳、酮、酯类等抵抗力较差	透明性好,电性能好,抗拉、抗弯强度高,但耐磨性差,质脆,抗冲击强度差	成型性能很好,成型前可不干燥,但注射成型时应防止溢料,塑件易产生内应力,易开裂	装饰制品、仪表壳、灯罩、绝缘零件、容器、泡沫塑料、日用品等
聚酰胺 (尼龙)	线型结构 结晶型	小于100℃ (尼龙6)	较好,不耐强酸和氧化剂,能溶于甲酚、苯酚、浓硫酸等	抗拉强度、硬度、耐磨性、自润滑性突出,吸水性强	熔点高,熔融温度范围较窄,成型前原料要干燥。熔体黏度低,要防止流涎和溢料,塑件易产生变形等缺陷	耐磨零件及传动件,如齿轮、凸轮、滑轮等;电气零件中的骨架外壳、阀类零件、单丝、薄膜、日用品等
ABS	线型结构 非结晶型	小于70℃	较好	机械强度较好,有一定的耐磨性,但耐热性较差,吸水性较大	成型性能很好,成型前原料要干燥	应用广泛,如电器外壳、汽车仪表盘、日用品等
聚甲基丙烯酸甲酯(有机玻璃)	线型结构 非结晶型	小于80℃	较好,但不耐无机酸,会溶于有机溶剂	透光率最高的塑料,质轻坚韧,电气绝缘性能较好,表面硬度不高,质脆易开裂	成型前原料要干燥,注射成型时速度不能太高	透明塑料,如窗玻璃、光学镜片、灯罩等
聚甲醛	线型结构 结晶型	小于100℃	较好,但不耐强酸	综合力学性能突出,比强度、比刚度接近金属	成型收缩率大,流动性好。熔融凝固速度快,注射时速度要快,注射压力不宜高。热稳定性较差	可代替钢、铜、铝、铸铁等制造多种结构零件及电子产品中的许多结构零件
聚碳酸酯	线型结构 非结晶型	小于130℃,耐寒性好,脆化温度-100℃	有一定的化学稳定性,不耐碱、酮、酯等	透光率较高,介电性能好,吸水性小,力学性能很好,抗冲击、抗蠕变性能突出,但耐磨性较差	熔融温度高,熔体黏度大,成型前原料需干燥。黏度对温度敏感,塑件要进行后处理	在机械上用作齿轮、凸轮、蜗轮、滑轮等,电机电子产品零件,光学零件等
氟塑料	线型结构 结晶型	-195~250℃	非常好,可耐一切酸、碱、盐溶液及有机溶剂	摩擦因数小,电绝缘性能好,但力学性能不高,刚度差	成型困难,流动性差,成型温度高且范围小,需高温高压成型,一般采用烧结成型	防腐化工领域的产品、电绝缘产品、耐热耐寒产品、自润滑塑件

（续）

塑料品种	结构特点	使用温度	化学稳定性	性能特点	成型特点	主要用途
酚醛塑料	树脂是线型结构，塑料成型后变成体型结构	小于200℃	不耐强酸、强碱及硝酸	表面硬度高，刚性大，尺寸稳定，电绝缘性好，缺点是质脆，冲击强度差	适于压缩成型，成型性能好，模温对流动性影响大，注意预热和排气	根据添加剂的不同可制成各种塑料，用途广泛
氨基塑料	结构上有一—NH$_2$基，树脂是线型结构，成型后变成体型结构	与配方有关，最高可达200℃	脲甲醛耐油、耐弱碱和耐有机溶剂，但不耐酸	表面硬度高，电绝缘性能好	常用于压缩、压注成型。成型前需干燥预热，流动性好，硬化快，模具应防腐	电绝缘零件、日用品、黏合剂、层压塑件、泡沫塑件等

按照我国国家标准，塑料容器底部应标注三角形的塑料回收符号，主要为了方便塑件的回收利用，消费者选用塑料容器盛装食品须认清底部回收符号。回收符号对应的塑料及其用途见表2-2。

表2-2　回收符号对应的塑料及其用途

01	02	03	04	05	06	07
PET（聚对苯二甲酸乙二醇酯），适合装暖饮或冷饮，装热饮或反复使用有害	HDPE（高密度聚乙烯），用于清洗、沐浴产品，建议不要循环使用	PVC（聚氯乙烯），高温有害，不能受热	LDPE（低密度聚乙烯），耐热性不强，超过110℃时易热熔	PP（聚丙烯），微波炉餐盒多用该材料，但盒盖却用PET制造，所以，在加热时要把盒盖拿下来	PS（聚苯乙烯），碗装泡面盒，发泡快餐盒都用该材料，耐热抗寒，但不能放进微波炉中，也不能用于盛装强酸（如柳橙汁）、强碱性物质，否则会分解出有害物质	Others（其他），常见PC类，如水壶、太空杯、奶瓶；PA类，即尼龙，多用于纤维纺织和一些家电等产品内部的制件；PC类在高温情况下易释放出有毒的物质双酚A，对人体有害

2.1.2　塑件的尺寸和精度

（1）塑件的尺寸　塑件的总体尺寸受到塑料流动性的限制。在一定的设备和工艺条件下，流动性好的塑料可以成型较大尺寸的塑件；反之，成型出的塑件尺寸就较小。此外，塑件外形尺寸还受到成型设备的限制，如注射成型的塑件尺寸要受到注射机的注射量、锁模力和模板尺寸的限制；压缩及压注成型的塑件尺寸要受到压力机吨位及工作台面尺寸的限制。通常，只要能满足塑件的使用要求，应将塑件设计紧凑一些，尺寸小一些，以节约能源和模具制造成本。

（2）塑件的精度　影响塑件精度的因素很多，如模具制造精度及其使用后的磨损程度、塑料收缩率的波动、成型工艺条件的变化、塑件的形状、脱模斜度及成型后的尺寸变化等。

在一般生产过程中，为了降低模具的加工难度和模具的生产成本，在满足塑料使用要求的前提下将尽可能地把塑件尺寸精度设计得低一些。例如：工程用塑件的内表面在正常情况下是不会被用户所看见的，因此，对于该表面，仅仅需要保证能够方便脱模，不需要花太多时间抛光。塑件与金属零件一样，也有尺寸公差的要求，而且其根据不同塑料原材料，可按表2-3合理地选用公差等级。

表 2-3　常用材料模塑件尺寸公差等级的选用（GB/T 14486—2008）

材料代号	模塑件材料		公差等级		
			标注公差尺寸		未注公差尺寸
			高　精　度	一般精度	
ABS	（丙烯腈-丁二烯-苯乙烯）共聚物		MT2	MT3	MT5
CA	乙酸纤维素		MT3	MT4	MT6
EP	环氧树脂		MT2	MT3	MT5
PA	聚酰胺	无填料填充	MT3	MT4	MT6
		30%玻璃纤维填充	MT2	MT3	MT5
PBT	聚对苯二甲酸丁二酯	无填料填充	MT3	MT4	MT6
		30%玻璃纤维填充	MT2	MT3	MT5
PC	聚碳酸酯		MT2	MT3	MT5
PDAP	聚邻苯二甲酸二丙烯酯		MT2	MT3	MT5
PEEK	聚醚醚酮		MT2	MT3	MT5
PE-HD	高密度聚乙烯		MT4	MT5	MT7
PE-LD	低密度聚乙烯		MT5	MT6	MT7
PESU	聚醚砜		MT2	MT3	MT5
PET	聚对苯二甲酸乙二酯	无填料填充	MT3	MT4	MT6
		30%玻璃纤维填充	MT2	MT3	MT5
PF	苯酚-甲醛树脂	无机填料填充	MT2	MT3	MT5
		有机填料填充	MT3	MT4	MT6
PMMA	聚甲基丙烯酸甲酯		MT2	MT3	MT5
POM	聚甲醛	≤150mm	MT3	MT4	MT6
		>150mm	MT4	MT5	MT7
PP	聚丙烯	无填料填充	MT4	MT5	MT7
		30%无机填料填充	MT2	MT3	MT5
PPE	聚苯醚；聚亚苯醚		MT2	MT3	MT5
PPS	聚苯硫醚		MT2	MT3	MT5
PS	聚苯乙烯		MT2	MT3	MT5
PSU	聚砜		MT2	MT3	MT5
PUR-P	热塑性聚氨酯		MT4	MT5	MT7
PVC-P	软聚氯乙烯		MT5	MT6	MT7
PVC-U	未增塑聚氯乙烯		MT2	MT3	MT5
SAN	（丙烯腈-苯乙烯）共聚物		MT2	MT3	MT5
UF	脲-甲醛树脂	无机填料填充	MT2	MT3	MT5
		有机填料填充	MT3	MT4	MT6
UP	不饱和聚酯	30%玻璃纤维填充	MT2	MT3	MT5

　　塑件尺寸的公差可依据 GB/T 14486—2008 确定，该标准将塑件分成 7 个公差等级，MT1 级精度要求较高，一般不采用。

另外，成型塑件的有些尺寸不受模具活动部分影响，如图 2-1 所示的尺寸 a 类；而有些尺寸受模具活动部分影响，如图 2-1 所示的尺寸 b 类。

这两类尺寸相对应的公差等级相同时，其公差值也是不一样的，见表 2-4。从此表中可以看出，在公差等级相同的情况下，b 类尺寸的公差值大于 a 类尺寸的公差值，所以在设计模具时要注意尽量使塑件的重要部分尺寸归为不受模具活动部分影响的 a 类尺寸。

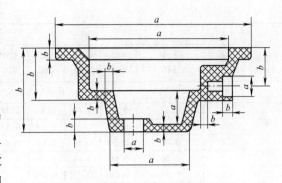

图 2-1　塑件上的两类尺寸

2.1.3　塑件的表面质量

塑件的表面质量包括表面粗糙度和外观质量等。

1. 塑件的表面粗糙度

原材料的质量、成型工艺（各种参数的设定、控制等人为因素）和模具的表面粗糙度等都会影响到塑件的表面粗糙度，而尤其以型腔壁上的表面粗糙度影响最大。因此，模具的型腔壁上的表面粗糙度实际上成为塑件表面粗糙度的决定性因素。另外，对于透明塑件，特别是光学元件，要求凹模与型芯两者有相同的表面粗糙度。塑件表面粗糙度的高低主要与模

表 2-4　国家标准模塑件尺寸公差 （GB/T 14486—2008）　　　（单位：mm）

公差等级	公差种类	公称尺寸												
		>0~3	>3~6	>6~10	>10~14	>14~18	>18~24	>24~30	>30~40	>40~50	>50~65	>65~80	>80~100	>100~120
标注公差的尺寸公差值														
MT1	a	0.07	0.08	0.09	0.10	0.11	0.12	0.14	0.16	0.18	0.20	0.23	0.26	0.29
	b	0.14	0.16	0.18	0.20	0.21	0.22	0.24	0.26	0.28	0.30	0.33	0.36	0.39
MT2	a	0.10	0.12	0.14	0.16	0.18	0.20	0.22	0.24	0.26	0.30	0.34	0.38	0.42
	b	0.20	0.22	0.24	0.26	0.28	0.30	0.32	0.34	0.36	0.40	0.44	0.48	0.52
MT3	a	0.12	0.14	0.16	0.18	0.20	0.24	0.28	0.32	0.36	0.40	0.46	0.52	0.58
	b	0.32	0.34	0.36	0.38	0.40	0.44	0.48	0.52	0.56	0.60	0.66	0.72	0.78
MT4	a	0.16	0.18	0.20	0.24	0.28	0.32	0.36	0.42	0.48	0.56	0.64	0.72	0.82
	b	0.36	0.38	0.40	0.44	0.48	0.52	0.56	0.62	0.68	0.76	0.84	0.92	1.02
MT5	a	0.20	0.24	0.28	0.32	0.38	0.44	0.50	0.56	0.64	0.74	0.86	1.00	1.14
	b	0.40	0.44	0.48	0.52	0.58	0.64	0.70	0.76	0.84	0.94	1.06	1.20	1.34
MT6	a	0.26	0.32	0.38	0.46	0.54	0.62	0.70	0.80	0.94	1.10	1.28	1.48	1.72
	b	0.46	0.52	0.58	0.68	0.74	0.82	0.90	1.00	1.14	1.30	1.48	1.68	1.92
MT7	a	0.38	0.48	0.58	0.68	0.78	0.88	1.00	1.14	1.32	1.54	1.80	2.10	2.40
	b	0.58	0.68	0.78	0.88	0.98	1.08	1.20	1.34	1.52	1.74	2.00	2.30	2.60
未注公差的尺寸允许偏差														
MT5	a	±0.10	±0.12	±0.14	±0.16	±0.19	±0.22	±0.25	±0.28	±0.32	±0.37	±0.43	±0.50	±0.57
	b	±0.20	±0.22	±0.24	±0.26	±0.29	±0.32	±0.35	±0.38	±0.42	±0.47	±0.53	±0.60	±0.67
MT6	a	±0.13	±0.16	±0.19	±0.23	±0.27	±0.31	±0.35	±0.40	±0.47	±0.55	±0.64	±0.74	±0.86
	b	±0.23	±0.26	±0.29	±0.33	±0.37	±0.41	±0.45	±0.50	±0.57	±0.65	±0.74	±0.84	±0.96
MT7	a	±0.19	±0.24	±0.29	±0.34	±0.39	±0.44	±0.50	±0.57	±0.66	±0.77	±0.90	±1.05	±1.20
	b	±0.29	±0.34	±0.39	±0.44	±0.49	±0.54	±0.60	±0.67	±0.76	±0.87	±1.00	±1.15	±1.30

（续）

公差等级	公差种类	公称尺寸											
		>120~140	>140~160	>160~180	>180~200	>200~250	>225~250	>250~280	>280~315	>315~355	>355~400	>400~450	>450~500
		标注公差的尺寸公差值											
MT1	a	0.32	0.36	0.40	0.44	0.48	0.52	0.56	0.60	0.64	0.70	0.78	0.86
	b	0.42	0.46	0.50	0.54	0.58	0.62	0.66	0.70	0.74	0.80	0.88	0.96
MT2	a	0.46	0.50	0.54	0.60	0.66	0.72	0.76	0.84	0.92	1.00	1.10	1.20
	b	0.56	0.60	0.64	0.70	0.76	0.82	0.86	0.94	1.02	1.10	1.20	1.30
MT3	a	0.64	0.70	0.78	0.86	0.92	1.00	1.10	1.20	1.30	1.44	1.60	1.74
	b	0.84	0.90	0.98	1.06	1.12	1.20	1.30	1.40	1.50	1.64	1.80	1.94
MT4	a	0.92	1.02	1.12	1.24	1.36	1.48	1.62	1.80	2.00	2.20	2.40	2.60
	b	1.12	1.22	1.32	1.44	1.56	1.68	1.82	2.00	2.20	2.40	2.60	2.80
MT5	a	1.28	1.44	1.60	1.76	1.92	2.10	2.30	2.50	2.80	3.10	3.50	3.90
	b	1.48	1.64	1.80	1.96	2.12	2.30	2.50	2.70	3.00	3.30	3.70	4.10
MT6	a	2.00	2.20	2.40	2.60	2.90	3.20	3.50	3.80	4.30	4.70	5.30	6.00
	b	2.20	2.40	2.60	2.80	3.10	3.40	3.70	4.00	4.50	4.90	5.50	6.20
MT7	a	2.70	3.00	3.30	3.70	4.10	4.50	4.90	5.40	6.00	6.70	7.40	8.20
	b	3.10	3.20	3.50	3.90	4.30	4.70	5.10	5.60	6.20	6.90	7.60	8.40
		未注公差的尺寸允许偏差											
MT5	a	±0.64	±0.72	±0.80	±0.88	±0.96	±1.05	±1.15	±1.25	±1.40	±1.55	±1.75	±1.95
	b	±0.74	±0.82	±0.90	±0.98	±1.06	±1.15	±1.25	±1.35	±1.50	±1.65	±1.85	±2.05
MT6	a	±1.00	±1.10	±1.20	±1.30	±1.45	±1.60	±1.75	±1.90	±2.15	±2.35	±2.65	±3.00
	b	±1.10	±1.20	±1.30	±1.40	±1.55	±1.70	±1.85	±2.00	±2.25	±2.45	±2.75	±3.10
MT7	a	±1.35	±1.50	±1.65	±1.85	±2.05	±2.25	±2.45	±2.70	±3.00	±3.35	±3.70	±4.10
	b	±1.45	±1.60	±1.75	±1.95	±2.15	±2.35	±2.55	±2.80	±3.10	±3.45	±3.80	±4.20

具型腔内各成型表面的粗糙度有关。一般模具表面粗糙度要比塑件的要求低 1~2 级。

GB/T 14486—2008 只规定了公差值，公称尺寸的上、下极限偏差可根据塑件的配合性质来分配（如公差为 0.8mm，可分配为 $^{+0.8}_{0}$mm、$^{0}_{-0.8}$mm、$^{+0.5}_{-0.3}$mm、$^{+0.3}_{-0.5}$mm、±0.4mm 等）。对于孔类尺寸可取表中数值冠以（+）号；对于轴类尺寸可取表中数值冠以（-）号；对于中心距尺寸及其位置尺寸可取表中数值之半再冠以（±）号。另外，对于精密塑件的公差数值，尚无明确规定，建议取塑件公称尺寸的 0.1%~0.5%，大致相当于表中的 MT1 级标准。

2. 塑件的外观质量

塑件的外观质量是指其成型后表面的缺陷状态，如常见的缺料、溢料、飞边、气孔、熔接痕、斑纹、银纹、凹陷、翘曲与收缩以及尺寸不稳定等。这些缺陷主要与塑料成型时原材料的选择、塑料成型工艺条件、模具总体结构设计等多种因素有关，具体原因请参考有关手册。

2.2 塑件结构设计及典型实例

2.2.1 塑件的几何形状及结构设计

塑件的形状一般是普通实用形状、艺术形状、工程（功能）形状等三种情况之一或是它们的结合。例如：属于普通实用形状的塑件包括普通容器、家用器具、玩具和任何实用物品等；属于艺术形状的塑件包括各种装饰品；属于工程（功能）形状的塑件有外壳（计算机硬件、箱盒等）或结构件（汽车）等。

塑件的形状直接决定了相应模具结构的设计。塑件设计方面的某些简单要求往往会造成模具制造和成型的困难；反之，对塑件的结构进行有利于模具设计的优化，往往又能大大地简化模具结构或改善成型工艺。一般来说，对于普通实用形状塑件，为简化模具设计所要求的塑件结构改动，一般容易获得通过。对于工程（功能）形状塑件关于塑件的结构改动（改善模具设计所需要的）大体上与实用形状相同。但是，对于艺术形状塑件的改动往往难以获得用户的认可，因为这些艺术形状可能是为吸引用户所要求的。另外，许多实用的塑件是普通实用形状与艺术形状的结合。因此，对于模具设计师在模具设计前要充分了解塑件的用途和要求，在可能的情况下尽量优化塑件的结构以简化模具的结构。塑件的结构设计包括壁厚、脱模斜度、加强肋、支承面、圆角、孔的设计及塑件的表面形状等方面。

1. 壁厚

塑件的壁厚对其质量有很大的影响，壁厚过小难以满足使用强度和刚度的要求，对于大型复杂件难以充满型腔；壁厚太大，不但浪费原材料（一般原材料的成本占塑件成本的 50% ~ 70%），而且在塑件内部易产生气泡，外部易产生凹陷等缺陷，同时还会增加冷却时间（塑件的冷却时间大约与塑件壁厚的平方成正比），所以，从经济的角度出发塑件的薄壁化是很重要的。另外，同一塑件的壁厚应尽可能均匀一致，以避免造成收缩不一致而导致变形或开裂。

塑件壁厚一般在 1~6mm 范围内，最大可达 8mm。最常用壁厚值为 1.8~3mm，这都随塑件类型及大小而定。但是，精密塑件的壁厚可不受上述范围限制，如"随身听"之类的轻巧的电子产品，其壁厚可以小于 1mm，有的甚至达到 0.6mm。

同一塑件的壁厚应尽可能一致，如果不一致时可采取壁厚改善措施。在改善塑件壁厚时要注意考虑到以下这几个方面。

1）应满足塑件在装配、运输以及使用时的强度要求。

2）充分考虑在成型过程中塑料的流动性，保证薄壁和棱边部分也能充满。

3）塑件能承受足够的脱模力，不至于在塑件脱模时损坏塑件。

部分塑件壁厚的改进实例见表 2-5。

表 2-5　部分塑件壁厚的改进实例

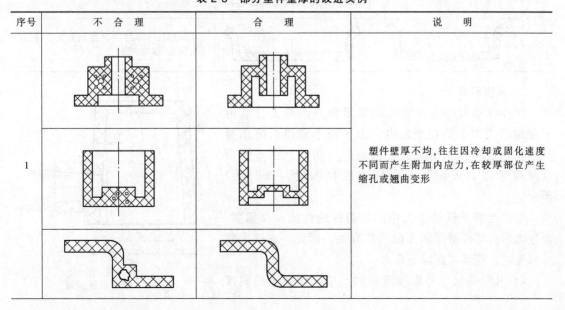

序号	不　合　理	合　理	说　明
1			塑件壁厚不均，往往因冷却或固化速度不同而产生附加内应力，在较厚部位产生缩孔或翘曲变形

（续）

序号	不　合　理	合　理	说　明
1			同上
2		$L \geq 3t \sim 10t$	当塑件中的壁厚变化不可避免时,为避免局部壁厚的不良影响,壁厚向壁薄部分过渡时必须设有一段过渡区
3	熔接痕 $t_1 < t$ 浇口	熔接痕 $t_1 > t$ 浇口	平顶塑件,采用侧浇口进料时,为避免平面上留有熔接痕,必须保证平面进料通畅,故 $t_1 > t$
4			壁厚不均塑件,可在易产生凹痕表面采用波纹形式或在厚壁处开设工艺孔,以掩盖或消除凹痕
5			中间凹位过深,实际产生拱形变形,减小凹位深度,解决变形

2. 脱模斜度

塑件冷却后产生收缩时会紧紧包在凸模上，或由于黏附作用而紧贴在型腔内。为了便于脱模，防止塑件表面在脱模时出现顶白、顶伤、划伤等，在塑件设计时应考虑其表面具有合理的脱模斜度，如图 2-2 所示。

塑件上的脱模斜度大小，与塑件的性质、收缩率、摩擦因数、塑件壁厚和几何形状有关。因此，在选取脱模斜度时，应该注意以下几点。

1）凡塑件尺寸精度要求高时，应采用较小的脱模

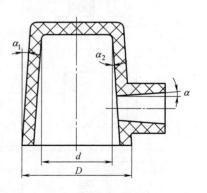

图 2-2　塑件脱模斜度

斜度。

2）凡较高、较大的塑件尺寸，应选用较小的脱模斜度。

3）塑件形状复杂的、不易脱模的，应选用较大的脱模斜度。

4）塑件的收缩率大应选用较大的脱模斜度。

5）塑件壁较厚时，会使成型收缩增大，脱模斜度应采用较大的数值。

6）如果要求脱模后塑件保持在型芯的一边，那么塑件内表面的脱模斜度可选得比外表面小；反之，要求脱模后塑件留在凹模内，则塑件外表面的脱模斜度应小于内表面。但是，当内外表面要求不一致时，往往不能保证壁厚的均匀。

7）增强塑件宜取大值，含自润滑剂等易脱模塑件可取小值。

8）取斜度的方向，一般内孔以小端为准，符合图样，斜度由扩大方向取得；外形以大端为准，符合图样，斜度由缩小方向取得。一般情况下，脱模斜度 α 不包括在塑件公差范围内。常用塑件的脱模斜度见表 2-6。

表 2-6　常用塑件的脱模斜度

塑料名称	脱模斜度	
	凹　模	型　芯
聚乙烯、聚丙烯、软聚氯乙烯、聚酰胺、氯化聚醚	25′~45′	20′~45′
硬聚氯乙烯、聚碳酸酯、聚砜	35′~40′	30′~50′
聚苯乙烯、有机玻璃、ABS、聚甲醛	35′~1°30′	30′~40′
热固性塑料	25′~40′	20′~50′

塑件外表要求光面或纹面，其脱模斜度也不同，斜度值如下。

1）外表面光面时，小塑件脱模斜度≥1°，大塑件脱模斜度≥3°。

2）外表面蚀纹面 $Ra<6.3\mu m$ 时，脱模斜度≥3°，$Ra≥6.3\mu m$ 时，脱模斜度≥4°。

3）外表面火花纹面 $Ra<3.2\mu m$ 时，脱模斜度≥3°，$Ra≥3.2\mu m$ 时，脱模斜度≥4°。

有时为了在开模时让塑件留在凹模内，则需要相应地减小凹模内表面的脱模斜度。另外，值得注意的是，在修改塑件脱模斜度时，还需保证塑件装配关系和外观的要求。

3. 加强肋

加强肋的主要作用是在不增加壁厚的情况下加强塑件的强度和刚度。因为纯粹依靠增加壁厚来提高塑件的强度和刚度，常常会带来塑件重量、冷却时间的增加以及产生凹痕与气孔等缺陷的可能性。加强肋常常用在盖子、箱子、需要有良好外观和重量轻的宽大表面、齿轮的轴和齿廓以及塑件的支撑与构架。

肋的厚度、高度与脱模斜度是相互关联的。太粗厚的肋会在塑件的另一面造成凹痕；太薄的肋和太大的脱模斜度会造成肋的尖端充填困难。肋的各边一般应有 1° 的脱模斜度，最小不得低于 0.5°，而且应该将肋两侧的模面精密抛光。脱模斜度使得从肋顶部到根部增加壁厚，一般肋根部的最大厚度为塑件壁厚的 0.8 倍，通常取壁厚的 0.5~0.8 倍，塑件加强肋尺寸设计见表 2-7。

表 2-7　塑件加强肋尺寸设计　　　　　　　　　　（单位：mm）

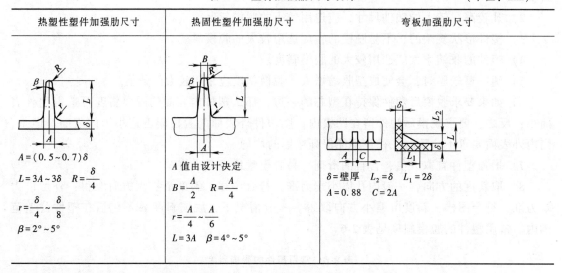

热塑性塑件加强肋尺寸	热固性塑件加强肋尺寸	弯板加强肋尺寸
$A=(0.5\sim0.7)\delta$ $L=3A\sim3\delta$　$R=\dfrac{\delta}{4}$ $r=\dfrac{\delta}{4}\sim\dfrac{\delta}{8}$ $\beta=2°\sim5°$	A 值由设计决定 $B=\dfrac{A}{2}$　$R=\dfrac{A}{4}$ $r=\dfrac{A}{4}\sim\dfrac{A}{6}$ $L=3A$　$\beta=4°\sim5°$	$\delta=$壁厚　$L_2=\delta$　$L_1=2\delta$ $A=0.88$　$C=2A$

另外，塑件凸台处加强肋的设计见表 2-8。

表 2-8　塑件凸台处加强肋的设计　　　　　　　　（单位：mm）

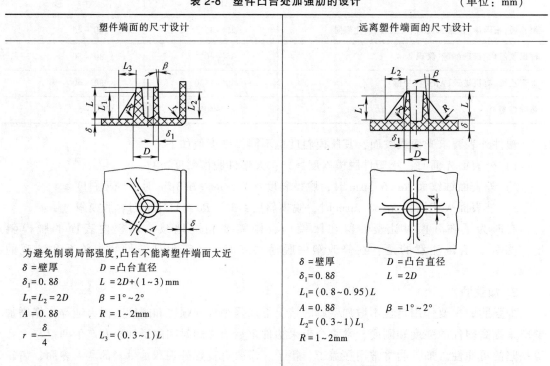

塑件端面的尺寸设计	远离塑件端面的尺寸设计
为避免削弱局部强度,凸台不能离塑件端面太近 $\delta=$壁厚　　　　$D=$凸台直径 $\delta_1=0.8\delta$　　　$L=2D+(1\sim3)\,\text{mm}$ $L_1=L_2=2D$　　$\beta=1°\sim2°$ $A=0.8\delta$　　　$R=1\sim2\text{mm}$ $r=\dfrac{\delta}{4}$　　　　$L_3=(0.3\sim1)L$	$\delta=$壁厚　　　　　$D=$凸台直径 $\delta_1=0.8\delta$　　　　$L=2D$ $L_1=(0.8\sim0.95)L$ $A=0.8\delta$　　　　　$\beta=1°\sim2°$ $L_2=(0.3\sim1)L_1$ $R=1\sim2\text{mm}$

　　图 2-3 所示为加强肋可以设计成波浪状，以维持均匀壁厚，并且将脱模斜角加工到两侧的模具，这种做法可以避免肋的顶面过薄。

　　就结构的刚性而言，相互连接的蜂巢式六面矩阵结构（图 2-4），比正方形结构更具有材料的使用效率，加设蜂巢状的肋是防止平坦表面弯曲的好方法。加强肋设计的典型实例见表 2-9。

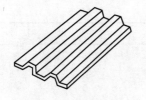

图 2-3　波浪形强化结构

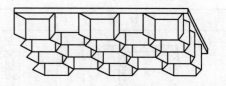

图 2-4　平坦表面加设蜂巢状的肋

表 2-9　加强肋设计的典型实例

序号	不　合　理	合　理	说　明
1			采用加强肋,既不影响塑件强度,又可避免因壁厚不均匀而产生缩孔
	$A>B$　凹陷	$A<B$	避免加强肋壁厚过大,在与之相交的表面产生凹陷
			避免加强肋交叉处壁厚过厚,产生缩孔
2			增设加强肋后,可提高塑件强度
3			非平板状塑件,加强肋应交错排列,以免塑件产生翘曲变形
4			平板状塑件,加强肋应与料流方向平行,以免造成充型阻力很大和降低塑件韧性

（续）

序号	不 合 理	合 理	说 明
5			加强肋的相交处改为较大的圆形交叉面,以便将原先使用费用高的矩形横截面推杆改为圆形横截面推杆
6			加强肋的间距要大于 2 倍的壁厚,高度应矮一些,与支承面的间隙应大于 0.5mm

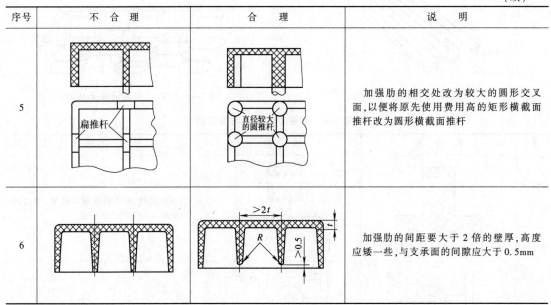

4. 支承面

塑件的支承面应充分保证其稳定性,一般不以塑件的整个底面作为支承面,而将底面设计成凹凸形,或在凹入面增设加强肋。支承面结构设计实例见表 2-10。

表 2-10　支承面结构设计实例

序号	不 合 理	合 理	说 明
1	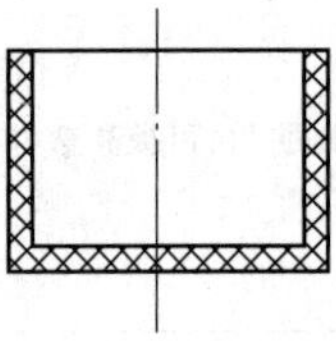	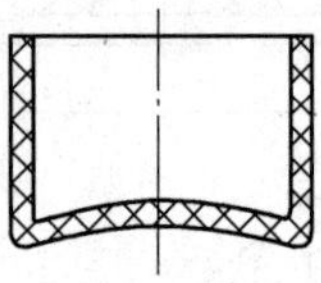 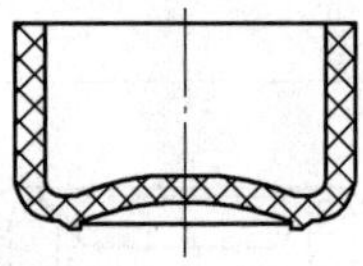	容器的底部采用凹形,既可以使塑件摆放平稳,又可以增加容器的底部刚度
2	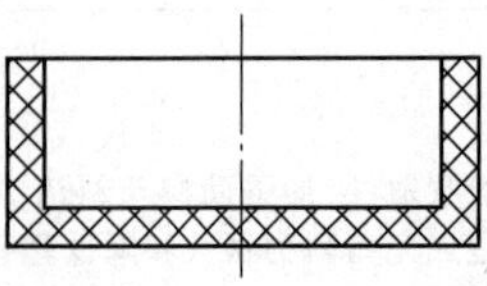	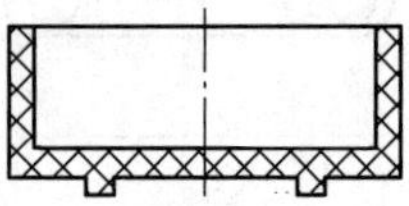 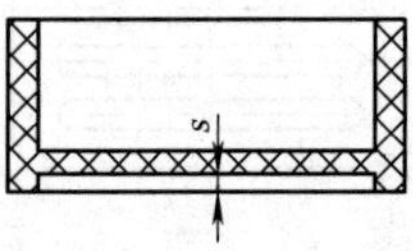	采用凸边或底脚作为支承面,凸边或底脚的高度 s 取 0.3~0.5mm

（续）

序号	不 合 理	合 理	说 明
3	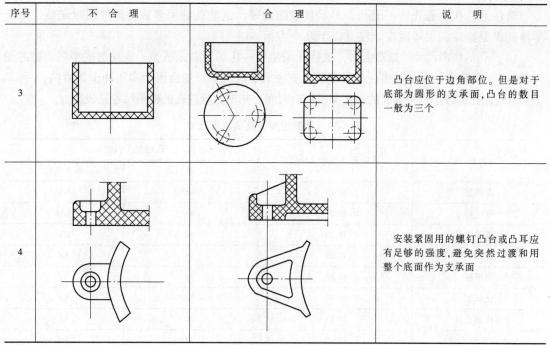		凸台应位于边角部位。但是对于底部为圆形的支承面,凸台的数目一般为三个
4			安装紧固用的螺钉凸台或凸耳应有足够的强度,避免突然过渡和用整个底面作为支承面

5. 圆角

塑件设置圆角,不但能使其成型时熔体流动性能好,成型顺利进行,而且能减小应力集中。因为当塑件带有尖角时,往往会在尖角处产生应力集中,导致其在受力或受冲击振动时形成裂纹。从图 2-5 中曲线可以看出圆角半径 R 和厚度 T 与应力的关系:当 $R/T<0.3$ 时,容易产生应力集中;当 $R/T>0.8$ 时,则应力集中不明显。

图 2-6 所示为圆角半径与塑件壁厚的关系。图 2-7a 所示为成型塑件圆角 R 设计实例,将壁设计成锥形,防止翘曲;图 2-7b 所示为通过增加成型塑件转角部位的圆角和壁厚,来提高塑件的强度和刚度,同时也可起到防止塑件翘曲变形的作用。

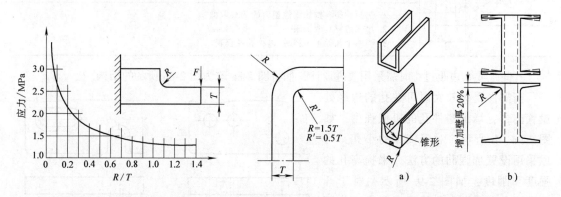

图 2-5　圆角半径 R 和厚度 T 与应力的关系　　图 2-6　圆角半径与　　图 2-7　增设圆角并改变壁

F—载荷　R—圆角半径　T—厚度　　　塑件壁厚的关系　　厚防止翘曲变形

6. 孔的设计

塑件上的孔有通孔、不通孔、形状复杂的孔等，这些孔绝大多数与塑件同时成型。由于塑件的成型特性，设计时应该注意以下几个方面。

（1）孔的极限尺寸　原则上讲，这些孔均能用一定的型芯来成型。在注射成型时，型芯受到高速流动的塑料熔体的冲击，如果型芯的直径太小或太长，则会因为高压冲击而弯曲，所以，需要对塑件孔的最小直径和孔的最大深度加以限制。热塑性塑件孔的极限尺寸见表2-11。

表 2-11　热塑性塑件孔的极限尺寸

塑 件 材 料	孔的最小直径 d/mm	孔的最大深度 h	
		不　通　孔	通　孔
聚酰胺	0.20	$4d$	$10d$
聚乙烯	0.20	$4d$	$10d$
软聚氯乙烯	0.20	$4d$	$10d$
聚甲基丙烯酸甲酯	0.25	$3d$	$8d$
聚甲醛	0.30	$3d$	$8d$
聚苯醚	0.30	$3d$	$8d$
硬聚氯乙烯	0.25	$3d$	$8d$
改性聚苯乙烯	0.30	$3d$	$8d$
聚碳酸酯	0.35	$2d$	$6d$
聚砜	0.35	$2d$	$6d$

（2）孔间距　注射成型时，塑料熔体遇到成型孔的小型芯时会被分成两部分，在料流的背面产生熔接痕，使塑件孔的强度降低。因此，孔边与孔边之间，孔边与塑件边缘之间需要有一定的距离，以保证塑件有足够的强度。塑件孔间距、孔边距与孔径的尺寸关系见表2-12。

表 2-12　塑件孔间距、孔边距与孔径的尺寸关系　　　　（单位：mm）

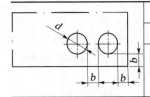

孔径 d	≤1.5	>1.5~3	>3~6	>6~10	>10~18	>18~30
孔间距、孔边距 b	1~1.5	>1.5~2	>2~3	>3~4	>4~5	>5~7

备注：1. 热塑性塑料按热固性塑料的75%取值
　　　2. 增强塑料宜取上限
　　　3. 当两个孔径不一样时，以小孔径查表

孔间距或孔边距过小时需采用改进设计，如将图2-8a改为图2-8b所示的结构。

当塑件受力较大时可在孔的边缘处设置凸台，增加塑件孔的机械强度，如图2-9a、b所示；对于较深的小孔，可以采用设置加强肋的方法，来提高孔的强度和刚度，如图2-9c所示。对于开口孔可在开口孔的边缘设置凸台，如图2-9d所示。

（3）孔的类型　塑件上常见的孔

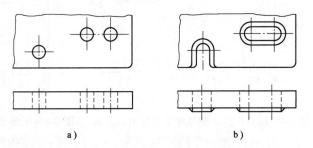

a)　　　　　　　　　　b)

图 2-8　孔间距或孔边距过小时的改进设计一

有通孔、不通孔、螺钉固定孔和异形孔等。

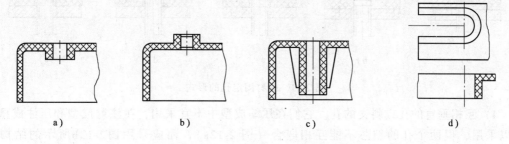

图 2-9　孔间距或孔边距过小时的改进设计二

1）通孔。通孔的成型方法如图 2-10 所示。

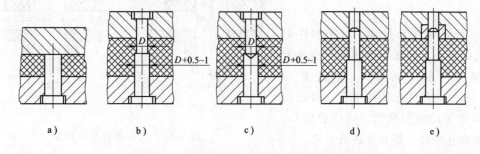

图 2-10　通孔的成型方法

图 2-10a 所示为普通孔的成型方法，型芯固定在模板一侧。当成型较深的通孔时，可采用型芯分别固定在动、定模两侧，如图 2-10b 所示。它的不足之处是，合模时两型芯容易产生偏移，两孔的同轴度精度不容易保证。当两孔的同轴度精度要求较高时，可采用图 2-10c 所示的方法，在型芯对合处用圆锥面定位。图 2-10d 所示为型芯在一端固定，另一端导向增强的方法，可保证孔与分型面的垂直度要求。但由于型芯的合模滑动在导向孔端部容易磨损而产生飞边，同时，通孔从一侧推出，增大了脱模阻力。解决该问题有两种方法：一是导向孔处镶嵌硬度较高的导套，如图 2-10e 所示；二是采用顶管推出的形式。

2）不通孔。当塑件上出现不通孔时，只能用一端固定型芯，即型芯单悬在型腔内。如果型芯与浇注料流方向垂直，很容易使型芯受到冲击而弯曲变形，因此，不通孔的深度一般不超过孔径的 4 倍。

3）螺钉固定孔。为了紧固塑件，选用不同形式的螺钉，其螺钉固定孔的形式也各不相同，常见的形式如图 2-11 所示。

图 2-11a、b 选用沉头螺钉的固定孔形式，虽然这种沉头螺钉的对中性较好，但是，由于螺钉的螺钉头部沉入沉孔，容易产生"干涉"现象，所以尽量不采用沉头螺钉固定。图 2-11c～e 选用圆柱螺钉的固定孔形式，螺钉头与塑件之间有垫圈，并且被固定塑件可以沿螺钉的轴线相垂直的方向做微小的移动，不会产生"干涉"现象，所以使用较为普遍。

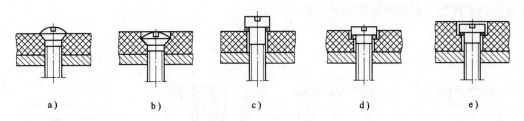

图 2-11　螺钉固定孔的形式

4）互相垂直的孔或斜交的孔。它们在压缩成型中不宜采用，在注射成型和压注成型中可以采用，但两个孔的型芯不能互相嵌合（图 2-12a），而应采用图 2-12b 所示的结构形式。在成型时，小孔型芯从两边抽芯后，再抽大孔型芯。需要设置侧壁孔时，应考虑尽可能地使模具结构简单化。

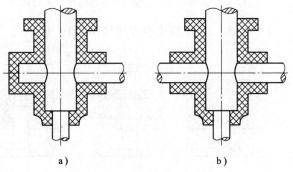

图 2-12　互相垂直孔的成型

5）孔的碰穿和插穿。对于塑件中的通孔的成型，经常会遇到两个专业术语"碰穿"和"插穿"。要成型如图 2-13 所示的塑件上的两个孔，可以用图 2-14 所示的成型结构，可以看到凸、凹模镶块有些部分是相互碰在一起，一般将没有脱模斜度的相碰称为碰穿，而有脱模斜度（一般大于 3°）的相碰称为插穿。

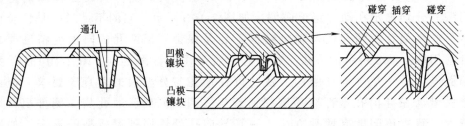

图 2-13　塑件产品图　　　　图 2-14　成型塑件的凸、凹模镶块

对于塑件中的通孔和不通孔一般用小型芯来成型。如果这种型芯直接在凸、凹模上加工出来，一方面浪费了材料，另一方面也不方便模具在使用过程中的维修和更换。所以，常将这些型芯做成"镶块"（型芯镶块）装配到凸、凹模上。较大的镶块用螺钉固定，较小的镶块用"台阶"固定，如图 2-15 所示。

如图 2-15 所示，镶块一般采用单边支撑，对于细长的刚性较差的镶块则需要双边支撑。双边支撑的镶块，其悬出长度不大于镶块直径

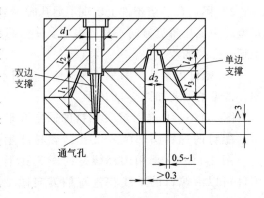

图 2-15　用镶块来成型塑件的孔

的 8 倍（$l_1 \leqslant 8d_1$），单边支撑的镶块其悬出长度不大于其直径的 5 倍（$l_4 \leqslant 5d_2$），对于这两种支撑方式的镶块与其安装孔之间必须有一段大于 3 倍镶块直径的过盈配合（$l_2 > 3d_1$，$l_3 > 3d_2$），台阶的高度要大于 3mm。另外，为了方便装配，台阶与镶块的安装沉孔的边缘的单边间隙要在 0.5~1mm。

另外，当碰穿位较陡峭时，如图 2-16a 所示 A 处较陡，可以改为图 2-16b 所示的中间平面（B 平面）碰穿结构，采用该结构可以有效缩短碰穿孔处镶块的高度，改善镶块的受力情况。

值得注意的是，如图 2-17a 所示，当 A 点与 B 点的高度差 $h < 0.5$mm，甚至 A 点低于 B 点时（图 2-17b），其成型镶块也需要用双边支撑，其封胶面最小距离须保证 $L > 1$mm，导向部位斜度 $\alpha \geqslant 5°$，长度 $H \geqslant 2.5$mm，也有人将这种成型结构称为插穿。

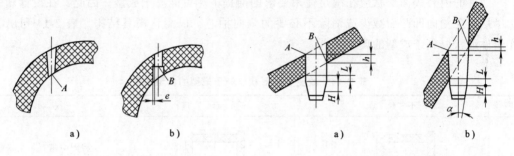

图 2-16　中间平面碰穿结构　　　　　　图 2-17　插穿结构

总之，不管是碰穿还是插穿，这些接触面的加工精度要求较高。若精度不够，则在成型塑件时容易产生飞边或成型镶块损坏的现象。因此，在相对应的图样上要标明是碰穿还是插穿，用来提示加工人员。

6）异形孔。在塑件上经常要设置斜孔、弯孔和三通之类的异形孔。这些孔可以采用表 2-13 列出的各种方法来成型。这里基本上都采用了碰穿或是插穿的方法来成型孔。

表 2-13　异形孔成型方法

孔　形	成 型 方 法	孔　形	成 型 方 法

（续）

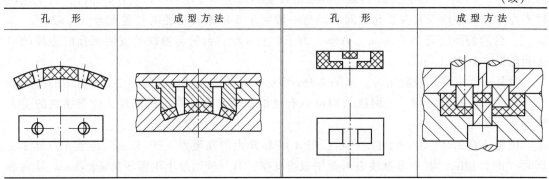

孔　形	成型方法	孔　形	成型方法

7. 塑件的表面形状

　　塑件的内外表面形状应在满足使用要求的前提下尽可能易于成型。因此，在设计塑件时应尽量避免侧向凹凸而减少或消除不必要的侧向抽芯，以简化模具结构。表 2-14 列出了改变塑件形状以利于成型的典型实例。

表 2-14　改变塑件形状以利于成型的典型实例

序号	不　合　理	合　理	说　明
1			将图中带有一个安装孔的固定平台下移后，就可以省去了模具设计过程中的侧向抽芯机构
2			塑件外侧凹，必须采用瓣合凹模，使塑料模具结构复杂，塑件表面有接缝
3			应避免塑件表面横向凸台，以便于脱模
4			将中部凹陷的部分补齐，从而可以避免侧向抽芯或在表面留下痕迹线
5			塑件内侧凹，抽芯困难，将其改为外侧凹，外侧抽芯，降低抽芯难度

序号	不 合 理	合 理	说 明
6	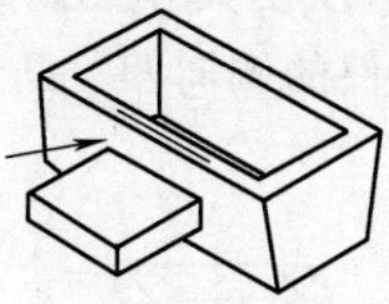	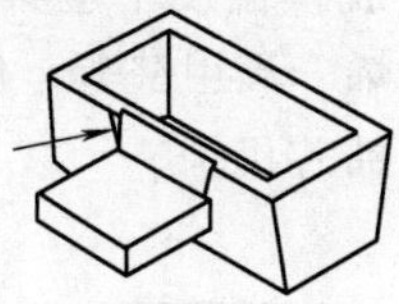	改变箭头所指出的脱模斜度方向,可以防止倒扣
7	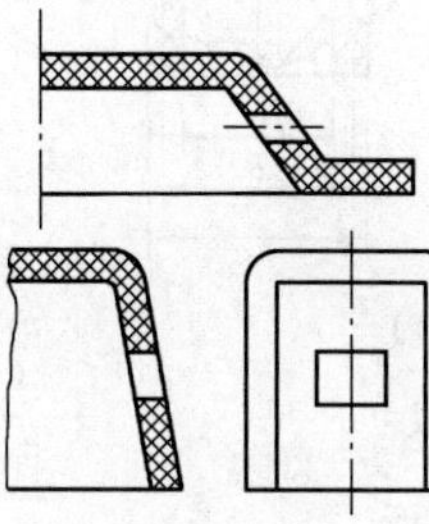	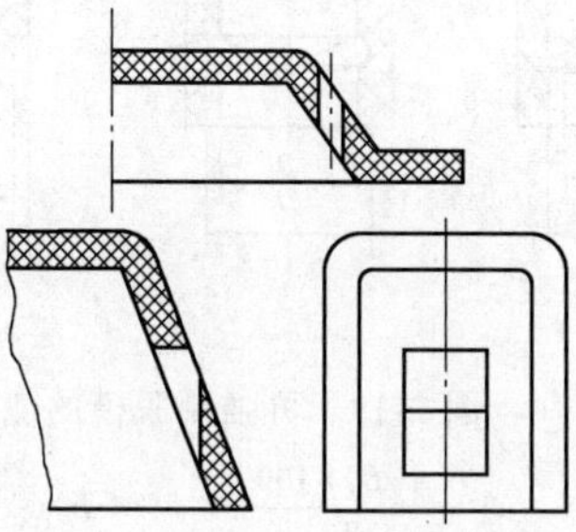	将横向侧孔改为垂直向孔,可免去侧向抽芯机构
8	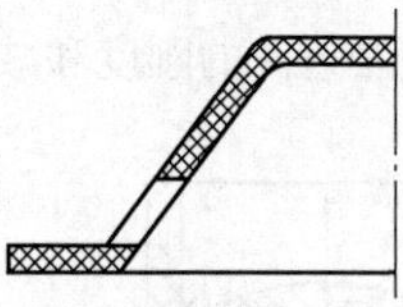	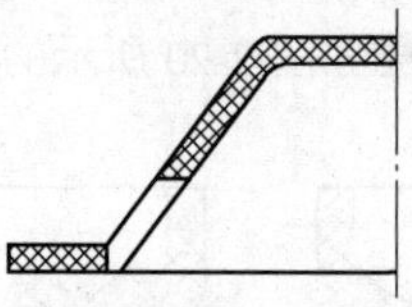	左图必须用侧向抽芯机构,改成右图所示孔的样式,可采用小型芯插穿的结构来成型
9	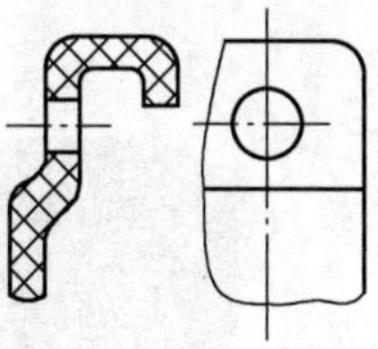	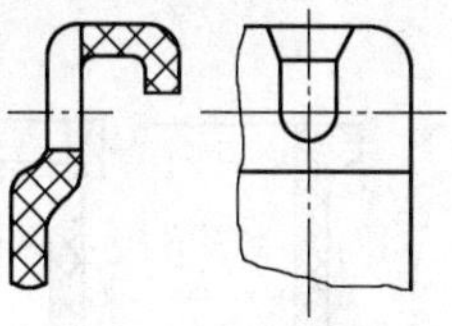	
10	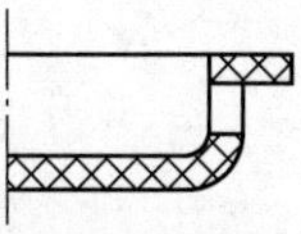	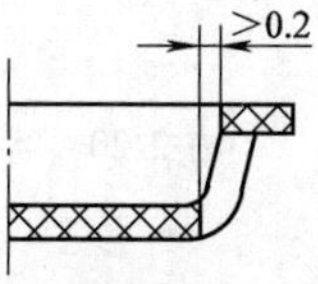 ≥0.2	
11	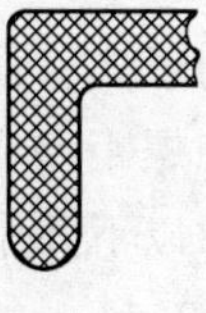	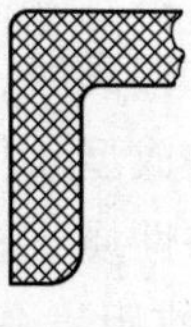	将外部圆角改为外部直角,将简化模具结构,而内部圆角则容易实现

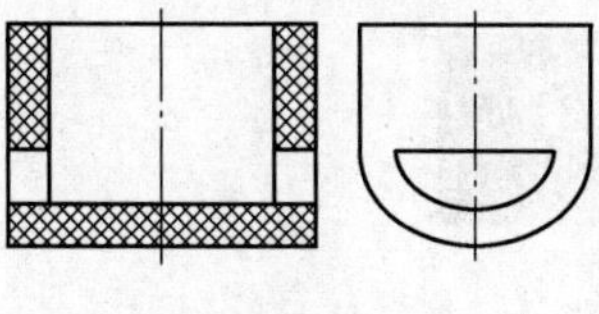

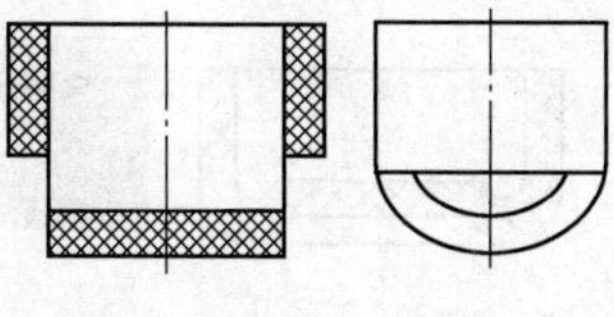

当塑件内、外侧凹较浅并允许带有圆角 r 时，则可以用整体凸模，采取强制脱模的方法从凸模或凹模上脱下，如图2-18所示。

强制脱模需要这些塑料在脱模温度下应具有足够的弹性，以使其在强制脱模后不会变形。这些塑料如聚乙烯、聚丙烯、聚甲醛等。但大多情况下塑件的侧向凹、凸结构是不能强制脱模的，必须采用侧向分型抽芯机构。

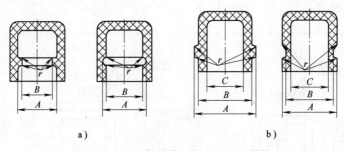

图 2-18 可强制脱模的侧向凹、凸结构

a) $\dfrac{(A-B) \times 100}{B} \% \leqslant 5\%$ b) $\dfrac{(A-B) \times 100}{C} \% \leqslant 5\%$

塑件的形状还应有利于提高塑件的强度和刚度。薄壳状塑件可设计成球面或拱形面，如图2-19所示。容器的边缘也宜设计成如图 2-20 所示的各种结构，以增强塑件的刚度和减小变形。

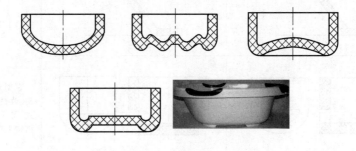

图 2-19 容器盖与底的加强

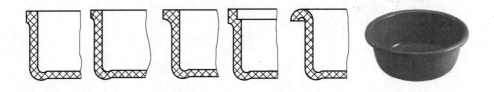

图 2-20 容器边缘的增强

2.2.2 带螺纹的塑件设计

塑件上的带螺纹部分强度要求较高时，可采用金属嵌件嵌入的形式；但是如果对它的强度要求不是很高时，则可直接注射成型。但是，由于螺纹的直径和螺距在成型后会产生一定的收缩以及塑料螺纹的一些特有的性质，在设计螺纹塑件时要注意以下几个方面的问题。

1) 为了使用方便和提高塑件使用寿命，需在螺纹端部有大于 0.5mm 的无螺纹区。这种螺纹结构可以降低制造难度、防止出现毛刺和脱边而导致的崩扣，安装时还可以起导向作用。塑件螺纹始末部分尺寸见表 2-15。

2）当在同一塑件的同一部位同轴线上有前后两段螺纹时，其螺纹的螺距和旋向应一致，这样可以同时旋出螺纹型芯零件，以简化模具结构。如果塑件上的两段螺纹螺距不等或旋向相反，则螺纹型芯应分别加工，进行组合装配，塑件成型后，再分别旋出，如图2-21所示。

3）由于塑件的强度相对较低，外螺纹的直径一般不能小于 3mm，内螺纹直径一般不能小于 2mm。螺距也不能太小，一般螺距不小于 0.7mm，以免螺纹过细而影响使用。塑件螺纹极限尺寸见表 2-16。

表 2-15　塑件螺纹始末部分尺寸　　　　　　　　（单位：mm）

螺纹直径 d_0	螺距 P		
	$\leqslant 1$	$>1\sim 2$	>2
	始末部分尺寸 l		
$\leqslant 10$	2	3	4
$>10\sim 20$	3	4	5
$>20\sim 30$	4	6	8
$>30\sim 40$	6	8	10

表 2-16　塑件螺纹极限尺寸

塑件材料	最小螺纹孔直径 d/mm	最小螺杆直径 d_1/mm	最大螺纹孔深度	最大螺杆长度	
				$d_1 \leqslant 5$mm	$d_1 > 5$mm
聚酰胺	2	3	$3d$	$1.5d_1$	$2d_1$
聚甲基丙烯酸甲酯	2	3	$3d$	$1.5d_1$	$3d_1$
聚碳酸酯	2	2	$3d$	$2d_1$	$4d_1$
氯化聚醚	2.5	2	$3d$	$2d_1$	$3d_1$
改性聚苯乙烯	2.5	2	$3d$	$2d_1$	$3d_1$
聚甲醛	2.5	2	$3d$	$2d_1$	$3d_1$
聚砜	3	3	$3d$	$2d_1$	$3d_1$

注：1. 热固性塑料的内外螺纹直径不小于 3mm，螺纹长度不小于 1.5d，螺距应大于 0.5mm。
　　2. 螺纹精度一般不超过 GB/T 197—2003 规定的公差等级 5～6 级。

4）为了减小螺距的累积误差，应尽量缩短配合长度，即它的配合长度应小于螺纹直径的 1.5～2 倍，即螺距的收缩累积误差尽量小些，以满足配合时的使用要求。如果是同种塑料的结构件的相互配合，则不必考虑因收缩产生的螺纹误差。

5）如果塑件上的螺纹在使用时不经常拆卸且紧固力不大时，可采用自攻螺钉。这样可以简化模具设计，只需在塑件上注出底孔，之后用自攻螺钉直接旋入装配即可，其底孔结构及尺寸可参考表 2-17。其中，底孔的脱模斜度为 1°~2°。当凸台较高时可以设置加强肋，以提高其强度。

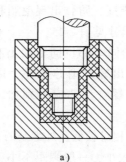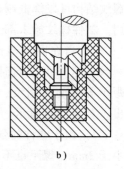

a)   b)

图 2-21   两段同轴螺纹

a) 旋向相同、螺距相等   b) 旋向不同、螺距不等

2.2.3 塑料齿轮的设计

在设计塑料齿轮时要注意以下几个方面。

1) 相同结构的齿轮应该使用相同的塑料，以防止因收缩率不同而引起啮合不佳的情况。

2) 齿轮各部分的尺寸关系见表 2-18。

表 2-17   自攻螺纹的形状尺寸   （单位：mm）

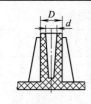

自攻螺纹规格	底孔 d	凸台外径规格 D
M3	2.4+0.1	6.5
M4	3.5+0.1	7.5
M5	4.4+0.1	8.5

3) 齿轮内孔与轴采用过渡配合的方式，应避免用键槽连接方式，而用扁轴连接方式。

表 2-18   齿轮各部分的尺寸关系

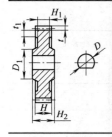

尺寸代号	尺寸关系	说 明
辐板厚度 H_1	$\leq H$	H —轮缘厚度
轮缘宽度 t_1	$3t$	t —齿高
轮毂厚度 H_2	$\geq H$, $\approx D$	D —轴径
轮毂外径 D_1	$(1.5~3)D$	

2.2.4 嵌件的设计

在塑料成型中将金属或其他材料的结构件直接嵌入塑件，使它们与塑件成为一个不可拆卸的整体，这些被嵌入的结构件称为嵌件。塑件中嵌入嵌件的目的是为了提高塑件的强度、刚度、硬度、耐磨性、导电性或延长塑件的使用寿命等。嵌件嵌入塑件的基本原理是利用嵌件金属与塑件的膨胀系数不同，在塑件成型后，冷却过程中膨胀系数大的塑件将嵌件抱紧固定。

（1）在设计嵌件时应注意的几个方面

1) 为了防止嵌件周围的塑料开裂现象，一方面要注意嵌件的材料应该选择那些膨胀系数同塑料膨胀系数相近的材料；另一方面还要保证嵌件周围的塑料层有足够的厚度，其值见表 2-19。再有就是对嵌件进行适当预热，以减小嵌件与塑料之间的温差，也可以在一定程度上缓解两者之间由于膨胀系数不同而带来的收缩不一致的情况。

2) 为了减小嵌件对塑料熔体的流动阻碍，避免应力集中，应将嵌件的边缘加工成圆角，同时使嵌件的形状对称，保证冷却时能均匀收缩。

3）嵌件设计时应考虑安装方便，定位牢固、可靠，防止由于机器振动和料流冲击而导致嵌件的移位和脱落。

4）嵌件的定位面应该是可靠的密封面，防止在成型时塑料熔体的渗入，一般采用H8/h8配合。

5）嵌件的嵌入部分应采取双向固定，即嵌件受力时既不能转动，也不会轴向窜动。

表 2-19　金属嵌件周围的塑料层厚度　（单位：mm）

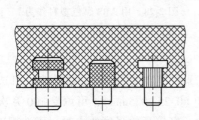

D	C	H
≤4	1.5	1.0
>4~8	2.0	1.5
>8~12	3.0	2.0
>12~16	4.0	2.5
>16~25	5.0	3.0

注：表中数值适用于热固性塑料和对应力开裂不太敏感的热塑性塑料。对应力开裂敏感的热塑性塑料，如聚苯乙烯、聚碳酸酯、聚砜等，$C \geqslant D$。

（2）常见的嵌件形式

1）圆柱形嵌件采用开槽和滚花结构保证牢固地固定在塑件中，如图 2-22 所示。

2）螺纹类嵌件应考虑嵌件在塑件中安装准确、牢固和防止飞边跑料的问题。内、外螺纹嵌件除了要和圆柱形嵌件一样采用开槽和滚花进行固定外，还要注意以下几点。

① 外螺纹嵌件的颈部要留出一段长度为 4~6mm 的配合（精度 H8/h8），以保证定位牢固和防止跑料，如图 2-23 所示。

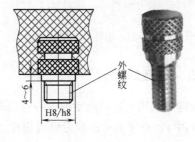

图 2-22　圆柱形嵌件与塑件的连接

图 2-23　外螺纹嵌件与塑件的连接

② 内螺纹嵌件的顶部要留出长度为 4~6mm 的配合（精度 H8/h8），以防止从颈部跑料引起飞边，另外，对于贯穿塑件的内螺纹要注意与型腔壁有一小段距离 h（$h>0.05\text{mm}$），防止在合模时压坏型腔，如图 2-24 所示。

3）板形、片状嵌件，大多采用钻孔、冲凸包、压扁等形式，以增加嵌件与塑件的连接强度，如图 2-25 所示。

4）当嵌件过长且呈细杆状时，应该在模具内设置支撑柱，防止嵌件弯曲，如图 2-26 所示。

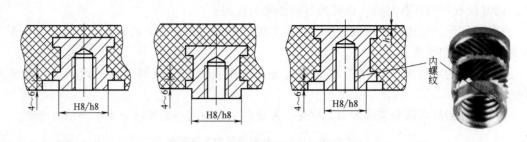

图 2-24　内螺纹嵌件与塑件的连接

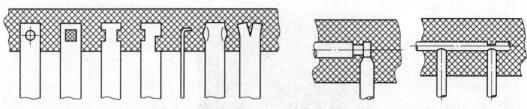

图 2-25　板形、片状嵌件与塑件的连接　　图 2-26　细杆状嵌件在模具内的支撑

另外，如图 2-27 所示的汽车转向盘嵌件属于细长类型的嵌件，其整体全部嵌在塑料中。

5）特种类型的嵌件也很多，如冲制的薄壁嵌件、薄壁管状嵌件、非金属嵌件等。图 2-28所示为用 ABS 黑色塑料作为嵌件的改性的有机玻璃仪表壳。

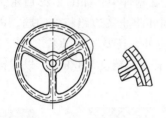

图 2-27　细杆状贯穿嵌件

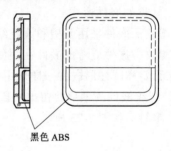

图 2-28　用 ABS 黑色塑料作为嵌件的改性的有机玻璃仪表壳

2.2.5　铰链的设计

铰链是利用塑料的高度取向特性而制成的塑件。如果铰链在使用中开合次数多，可选用聚丙烯（PP），由于其弯曲疲劳强度很高，当厚度适当时（0.25~0.5mm），可承受 100 万次以上的折叠和弯曲；如果铰链在使用中开合次数较多，同时还有较高的强度要求时，可选用 PA 和 POM；使用中开合次数少的铰链，可选用 ABS。铰链的形式和尺寸如图 2-29 所示。

进行铰链设计时要注意以下事项。

1）曲率半径部分尽可能地采用薄壁。

2）铰链剖面形状应该对称。

3）当铰链要转折时，应预留铰链部位空间，即增大铰接部分的尺寸。

2.2.6　塑件表面文字、图案、纹理、丝印和喷漆

塑件的表面是指各塑件在装配后的外露部分。塑件外形应符合各类型产品的安全标准要

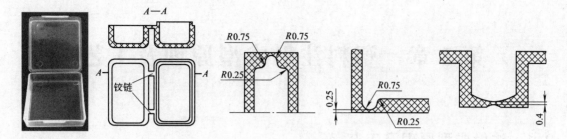

图 2-29 铰链的形式和尺寸

求。塑件上不应出现锋利边、尖锐点；对拐角处的内外表面，可用增加圆角来避免应力集中，提高塑件强度，改善塑件的流动情况。

由于装潢或某些特殊要求，塑件上有时需要带有文字或图案、标记符号及花纹（或装饰纹）。标记符号应放在分型面的平行方向上，并有适当的斜度以便脱模。塑件的标记符号有凸形和凹形两种。塑件上的凸形即在模具上为凹形，模具易于加工，只是塑件上的符号易于磨损，如图 2-30a 所示。塑件上的凹形即为模具上的凸起，如图 2-30b 所示，模具制作相对复杂。图 2-30c 所示为在凹框内设置凸起的标记符号。它可把凹框制成镶块嵌入模具内，这样既易于加工，标记符号在使用时又不易被磨损，最为常用。

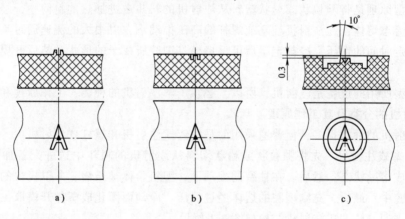

图 2-30 塑件的标记符号

现在模具制造多采用电铸成型、冷挤压、雕刻机雕刻、CNC 加工、照相化学腐蚀或电火花等加工技术，塑件上成型的标记符号，凸出的高度不小于 0.2mm，线条宽度不小于 0.3mm，以 0.8mm 为宜。两条线间距离不小于 0.4mm，边框可比图案纹高出 0.3mm 以上。标记符号或花纹的脱模斜度宜大于 8°。

塑件的表面装饰，可以遮盖住塑件成型过程中产生的某些缺陷，同时还能增加塑件外观的美感。表面装饰常用凹槽纹、皮革纹、菱形纹、木纹、水果纹等。

目前对特殊需要的塑件常用彩印、胶印、丝印和喷漆等方法进行表面彩饰。当塑件表面还需喷漆、丝印时，塑件表面应为光面或细纹面（$Ra < 6.3\mu m$），纹面过粗易产生溢油现象。丝印面选在塑件凸出或平整部位较好；喷漆后的表面，有时会放大成型时产生的表面痕迹。

第3章 塑料注射成型原理及工艺

3.1 注射成型原理及工艺

注射成型又称为注射模塑，是热塑性塑件的一种主要成型方法，除个别热塑性塑件外，几乎所有的热塑性塑件都可用此方法成型。注射成型模具占整个塑料模的90%左右。近年来，注射成型已成功地用来成型某些热固性塑件。注射成型可成型各种形状的塑件。它的特点是成型周期短，能一次成型外形复杂、尺寸精密、带有嵌件的塑件，且生产率高，易于实现自动化生产，所以广泛用于塑件的生产中。但是，注射成型的设备及模具制造费用较高，不适合单件及批量较小的塑件的生产。

3.1.1 注射成型原理及注射机

注射成型原理是将颗粒状或粉状塑料从注射机的料斗送进加热的料筒中，经过加热熔融塑化成为黏流态熔体，在注射机柱塞或螺杆的高压推动下，以很大的流速通过喷嘴注入模具型腔，经一定时间的保压、冷却定型后可保持模具型腔所赋予的形状，然后开模分型获得成型塑件。

注射成型所用的设备是注射机，所以，必须了解注射机的种类、工作原理和规格。

1. 注射机的分类及其工作原理

目前注射机的种类很多，但普遍采用的是柱塞式注射机和螺杆式注射机。

（1）柱塞式注射机　先将颗粒状或粉状塑料从注射机的料斗中送进配备加热装置的料筒中，塑化成熔融状态；然后，在柱塞的推动下，塑料熔体被压缩，并以极快的速度经喷嘴注入模具型腔中；最后，充满型腔的熔体经过保压、冷却而固化成塑件开模取出，如此即完成一个成型周期。柱塞式注射机结构如图3-1所示。

柱塞式注射机中，塑料熔化成黏流态的热量主要由料筒8外部的加热圈17提供。在柱塞的平移推动下，料流是一种平缓的滞流态势。料筒内同一横截面上不同径距的质点有着梯度变化的流速，靠料筒轴心的流速快，靠近筒壁的流速慢。料筒同一横截面上的温度分布也有差异，靠近筒壁的料流，因流速缓慢，又直接接受外壁的加热圈，所以温度高；而靠近轴心的料流，因流动快，且又与料筒加热圈隔了一层热阻很大的塑料层，所以温度低。可见在柱塞式料筒内，塑料的塑化程度很不均匀。

（2）螺杆式注射机　螺杆式注射机结构如图3-2所示。它的闭模、充型、保压、冷却及脱模过程与柱塞式注射机相同。不同的是：螺杆推动其头部聚积的熔体充型时本身只做平移而不转动。当塑件冷却的同时和保压结束以后，螺杆开始转动，由料斗加入的塑料在螺杆带动下，沿螺旋槽向前输送。由于外加热圈的加热和螺杆剪切摩擦生热的作用，塑料逐渐升温至黏流态，并建立起一定的压力。当螺杆头部积存的熔体压力达到一定值时，螺杆在转动的同时后退，料筒前端的熔体逐渐增多。当螺杆头部积存的熔体压力达到一定值和当达到规定

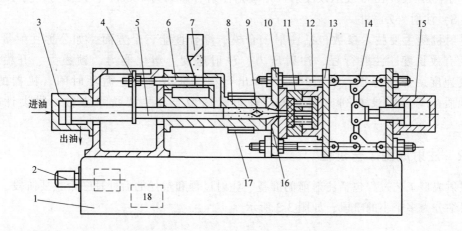

图 3-1　柱塞式注射机结构

1—机身　2—电动机及液压泵　3—注射液压缸　4—加料调节装置　5—注射柱塞　6—加料柱塞　7—料斗　8—料筒
9—分流锥　10—定模固定板（安装板）　11—模具　12—拉杆　13—动模固定板（安装板）
14—合模机构　15—合模液压缸　16—喷嘴　17—加热圈　18—油箱

注射量时，螺杆接触行程开关而停止转动和后退，准备下一阶段的注射。此过程称为预塑化过程。

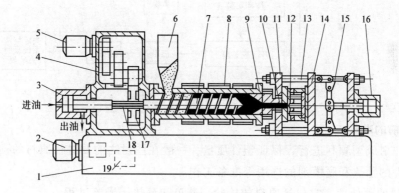

图 3-2　螺杆式注射机结构

1—机身　2—电动机及液压泵　3—注射液压缸　4—齿轮箱　5—液压马达　6—料斗　7—螺杆
8—加热圈　9—料筒　10—喷嘴　11—定模固定板（安装板）　12—模具　13—拉杆
14—动模固定板（安装板）　15—合模机构　16—合模液压缸
17—螺杆传动齿轮　18—螺杆花键　19—油箱

　　整个塑料熔体在料筒内壁与螺旋槽之间的空隙形成一个向前卷进的薄扁带。所以与柱塞式相比，塑化能力强，塑化效果好，压力损失小及注射速度高，且充型均衡。

2. 注射机的规格及主要技术参数

　　当前，国际上通常采用注射容量/锁模力来表示注射机的主要特征。这里所指的注射容量是指注射压力为 100MPa 时的理论注射容量。

例如：SZ-160/1000 表示该注射机是理论注射容量约为 $160cm^3$、锁模力约为 1000kN 的塑料（S）注射（Z）机。

注射机的主要技术参数包括注射、合模、综合性能三个方面，如公称注射量、螺杆直径及有效长度、注射行程、注射压力、注射速度、塑化能力、锁模力、开模力、开模合模速度、开模行程、模板尺寸、推出行程、推出力、空循环时间、机器的功率、体积和质量等。附录 E 列出部分国产注射机的型号和主要技术参数，供设计模具时选用。

3.1.2　注射成型工艺过程

注射成型工艺过程包括注射前的准备、注射过程和塑件的后处理三个主要阶段，各个阶段又可细分为多个小的阶段，如图 3-3 所示。

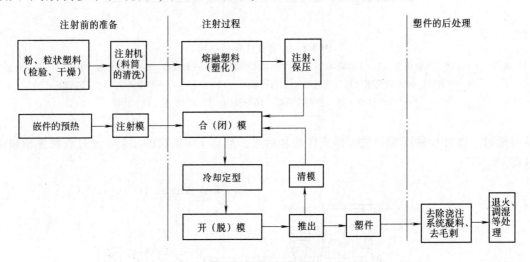

图 3-3　注射成型工艺过程

1. 注射前的准备

为了使注射成型顺利进行，保证塑件质量，一般在注射之前要进行原料的预处理、料筒的清洗、嵌件的预热和脱模剂的选用等准备工作。

（1）原料的预处理　它包括原料的检验、着色和预热干燥等过程。

1）分析检验成型原料的质量。注射前必须对原料的外观（如色泽、颗粒大小、均匀度）及工艺性能（如流动性、热稳定性、收缩性、水分含量等）进行检验，判断原料的品种、规格、牌号等与所要求的参数是否符合。即使是同一品种的塑料，因生产厂家、生产日期和批次不同，其技术指标也会有差异，所以，分析检验成型原料的质量是否符合成型工艺要求是十分必要的。

2）着色。塑料着色就是往塑料成型原料中添加一种称为着色剂的物质，借助这种物质改变塑料原有的颜色或赋予塑料特殊光学性能的技术。着色剂按其在塑料中的分散能力，可分为染料和颜料两大类。

① 染料具有着色力强、色彩鲜艳和色谱齐全的特点，但由于对热、光和化学药品的稳定性比较差，故在塑料中较少应用；当塑料成型温度不高又希望塑件透明时，可采用耐热性

较好的蒽醌类和偶氮类染料。

② 颜料是塑料的主要着色剂，按化学组成又分成无机颜料和有机颜料两种。无机颜料对热、光和化学药品的稳定性都比较高而且价格低廉，但色泽都不十分鲜艳，只能用于不透明塑件的着色。有机颜料的着色特性介于染料和无机颜料之间，对热、光和化学药品的稳定性一般不及无机颜料，但所着色塑件色彩较鲜艳，用这种颜料的低浓度着色可得到彩色的半透明塑件。

常用的着色法有以下三种。

① 浮染法。将原料和着色剂按一定比例拌匀或直接加入注射机料斗中。此法简单适用，但仅适用混炼、搅拌效果较好的螺杆式注射机。

② 混合法。将原料和着色剂按比例要求装入混合机，再加入适量湿润剂搅拌混合均匀，此法因用专门混合机染色，故效果较浮染法好。

③ 造粒法。将上述经过着色的物料装入挤出造粒机造粒，使着色剂更加均匀。

3）预热干燥。对于易吸潮的塑料，如聚碳酸酯、尼龙、ABS 等在注射前必须进行干燥处理，以避免产品表面出现斑纹、银丝和气泡等缺陷，同时也可以避免注射时发生水降解。对于吸湿性或黏水性不强的成型原料，如果包装储存较好，也可不必预热干燥。预热干燥成型原料的方法很多，通常可在空气循环干燥箱中进行，但要注意放在干燥盘上的原料厚度以 18~19mm 为宜，以利于空气循环流通。小批量生产时，可采用热风循环干燥箱或红外线干燥箱；大批量生产时，可采用负压沸腾干燥或真空干燥，其效果好、时间短。一般来说，干燥的温度不宜过高（100℃左右），干燥时间不宜过长。当温度超过玻璃化温度的时间过长时，会使塑料结块，对于热稳定性差的塑料，还会导致变色、降解。另外，对于高温下易氧化变色的塑料（如聚酰胺等），可采用真空干燥法。

（2）料筒的清洗　生产中如需要改变塑料品种、更换物料、调换颜色，或发现成型过程中出现了热分解或降解反应，均应对注射机的料筒进行清洗。通常，柱塞式料筒存料量大，必须将料筒拆卸清洗。对于螺杆式料筒，可采用对空注射法清洗。最近研制成功了一种料筒清洗剂，是一种粒状无色高分子热弹性材料，100℃时具有橡胶特性，但不熔融或黏结，它通过料筒可以像软塞一样把料筒内的残料带出。这种清洗剂主要适用于成型温度在 180~280℃内的各种热塑性塑料以及中小型注射机。

采用对空注射清洗螺杆式料筒时，应注意下列事项。

1）欲换料的成型温度高于料筒内残料的成型温度时，应将料筒和喷嘴温度升高到欲换料的最低成型温度，然后加入欲换料或其回头料，并连续对空注射，直到全部残料除尽为止。

2）欲换料的成型温度低于料筒内残料的成型温度时，应将料筒和喷嘴温度升高到欲换料最高成型温度，切断加热电源，加入欲换料的回头料后，连续对空注射，直到全部残料除尽为止。

3）两种物料成型温度相差不大时，不必变更温度，先用回头料，后将欲换料对空注射即可。

4）残料属热敏性塑料时，应从流动性好、热稳定性高的聚乙烯、聚苯乙烯等塑料中选择黏度较高的品级作为过渡料进行对空注射。

（3）嵌件的预热　当嵌件为金属时，由于金属与塑料的膨胀系数相差较大，所以要对嵌件进行预热，以避免嵌件周围塑料层强度下降而出现裂纹缺陷，但对于小嵌件在模内容易被塑料熔体加热，可不预热。预热的温度以不损坏金属嵌件表面镀（锌或铬）层为限，一般为110~130℃。对无表面镀层的铝合金或铜嵌件，其预热温度可达150℃。

（4）脱模剂的选用　为了便于脱模，生产中常使用脱模剂。常用的脱模剂有三种，即硬脂酸锌、液态石蜡和硅油。硬脂酸锌除尼龙类塑料外，其余塑料均可使用；液态石蜡作为尼龙类塑料脱模剂效果较好；硅油的使用效果好，但价格贵，而且使用时要与甲苯等有机溶剂配成共溶液，涂抹型腔后待有机溶剂挥发后才能实现硅油的润滑效果。

近年来，生产中流行使用的雾化脱模剂实际上就是硅油脱模剂，其主要成分是聚二甲基硅氧烷（硅油）加适量助剂，再充入雾化剂（氟利昂或丙烷等）。此外，脱模剂还可直接混合在粒料中使用，如在粒料中混入质量分数为0.01%~0.05%白油（液态石蜡），效果很好。

2. 注射过程

完整的注射过程包括加料、塑化、注射、保压、冷却和脱模等几个步骤。螺杆式注射机注射过程如图3-4所示。

（1）塑化、计量阶段

1）塑化。塑化即塑料熔融，是指塑料在料筒中经加热达到黏流状态并具有良好可塑性的全过程。塑化之后熔体内的组分、密度、黏度和温度分布都较均匀，才能保证塑料熔体在下一注射充型过程中具有良好的流动性。

2）计量。计量是指能够保证注射机通过柱塞或螺杆，将塑化好的熔体定温、定压、定量地输出（即注射）料筒所进行的准备动作。这些动作均需注射机控制柱塞或螺杆在塑化过程中完成。计量动作的准确性不仅与注射机控制系统的精度有关，而且还直接受料筒（即塑化室）和螺杆的几何要素及其加工质量的影响。很显然，计量精度越高，能够获得高精度塑件的可能性越大，因此在注射成型生产中应十分重视计量的作用。

3）塑化效果和塑化能力。塑化效果是指物料转变成熔体之后的均化程度。塑化能力是指注射机在单位时间内

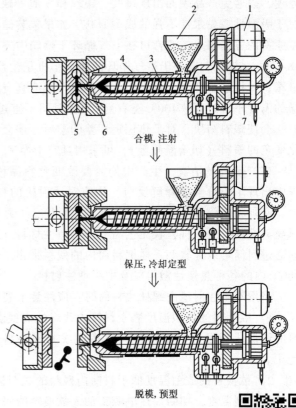

图3-4　螺杆式注射机注射过程
1—液压马达　2—料斗　3—螺杆　4—加热圈
5—模具　6—喷嘴　7—液压缸

能够塑化的物料质量或体积。塑化效果的好坏及塑化能力的大小均与物料受热方式和注射机结构有关。对于柱塞式注射机，物料在料筒内只能接受柱塞的推挤力，几乎不受剪切作用，塑化所需的热量，主要从外部装有加热装置的高温料筒上获取，塑化效果一般。对于螺杆式

注射机，螺杆在料筒内的旋转会对物料起到强烈的搅拌和剪切作用，导致物料与螺杆和料筒内壁之间进行剧烈摩擦和搅拌，并因此而产生大量的热量，使得物料受热均匀，塑化效果好。

（2）注射充型阶段　柱塞或螺杆从料筒内的计量位置开始，通过液压缸和活塞施加高压，使塑化好的塑料熔体经过喷嘴和浇注系统快速进入封闭型腔的过程，称为注射充型。注射充型又可细分为流动充型、保压补缩和倒流三个阶段。在注射过程中压力随时间呈非线性变化。在一个注射成型周期内用压力传感器测得的压力随时间变化的曲线，如图3-5所示。

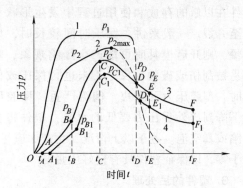

图 3-5　注射成型周期内压力-时间曲线
1—料筒计量室中压力曲线　2—喷嘴末端的压力曲线
3—型腔始端（浇口处）的压力曲线
4—型腔末端的压力曲线

1）流动充型阶段。A 段是塑料熔体在注射压力作用下从料筒计量室流入型腔始端的时间。在 AB 时间段熔体充满型腔。此时注射压力 p_1 迅速达到最大值，喷嘴压力也达到一定的动态压力 p_2。充型时间 $t_B - t_A$ 是注射成型过程中最重要的参数。因为熔体在型腔内流动时的剪切速率和造成聚合物分子取向的程度都取决于这一时间。型腔始端压力与末端压力之差（$p_B - p_{B1}$）取决于熔体型腔内的流动阻力。型腔充满后，型腔压力迅速增加并达到最大值。图3-5中型腔始端的最大压力为 p_C，末端的最大压力为 p_{C1}。喷嘴压力迅速增加并接近注射压力 p_1。BC 时间段是熔体的压实阶段。在压实阶段约占塑件质量15%的熔体被压到型腔内，此时，塑料熔体进入型腔的速度较慢。

2）保压补缩阶段。CD 时间段是保压阶段。在这一阶段中熔体仍处于螺杆所提供的注射压力之下，熔体会继续流入型腔内以弥补熔体因冷却收缩而产生的空隙。此时熔体的流动速度更慢，螺杆只有微小的补缩位移。在保压阶段熔体随着模具的冷却而逐渐成型。

3）倒流阶段。保压结束后螺杆回程（下一周期的预塑开始），喷嘴压力迅速下降至零。塑料熔体在此时刻仍会具有一定的流动性。在型腔压力的作用下，熔体可能从型腔向浇注系统倒流，导致型腔压力从 p_D 降为 p_E。在 E 时刻熔体在浇口处凝固，倒流通道被封断。浇口尺寸越小，封断越快。p_E 称为封断压力。p_E 和此时相对应的熔体温度对塑件的性能有很大的影响。

（3）冷却定型阶段　EF 时间段为冷却定型阶段，在模具冷却系统的作用下塑件逐渐冷却到具有一定的刚度和强度时脱模。脱模时塑件内存在一定的残余应力。若残余应力过大，会造成塑件开裂、损伤和卡模等问题。图3-6所示为注射周期中温度-时间曲线。

从图3-6可见，随着塑料熔体的注入，模具型腔的温度先上升至某一最高值，然后模温一直降低，直到下一轮熔体注入型腔。因此，型腔的表面温度在两个极限值之间变化，型腔最高与最低温度的差对于塑件所需的冷却时间和塑件表面质量有很大的影响，因此，模具冷却系统的设计十分重要。

一般来讲，塑件脱模温度不宜太高，否则，塑件脱模后不仅会产生较大的收缩，而且还容易在脱模后发生热变形。当然，受生产率的限制，脱模温度也不能太低。因此，适当的脱模温度应在塑料的热变形温度与模具温度之间。正常脱模时，型腔压力与外界压力的差值不要太大，否则容易使塑件脱模后在内部产生较大的残余应力，导致塑件在以后的存放和使用过程中发生形状和尺寸变化甚至开裂。一般来讲，保压时间较长时，型腔压力下降慢，则开启模具时可能产生爆鸣现象，塑件脱模时容易被刮伤或破裂；反之，未进行保压或保压时间较短时，型腔压力下降快，倒流严重，型腔压力甚至可能下降到比外界压力要低的水平，塑件将会因此产生

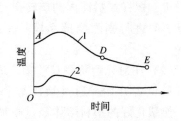

图3-6 注射周期中温度-时间曲线
1—熔体 2—模具型腔

凹陷或真空泡。鉴于以上情况，生产中应尽量调整好保压时间，使脱模时的残余应力接近或等于零，以保证塑件具有良好质量。

3. 塑件的后处理

塑件在成型过程中，由于塑化不均匀，或由于塑料在型腔中的结晶、定向以及冷却不均匀而造成塑件各部分收缩不一致，或因其他原因使塑件内部不可避免地存在一些内应力而导致在使用过程中变形或开裂，因此应该设法消除掉。消除内应力的方法有退火处理和调湿处理。

（1）退火处理 该方法是把从模具中取出的塑件放在一定温度的烘箱中或液体介质（如热水、矿物油、甘油等）中一段时间，然后缓慢冷却。退火的温度一般控制在高于塑件的使用温度10~20℃或低于塑料热变形温度10~20℃。温度不宜过高，否则塑件会产生翘曲变形；但温度也不宜过低，否则达不到退火目的。

（2）调湿处理 该方法主要用于尼龙类塑件。因为尼龙件脱模后，在高温下接触空气容易氧化变色。另外，这类塑件在空气中使用或存放过程中容易吸水而膨胀，需要经过很长时间尺寸才能稳定下来。所以将脱模后的塑件放在热水或醋酸钾溶液（沸点121℃）中处理，不仅隔绝空气防止氧化，消除内应力，而且还可以加速达到吸湿平衡，稳定其尺寸，故称为调湿处理。经调湿处理后的塑件，其冲击强度和抗拉强度均有所提高。调湿处理的温度一般为100~120℃，处理时间取决于塑料品种、塑件形状、壁厚和结晶度的大小，达到调湿处理时间后应缓慢冷却至室温。

当然，并非所有塑件一定要经后处理，像聚甲醛和氯化聚醚塑料，虽然存在内应力，但由于高分子本身柔性较大且玻璃化温度较低，其内应力可以自行缓慢消除。此外，当塑件要求不严格时，也可不必后处理。

4. 塑件的包装和储存

（1）包装 塑件通常带有静电，容易吸附灰尘，因此塑件特别是外观零部件在脱模、修边完毕后应立即采用PE薄膜袋或PE发泡袋（珍珠棉）进行包装。

（2）储存 塑件受压容易变形，对于外观零部件一般采用合适的放置方位，以防止塑件受压变形。

3.1.3 注射成型工艺条件

在塑料注射成型过程中，工艺条件的选择和控制是保证成型顺利进行和塑件质量的关键因素之一。主要的工艺条件是影响塑化流动和冷却的温度、压力和相应的各个作用时间。

1. 温度

在注射成型中需要控制的温度有料筒温度、喷嘴温度和模具温度。前两种温度影响塑料的塑化流动；后一种温度主要影响充型和冷却。

(1) 料筒温度 由图 1-3 可知，为了保证塑料熔体的正常流动而又不使塑料发生变质分解，料筒最合适的温度范围应高于 T_f (T_m)，但也必须低于塑料的分解温度 T_d，即在 T_f (T_m) $\sim T_d$ 之间。对于 T_f (T_m) $\sim T_d$ 区间狭窄的塑料（如硬聚氯乙烯），料筒温度应控制稍低些，即比 T_f (T_m) 稍高一些；而对于 T_f (T_m) $\sim T_d$ 区域较宽的塑料（如聚乙烯、聚丙烯、聚苯乙烯），料筒温度可控制得高一些，即比 T_f (T_m) 高得多。

此外，料筒温度的选择还与诸多因素有关。凡平均相对分子质量偏高、相对分子质量分布较窄的塑料以及用玻璃纤维增强塑料，或采用柱塞式注射的塑料以及当塑件壁厚较小时，都应选择较高的料筒温度，反之亦然。

料筒的温度分布一般遵循前高后低的原则，即从料斗一侧（后端）起至喷嘴（前端）止，是逐步升高的。但当塑料含水量较多时也可提高后端温度。由于螺杆式注射机中的塑料受到螺杆剪切摩擦生热而有利于塑化，故可将料筒前端温度稍低于中段，以防塑料发生过热分解。塑料的加工温度主要由注射机料筒的温度决定。熔体温度又对成型条件及塑件的物理性能有较大的影响，如图 3-7 所示。

生产经验表明，料筒温度每升高 1℃，相应的注射压力可以降低 1.5MPa 左右，但料筒温度也不宜过高，否则容易影响塑件的表面质量和强度。另外，在特定材料的成型温度范围内，熔体温度每增加 10℃，将导致熔体黏度降低，可使得注射压力降低约 10%。

(2) 喷嘴温度 为防止熔体在喷嘴处产生流涎现象，通常将喷嘴温度控制在略低于料筒的最高温度，即大致与料筒中段温度相同。

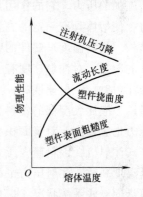

图 3-7　熔体温度对塑件物理性能和成型条件的影响

一般地说，在生产上鉴别料筒与喷嘴温度是否合理，常采用低压、低速对空注射，当喷出料流刚劲有力，不带泡、不卷曲、光亮且连续时即视为合适。

(3) 模具温度 模具温度对塑料熔体的流动性、塑件的内在性能和外观质量影响很大。模具必须保持一定温度，这主要由通入定温的冷却介质来控制，也有靠熔体入模后的自然升温和自然散热达到热平衡而保持一定模温的。通常是根据不同塑料成型时所需要的模具温度来确定是否设置冷却或加热系统。

对于结晶型塑料，模具温度直接影响塑件的结晶度和结晶构型，可以采用较高的模具温度。因为当模具温度较高时，冷却速率小，结晶速率大。此外，模具温度高时也有利于分子的松弛过程，分子定向效应小。

对于非结晶型塑料，当熔融黏度较低或中等时（如聚苯乙烯、醋酸纤维素等），模具温度常偏低；而对于熔融黏度偏高的非结晶型塑料（如聚碳酸酯、聚苯醚、聚砜等），则必须采用较高的模温。当所需模具温度>80℃时，应设置加热装置。

模具温度对塑件和塑料成型性能的影响如图 3-8 所示。

2. 压力

注射成型过程需要控制的压力有塑化压力、注射压力、保压压力和型腔压力4种。它们直接影响塑料的塑化和塑件质量。

（1）塑化压力 它所代表的是塑料塑化过程中所承受的压力，故称为塑化压力。它也是指螺杆式注射成型时，螺杆头部熔体在螺杆转动后退时所受到的阻力，所以又称为背压。它的大小是靠调节排油阀，改变排油速度来控制的。背压不能太低，否则螺杆后退速度加快，从料斗进入料筒的塑料密度小、空气量大而降低塑化效果；背压也不宜太高，否则螺杆后退时阻力增大，受螺杆推动的塑料热效应增高，不但会恶化塑化效果，而且还延长预塑化时间，容易使 喷嘴处产生流涎现象。所以，通常在保证塑件质量的前提下背压一般不大于2MPa。

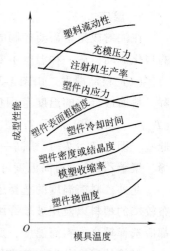

图 3-8 模具温度对塑件和
塑料成型性能的影响

（2）注射压力 注射压力是指柱塞或螺杆顶部对塑料熔体所施加的压力。它的作用是克服熔体流动充型过程中的流动阻力，使熔体具有一定的充型速率。注射压力的大小取决于注射机的类型、塑料的品种、模具结构、模具温度、塑件的壁厚及流程的大小等，尤其是浇注系统的结构和尺寸。为了保证塑件的质量，对注射速度有一定要求，而注射速度与注射压力有直接关系。在同样条件下，高压注射时，注射速度高；反之，低压注射时，则注射速度低。对于熔体黏度高的塑料，其注射压力应比黏度低的塑料高；对薄壁、面积大、形状复杂及成型时熔体流程长的塑件，注射压力也应该高；对于面积小、结构简单、浇口尺寸较大的塑件，注射压力可以较低；对于柱塞式注射机，因料筒内压力损失较大，故注射压力应比螺杆式注射机的高；料筒温度高、模具温度高时，注射压力也可以较低。总之，注射压力的大小取决于塑料品种、注射机类型、模具的浇注系统状况、模具温度、塑件复杂程度和壁厚以及流程的大小等诸因素，很难具体确定，一般要经试模后才能确定，对塑件和塑料成型性能的影响如图3-9所示。常用的注射压力范围为70~150MPa。

（3）保压压力 型腔充满后，注射压力的作用在于对模内熔体的压实，此时的注射压力也可称为保压压力。保压压力过高会使塑件的收缩率减小，但同时也会导致塑件的内应力增大和脱模困难等问题；而保压压力过低则会导致充不满、塑件体积收缩严重和表面质量差等问题。在生产中，保压压力通常小于注射压力（一般取注射压力的75%~85%）。

（4）型腔压力 型腔压力是注射压力在经过注射机喷嘴、模具的流道、浇口等的压力损失后，作用在型腔单位面积上的压力。一般型腔压力是注射压力的0.3~0.65倍，大约为20~40MPa。

3. 注射速度

注射速度主要影响熔体在型腔内的流动行为。注射速度对塑件和塑料成型性能的影响，如图3-10所示。通常随着注射速度的增大，熔体流速增加，剪切作用加强，熔体黏度降低，熔体温度因剪切发热而升高，所以有利于充型。塑件各部分塑料熔体的熔接处的熔接强度也得以增加。但是，由于注射速度增大可能使熔体从层流状态变为湍流状态，严重时会引起熔体在模内喷射而造成模内空气无法排出。这部分空气在高压下被压缩迅速升温，会引起塑件局部烧焦或分解。

在实际生产中，塑件总体上遵循"慢-快-慢"的原则，并且在避免外观瑕疵的前提下，提高注射速度。初期采用慢速注射是为了减少喷痕和浇口部位的焦痕等瑕疵。末期慢速注射可以增加气体排出的机会，从而避免流道末端的充不满和烧焦现象。另外，还可以实现注射过程向保压过程平稳过渡，从而获得高的产品质量。

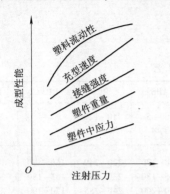
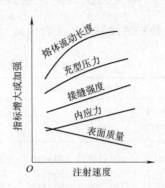

图 3-9 注射压力对塑件和塑料成型性能的影响　　图 3-10 注射速度对塑件和塑料成型性能的影响

4. 成型周期

完成一次注射成型工艺过程所需的时间称为成型（或生产）周期。它是决定注射成型生产率及塑件质量的一项重要因素。它包括以下几部分。

$$
成型周期
\begin{cases}
注射时间（柱塞或螺杆前进的时间）\\
保压时间（柱塞或螺杆停留在前进位置的时间）\\
冷却时间（柱塞后退或螺杆转动后退的时间均包括在\\
\qquad\quad 这段时间内）\\
其他时间（指开模、脱模、涂脱模剂、安放嵌件和合模等时间）
\end{cases}
$$

（注射时间、保压时间、冷却时间三项合为：总冷却时间）

成型周期的时序图如图3-11所示，它反映了各时间段内模具各部分的状态与动作过程。

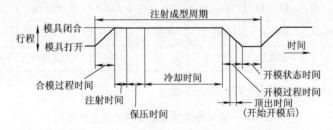

图 3-11 成型周期的时序图

成型周期直接影响生产率和设备的利用率，应在保证产品质量的前提下，尽量缩短成型、冷却过程。从图3-11可以看出，在整个成型周期中，注射时间和冷却时间是基本组成部分，注射时间和冷却时间的多少对塑件的质量有决定性影响。注射时间中的充型时间不长，一般不超过10s；保压时间较长，一般为 20~120s（特厚塑件可达 5~10min），通常以塑件收缩率最小为保压时间的最佳值；冷却时间主要决定于塑件的壁厚、模具温度、塑料的热性能和结晶性能。冷却时间的长短应以保证塑件脱模时不引起变形为原则，一般为 30~120s。此外，开模过程一般需遵循"慢-快-慢"的原则。第一阶段慢速开模是为了防止塑件在型腔内撕裂；第二阶段快速开模是为了缩短开模时间；第三阶段慢速开模是为了降低开模惯性对设备的冲击。另外，需要根据产品大小选择最优的开模距离，以节约开模时间，从而提高生产率。

3.1.4 几种常见塑料的注射成型特点

常见塑料的注射工艺见表 3-1。

表 3-1 常见塑料的注射工艺

塑料名称		LDPE	HDPE	PP	PS	ABS	PC	RPVC	PA1010
干燥处理	温度/℃	—	—	80~100	70~80	70~85	110~120	—	90~105
	时间/h	—	—	3~4	1~2	3~4	>24	—	8~12
料筒温度	后部/℃	140~160	140~160	160~180	140~160	150~170	220~240	160~170	190~210
	中部/℃	—	180~220	180~200	—	165~180	230~280	165~180	200~220
	前部/℃	170~200	180~190	200~230	170~190	180~200	240~285	170~190	210~230
螺杆转速/ r·min^{-1}		—	30~60	30~60	—	30~60	25~40	25~30	20~50
喷嘴结构		直通式	直通式	直通式	直通式	直通式	直通式	直通式	自锁式
喷嘴温度/℃		150~170	150~180	180~190	160~170	170~180	240~250	150~170	200~210
模具温度/℃		30~55	30~70	40~80	40~70	60~80	70~120	30~60	40~80
注射	压力/MPa	60~100	70~100	70~120	60~100	70~90	70~130	80~130	70~100
	时间/s	1~5	1~5	1~5	1~3	3~5	1~5	1~5	1~5
保压	压力/MPa	40~50	40~50	50~60	30~40	50~70	40~60	40~60	20~40
	时间/s	15~60	15~60	20~50	15~40	15~30	20~90	15~60	20~50
降温固化时间/s		15~60	15~60	20~50	15~30	15~30	20~90	15~60	20~40
成型周期/s		40~140	40~140	40~120	40~90	40~70	50~130	40~90	50~100
注射机类型		柱塞式	螺杆式	螺杆式	柱塞式	螺杆式	螺杆式	螺杆式	螺杆式
螺杆结构形式		—	突变型	突变型	—	通用型	通用型	专用型	突变型

常见塑料注射成型时的注意事项见表 3-2。

表 3-2 常见塑料注射成型时的注意事项

品 名	注 意 事 项
PVC 聚氯乙烯	1. 产品种类范围非常广(硬质、软质、聚合物等),成型条件各有不同,从熔融至分解的温度范围很小,尤须注意加热温度
	2. 附着水分少,但成型周期尽可能减少(50~60℃热风干燥)
	3. 注射机方面,与材料直接接触的部位须电镀或采用不锈钢,以防热分解所产生的盐酸侵蚀;注射压力 210MPa
	4. 必须细心注意温度调节
	5. 浇口附近易产生流纹,故注射操作后柱塞不要后退,使浇口充分固化后再瞬间退后为宜
	6. 加热的初温不宜高,特别注意熔融情形。第二级加热温度较高,且尽可能使成型周期缩短,比较安全

品　名	注　意　事　项
PA 聚酰胺	1. 成型温度比其他材料高，故采用油加热的注射机较适当 2. 吸湿性大，必须充分干燥，水分对塑件的质量影响甚大(80℃热风干燥约 5~6h) 3. 须退火以消除内部应力
PP 聚丙烯	同 PE，但成型温度必须较高。熔融温度 170℃，超过 190℃则流动性大增，毛边增加，易产生接缝及凹入情形
PC 聚碳酸酯	1. 吸湿性比尼龙小，但若有微量水分存在则塑件产生其他色泽或气泡，故必须密封干燥，同时成型时也须预备干燥(120℃的温度 4h) 2. 加热温度超过 320℃时则产生热分解，成品变色，故特别注意温度调节；成型时的温度调节也非常重要，须特别注意其最低温度、最低时间 3. 须退火以消除内部应力(130~135℃，1h 为准)
PE 聚乙烯	1. 吸湿性少，不必加热干燥，但预备干燥较为安全 2. 成型收缩率大，依方向性而异，注射方向约为垂直方向的 2 倍，因此必须使用方向性较小的模具结构 3. 比热容大，加热器容量须较大 4. 塑件的性质随加热温度而变化，温度高，较柔软，光泽佳，脆化点低，冷却时间长 5. 注射压力大时，流动方向收缩率变小 6. 模具温度高时，光泽佳，脆化点变低；温度低则成型收缩率变小，刚性增加，成型周期较短
PMMA 聚甲基丙烯 酸甲酯	1. 熔融时比 PS 或 PE 的黏度高，注射成型较困难 2. 为透明塑料，若含有微量水分则产生白浊色的流痕，故必充分干燥(60~80℃温度的热风 3~4h) 3. 折射率不同的物料混合后则其透明性消失 4. 由于熔融黏度高，加热管内必须电镀，且分成 2~3 段温度调节，成型压力在 17.6MPa以上 5. 成型收缩率小，唯流动方向的收缩率很大，加热温度及注射压力高时则收缩率更小 6. 内部易形成大空隙，故须充分的退火(50~60℃约 2~20h)，60℃以上可能变形 7. 流动性差，宜加大流道及浇口横截面积
ABS	1. 有吸湿性，成型时必须预备干燥(80~90℃约 3~5h) 2. 流动性佳，可制各种成品 3. 成型性因随组成的成分不同而有极大差异，须特别注意 4. 加热温度依组成的成分不同而异，须特别注意 5. 熔融时流动性比 PS 差，因此流道须较大 6. 超过 260℃则热分解会变质 7. 为防止凹陷的情况，应加大注射压力并保压 8. 脱模性不良，宜多用脱模剂

3.1.5　典型塑件注射成型工艺条件

　　表 3-3 分别给出了一模一腔成型大型塑件，一模两腔和一模多腔成型中小型塑件的注射成型工艺。

表 3-3　典型塑件注射成型工艺条件

塑件描述	塑件实物图	三维图	注射成型工艺
塑件名称:建筑模板 材料:PP 长×宽×高:1800mm×900mm×55mm 壁厚:4mm		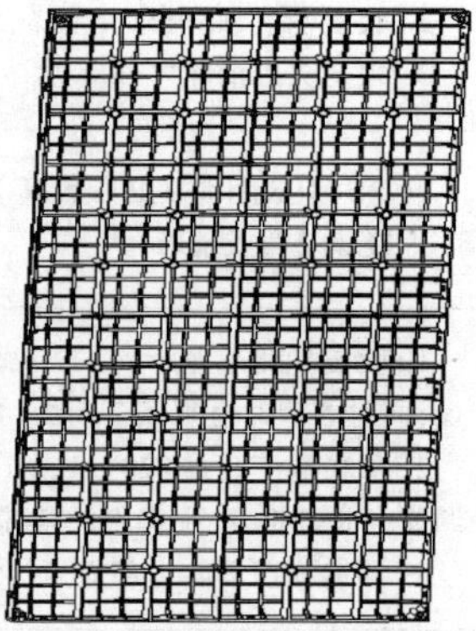	注射机吨位:3200t 型腔数:1 螺杆转速:35r/min 模具温度:20~55℃ 成型周期:126s 其中:合模 5s、注射 10s、冷却 100s、开模 5s、取件 6s 日产量:685 件
塑件名称:投影仪支架盖板 材料:ABS 长×宽×高:450mm×40mm×140mm 壁厚:2mm	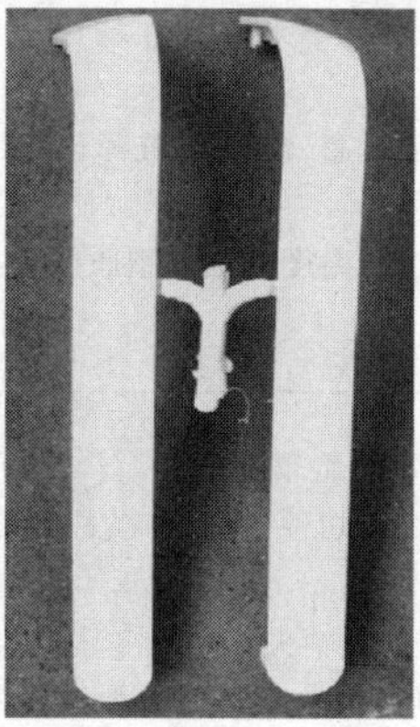	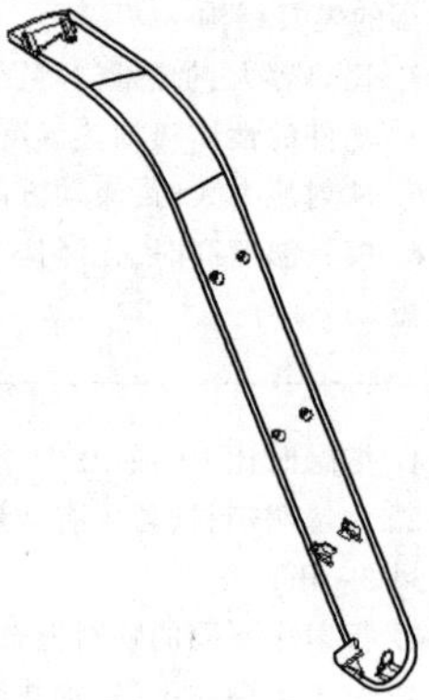	注射机吨位:1000t 型腔数:1+1 螺杆转速:45r/min 模具温度:15~45℃ 成型周期:53s 其中合模 3s、注射 7s、冷却 35s、开模 4s、取件 4s 日产量:1630 模
塑件名称:打印机轴承固定件 材料:PC+10%GF 长×宽×高:35mm×8mm×10mm 壁厚:2mm	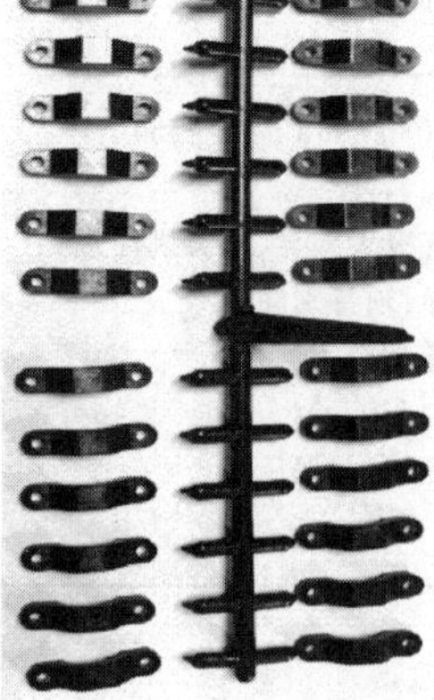	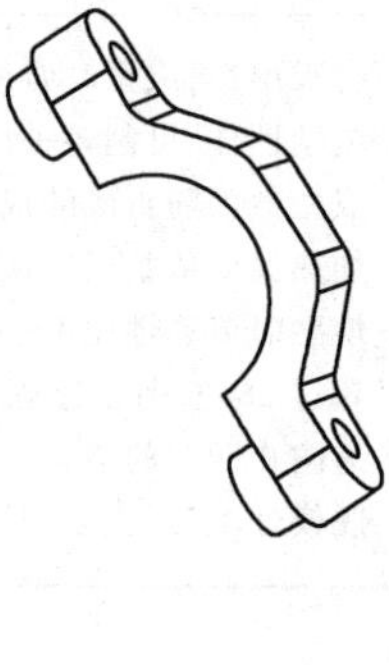	注射机吨位:160t 型腔数:24 螺杆转速:60r/min 模具温度:20~40℃ 成型周期:31s 其中合模 3s、注射 4s、冷却 18s、开模 3s、取件 3s 日产量:2787 模

3.2　塑料成型工艺规程的制订

根据塑件的使用要求及塑料的工艺特性，合理设计产品，选择原材料，正确选择成型方法，确定成型工艺过程及成型工艺条件，合理设计塑料模具及选择成型设备，以保证成型工艺的顺利进行，保证塑件达到质量要求，这一系列工作通常称为塑料成型工艺规程的制订。这里着重介绍注射成型等工艺规程制订的要点。

塑料成型工艺规程是塑件生产的纲领性文件，其指导塑件的生产准备及生产全过程。制订步骤如下。

1）塑件的分析。

2）塑件成型方法及工艺过程的确定。

3）塑料模具类型和结构形式的确定。

4）成型工艺条件的确定。

5）设备和工具的选择。

6）工序质量标准和检验项目及方法的确定。

7）技术安全措施的制订。

8）工艺文件的制订。

下面就塑料成型工艺规程主要内容进行说明。

3.2.1　塑件的分析

1. 塑件所用塑料的分析

检查和分析塑料的使用性能能否满足塑件的实际使用要求。分析塑料的工艺性能是否适应成型工艺的要求。对塑料的使用性能和工艺性能的分析可以明确所用塑料对模具设计的限制条件，从而对模具设计及成型设备的选择提出要求。

2. 塑件结构、尺寸及公差、表面质量、技术标准等的分析

塑件的结构、尺寸及公差、表面质量和技术标准等必须符合成型工艺性要求。正确的塑件结构、合理的公差和技术标准，能够使塑件成型容易，质量高，成本低。否则，不仅塑件成本高，质量差，甚至无法成型。

模具的尺寸及公差是根据塑件尺寸及公差和塑料的收缩率等因素而定。为降低模具制造成本，在满足使用要求的前提下应尽量放宽塑件的尺寸公差。对于那些表面无特殊要求的塑件，其表面光泽度不应提出过高的要求。对于塑件的壁厚，在满足强度和成型需要的前提下，壁尽量薄且均匀为宜。

总之，通过塑件结构、尺寸及公差、表面质量和技术标准等的分析，不仅可以明确塑件成型加工的难易程度，找到成型工艺及模具设计的难点所在，而且对于不合理的结构及要求可以在满足使用要求的前提下提出修改意见。

3. 塑件热处理和表面处理分析

某些塑件在成型后需要热处理和表面处理，必须注意这些处理对塑件尺寸的影响，从而

在成型零件尺寸计算时予以必要的考虑，工艺过程中给以恰当安排。

3.2.2 塑件成型方法及工艺过程的确定

在塑件分析的基础上，根据塑料的特性及塑件的要求可以确定塑件的一般成型方法。对于可以用两种或两种以上方法成型的塑件，则应根据生产的具体条件而定。

在确定了塑件的成型方法之后，就应确定其工艺过程。确定塑件的工艺过程必须充分考虑塑料特性，保证必要的成型工序，安排好上、下工序的联系，做到既保证塑件的质量又提高生产率。

塑件的工艺过程不仅包括塑件的成型过程，还包括成型前的准备和成型后的处理及二次加工，在安排塑件的工艺过程时，应根据需要把有关的工序安排在适当的位置上。

3.2.3 成型工艺条件的确定

热固性塑料和热塑性塑料的各种成型方法，都应在适当的工艺条件下才能成型出合格的塑件。从各种成型方法工艺条件的分析中可以看出，由于塑料成型工艺的影响因素很多，需要控制的工艺条件也不少，而且各工艺条件之间关系又很密切，所以确定工艺条件时必须根据塑料的特性和实际情况全面分析，确定一个初步的试模工艺条件。根据试模的实际情况和塑件的检验结果及时予以修正，最后确定正式生产的工艺条件，并提出工艺条件控制要求。

各种成型方法及其各工序需要确定的工艺条件项目虽有差别，但总的来说，温度（包括模具温度）、压力、时间是主要的，尤其是温度。因而，一般的成型方法中对温度、压力和时间都有明确的规定。

3.2.4 设备和工具的选择

对于压缩成型，首先应根据成型压力和型腔布置等计算出总压力，选择能满足压力要求的压力机类型及技术参数，然后进行有关参数的校核；对于注射成型，一般按塑件成型所需要的塑料总体积（或质量）或锁模力来选择相应注射量或锁模力的注射机，然后进行有关参数的校核；对于挤出成型，应根据挤出塑件的形状、尺寸及生产率来选用。

除了成型工序用的设备需要选择外，其他工序的设备也要选择。然后按工序注明所用设备的型号和技术参数。各工序所用的工具名称、规格也应在工艺文件中注明。

在上述各项确定之后，还要确定每道工序的质量标准和检验项目及方法。

3.2.5 工艺文件的制订

工艺文件制订就是把工艺规程编制的内容和参数汇总，并以适当的工艺文件的形式确定下来，作为生产准备和生产过程的依据。

目前，生产中最主要的工艺文件是塑料零件生产过程工艺卡片。根据生产纲领不同，工艺卡片所包含的内容有所不同，但基本内容必须具备。表3-4给出了一模两腔两个塑件上下注射成型工艺卡片。

表 3-4　一模两腔两个塑件上下注射成型工艺卡片

		客户名称		材料	ABS777E	收缩率		0.005		模具设计		受控状态
		模具编号		产品/料柄重量	92+115/14	模具尺寸/ mm×mm×mm		500×330×323		模具制作		
产品注射工艺卡片		产品名称		颜色/色粉号	上盖色号: 5927 下盖色号: 2471	浇口形式		潜伏式浇口		嵌件规格		
NBML/WI009-001　　版本: V1.0		项目名称		型腔	1+1	适配机型		320～400t		表面处理		

模具温度/℃	上模	60			生产工艺过程图:				产品图片或图样		
	下模										
	烘料	80	时间	2h							
注射温度/℃	喷嘴	25									
	一段	215									
	二段	225									
	三段	210									
	四段										
	五段										
	六段										
	七段										

热流道温度/℃	1		5		9		生产准备: 领料员根据领料单到塑料仓库领料, 确定无误后, 将料筒清洗干净后倒进料筒
	2		6		10		
	3		7		11		
	4		8		12		

		压力/MPa	速度/(m/s)	时间/s	终止位置/mm	注射工艺: 调试工艺员根据产品注射工艺卡片, 输入各种参数, 以半自动的方式进行注射生产; 开模时首先待产品冷却并由注射机顶出后, 再将产品取出, 注意产品从模具中取出时不能被磕碰
射出/射胶	一段	95	90		25	
	二段	90	60		0	
	三段					
	四段					整修和定型: 注射工需将产品的毛边修理掉, 根据产品实际需要, 有些产品需用夹具定型
	五段					

保压	一段	40	25	2	搬运情况: 已包装好的产品交给搬运工, 注意要轻拿轻放, 防止产品损伤、变形
	二段				
	三段				异常情况处理: 生产中若发现异常情况时, 需用生产异常联络单通知贸易部, 因顾客合同变更或生产异常需要调整生产计划时, 由生产部与各相关部门协商调整相应的局部计划
背压					
储料/熔胶	前段	90	60	20	
	后段	95	65	140	不合格品处理: 当发现有不合格品时, 需根据实际情况进行返工、返修、降级使用、报废、特采等方式处理
	松退				
射退					

检验项目

项目	规范值	检验手段				使用量具	特性分类	使用记录
		首检	巡检	自检	末检			
外观	光洁平整、无划伤、飞边、顶白、拉白等缺陷	√	√	√	√	目测		
注射质量	无气泡、裂纹、翘曲、变形、缺料、夹线等缺陷	√	√	√	√	目测		
主要检测尺寸/尺寸位								

中子 A	进	5S: 生产完毕后, 进行现场5S, 并填写生产日报表和生产记录表
	退	
中子 B	进	包装方式: 上下盖分开包装, 每个产品用280mm×200mm (开口) 的气泡袋装好, 按图示一层一层放入规格为580mm×500mm×350mm纸箱内, 每层放垫片570mm×490mm; 上盖每层10只, 放7层, 8个垫片, 共70只/箱; 下盖每层10只, 放5层, 6个垫片, 共50只/箱
	退	
中子 C	进	
	退	

时间设定/℃	冷却时间	40
	射胶时间	8
	总周期	70

误差范围: 压力20%, 速度15%,
时间10%, 位置15%, 温度10%

注意:
1. 产品无飞边、毛刺
2. 注意产品表面无刮伤现象, 表面要求光滑、平整
3. 修剪浇口时注意浇口应剪平
4. 注意产品与封样件不能有明显色差
5. 产品成型后装配无干涉, 上下盖需要丝印
6. 产品按包装方式分开包装

编制/日期:	审核/日期:

不同企业的塑料注射成型工艺卡片的形式可能不完全一致, 但基本内容大致相同。

第4章 注射模具设计

4.1 注射模具的基本结构与分类

4.1.1 注射模的结构组成

注射模的结构是由注射机的形式、塑件的复杂程度及模具内的型腔数目所决定的。但无论是简单还是复杂，注射模均由定模和动模两大部分组成。定模安装在注射机固定模板上，动模安装在注射机移动模板上。注射时，动模、定模闭合构成型腔和浇注系统；开模时，动模、定模分离，取出塑件。图4-1所示为单分型面注射模。

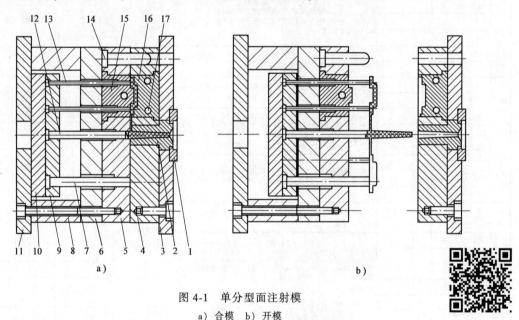

图 4-1　单分型面注射模

a）合模　b）开模

1—定位圈　2—浇口套　3—定模座板　4—定模板　5—动模板　6—动模垫板　7—复位杆　8—垫块　9—推杆固定板　10—推板　11—动模座板　12—拉料杆　13—推杆　14—导柱　15—凸模　16—凹模　17—冷却水通道

根据模具中各零件所起的作用，又可细分为以下基本组成部分。

（1）成型零部件　成型零部件是构成模具的型腔、直接与塑料熔体相接触并成型塑件的模具零件和部件。通常有凸模、凹模、型芯、成型杆、镶件等零件或部件。在模具的动、定模部分，合模后成型零部件构成了模具的型腔，从而也决定了塑件的内、外轮廓尺寸。图4-1所示的凸模15与凹模16便构成了模具的一个型腔。

（2）浇注系统　由注射机喷嘴到型腔之间的进料通道称为浇注系统，通常由主流道、分流道、浇口和冷料穴组成。

（3）导向与定位机构　为确保动模和定模闭合时能准确导向和定位对中，需要分别在动模和定模上设置导柱和导套。深腔注射模还应在主分型面上设有锥面定位装置。此外，为了保证脱模机构的运动与定位，通常在推板与动模板之间也设置导向机构。

（4）脱模机构　脱模机构是指开模过程的后期，将塑件从模具中脱出的机构。图 4-1 所示脱模机构由推杆 13、拉料杆 12、推杆固定板 9、推板 10 以及动模垫板 6 组成。推杆一般由推板和推杆固定板固定，同时被固定的有时还有用来使推出机构复位的复位杆 7，这些零件一起构成了脱模机构。

（5）侧向分型抽芯机构　带有侧凹或侧孔的塑件，在被脱出模具之前，必须先进行侧向分型将型芯侧向抽出。侧向分型抽芯机构包括斜导柱、滑块、楔紧块、滑块定位装置、侧型芯和抽芯液压缸等。

（6）温度调节系统　为了满足注射成型工艺对模具温度的要求，模具应设有冷却或加热的温度调节系统。模具的冷却主要采用循环水冷却方式，模具的加热方式有通入热水、蒸汽、热油和置入加热元件等，有的注射模还须配备模温自动调节装置。

（7）排气系统　为了在注射成型过程中将型腔内原有空气和塑料熔体中逸出的气体排出，在模具分型面上常开设排气槽。当型腔内的排气量不大时，可直接利用分型面之间的间隙自然排气，也可利用模具的推杆与配合孔之间的活动间隙排气。对于大型注射模，则应预先设置排气槽。

4.1.2　注射模的分类

注射模的分类方法很多，按所用注射机的类型可分为卧式（或立式）注射机用注射模和直角式注射机用注射模；按模具型腔数目可分为单型腔和多型腔注射模。但是，从模具设计的角度来看，还是按模具的总体结构特征分类较为合适。通常被分为七大类，即单分型面、双分型面、带活动镶件、带侧向抽芯、自动脱螺纹、脱模机构在定模一侧以及热流道凝料注射模。

1. 单分型面注射模

单分型面注射模又称为两板式注射模，是注射模中最简单又最常见的一种结构形式。据统计，这种模具占全部注射模的 70%左右，图 4-1 所示即为一典型的单分型面注射模。这种模具可根据需要设计成单型腔，也可以设计成多型腔。构成型腔的一部分在动模，另一部分在定模。主流道设在定模一侧，分流道设在分型面上。开模后由于拉料杆的拉料作用以及塑件因收缩包紧在型芯上，塑件连同浇注系统凝料一同留在动模一侧，动模一侧设置的推出机构将塑件和浇注系统凝料推出。

2. 双分型面注射模

双分型面注射模又称为三板式注射模。与单分型面注射模相比，在动模与定模之间增加了一个可移动的浇口板（又称为中间板），塑件和浇注系统凝料分别从两个不同的分型面取出。图 4-2 所示为双分型面注射模。开模时，首先从 *A—A* 面分型，由于流道拉料杆 3 的作用，浇注系统凝料断开后留在定模一边，待分开一定距离后，限位钉 2 带动流道推板 1 沿 *B—B* 分开，并将浇注系统凝料脱掉。继续开模时，中间板 5 受到限位拉杆 4 的阻碍不能移动，即实现 *C—C* 分型，塑件随型芯移动而脱离中间板 5，最后在推杆 7 的作用下脱模板 6 将塑件脱离型芯即 *D—D* 分开。

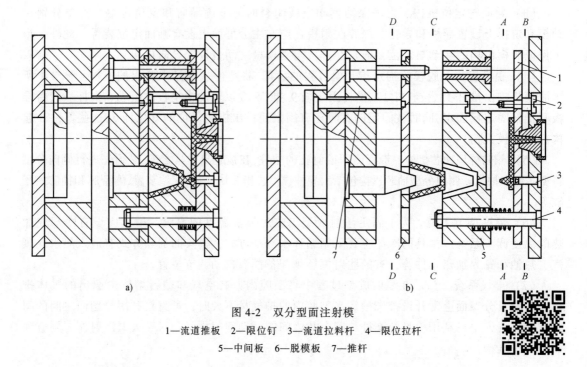

图 4-2 双分型面注射模
1—流道推板 2—限位钉 3—流道拉料杆 4—限位拉杆
5—中间板 6—脱模板 7—推杆

这种模具结构复杂，只适用于采用点浇口的单型腔、多型腔注射模或定模抽芯的注射模。

4.2 注射模与注射机

注射模是安装在注射机上的，因此在设计注射模时应该对注射机的有关技术规范进行必要了解，以便设计出符合要求的模具，同时选定合适的注射机型号。从模具设计角度考虑，需要了解注射机的主要技术规范有公称注射量、公称注射压力、公称锁模力、模具安装尺寸以及开模行程等。

4.2.1 注射机的公称注射量及注射量的校核

1. 公称注射量

注射机的公称注射量有容量和质量两种表示方法。

（1）公称注射容量 它是指注射机对空注射时，螺杆一次最大行程所注射的塑料体积，以立方厘米（cm^3）表示。注射容量是选择注射机的重要参数，它在一定程度上反映了注射机的注射能力，标志着注射机能成型最大体积的塑件。

（2）公称注射质量 注射机对空注射时，螺杆一次最大行程所注射的聚苯乙烯塑料质量，以克（g）表示。由于聚苯乙烯的密度是 $1.04 \sim 1.06 g/cm^3$，即它的单位容量与单位质量相近，所以在目前实际中为便于计算，有时还沿用过去的习惯，通常也用其质量做粗略计量。由于各种塑料的密度及压缩比不同，在使用其他塑料时，实际最大注射量与聚苯乙烯塑料的公称注射量可进行如下换算。

$$m_{max} = m_{公} \frac{\rho_1 f_2}{\rho_2 f_1}$$

式中，m_{max} 是实际用塑料的最大注射量（g）；$m_{公}$ 是以聚苯乙烯塑料为标准的注射机的公称注射量（g）；ρ_1 是实际用塑料在常温下的密度（g/cm³）；ρ_2 是聚苯乙烯在常温下的密度（g/cm³）（通常为 1.06g/cm³）；f_1 是实际用塑料的压缩比，由试验测定；f_2 是聚苯乙烯的压缩比，通常可取 2.0。

我国的 SZ 系列注射机，其每一次的公称注射量及锁模力都在型号中表征出来。例如：SZ-160/1000 表示该机型的公称注射量为 160cm³，锁模力为 1000kN。

2. 注射量的校核

选用注射机时，通常是以某塑件（或模具）实际需要的注射量来初选某一公称注射量的注射机型号，然后依次对该机型的公称注射压力、公称锁模力、开模行程以及模具安装部分的尺寸一一进行校核。

以实际注射量初选某一公称注射量的注射机型号：为了保证正常的注射成型，模具每次需要的实际注射量应该小于或等于某注射机的公称注射量的 80%，即

$$nV_{塑} + V_{浇} \leqslant 0.8V_{公} \tag{4-1}$$

$$nm_{塑} + m_{浇} \leqslant 0.8m_{公} \tag{4-2}$$

式中，$V_{公}$ 是注射机公称注射量（cm³）；$m_{公}$ 是以聚苯乙烯为标准的注射机公称注射量（g）；$V_{塑}$ 是单个塑件的容积（cm³）；$V_{浇}$ 是浇注系统的容积（cm³）；n 是型腔数目（个）。

那么该规格的注射机是否合适，还要对该机型的其他技术参数进行校核。

4.2.2 注射压力的校核

该项工作是校核所选注射机的公称注射压力 $p_{公}$ 能否满足塑件成型时所需要的注射压力 p_0。塑件成型时所需要的压力一般由塑料流动性、塑件结构和壁厚以及浇注系统类型等因素决定，其值一般为 70~150MPa，具体可参考表 4-1。通常要求如下。

$$p_{公} > p_0 \tag{4-3}$$

表 4-1　部分塑料所需要的注射压力 p_0　　　　（单位：MPa）

塑　料	注 射 条 件		
	厚壁件(易流动)	中等壁厚件	难流动的薄壁窄浇口件
聚乙烯	70~100	100~120	120~150
聚氯乙烯	100~120	120~150	>150
聚苯乙烯	80~100	100~120	120~150
ABS	80~110	100~130	130~150
聚甲醛	85~100	100~120	120~150
聚酰胺	90~101	101~140	>140
聚碳酸酯	100~120	120~150	>150
有机玻璃	100~120	110~150	>150

4.2.3 锁模力的校核

锁模力是指注射机的锁模机构对模具所施加的最大夹紧力。当高压的塑料熔体充填型腔时，型腔的各个方向都产生很大的压力，其中沿锁模方向的胀型分力将由锁模力来克服，如图 4-3 所示。

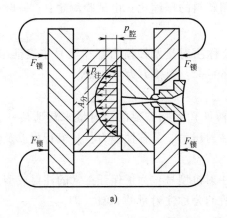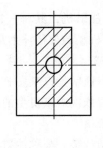

图 4-3　锁模力、型腔压力及塑件
投影面积分布示意图

因此，注射机的公称锁模力必须大于该胀型分力，否则容易产生锁模不紧而发生溢料的现象，即

$$F_锁 > F_胀 = p_腔 A_分 \qquad (4\text{-}4)$$

式中，$F_锁$ 是注射机的公称锁模力（N）；$F_胀$ 是型腔的胀型分力（N）；$p_腔$ 是模具型腔内塑料熔体平均压力（MPa），一般为注射压力的 0.3～0.65 倍，通常为 20～40MPa，也可参考表 4-2；$A_分$ 是塑件和浇注系统在分型面上的投影面积之和（mm^2）。

表 4-2　常用塑料注射时型腔的平均压力　　　　　　（单位：MPa）

塑 件 特 点	举　　　例	型腔平均压力 $p_腔$/MPa
容易成型塑件	PE、PP、PS 等壁厚均匀的日用品、容器类	25
一般塑件	在模温较高下，成型壁薄容器类	30
中等黏度塑料及有精度要求的塑件	ABS、POM 等有精度要求的零件，如壳体等	35
高黏度塑料及高精度、难充型塑料	高精度的机械零件，如齿轮、凸轮等	40

4.2.4 安装部分相关尺寸的校核

模具与注射机安装部分的相关尺寸，主要有喷嘴尺寸、定位圈尺寸、拉杆间距、最大模具厚度与最小模具厚度等。注射机的型号不同其相应的尺寸也不同，注射机的一些尺寸决定了模具上相应的尺寸，图 4-4 所示为国产 XS-ZY-500 卧式注射机的锁模机构与装模尺寸。

（1）模具尺寸　模具的安装有两种方式，从注射机上方直接吊装入机内进行安装，或先吊到侧面再由侧面推入机内安装。例如：XS-ZY-500 卧式注射机是由上方直接吊装入机内进行安装，模具的尺寸要小于 650mm-110mm=540mm；由侧面推入机内安装，模具的尺寸

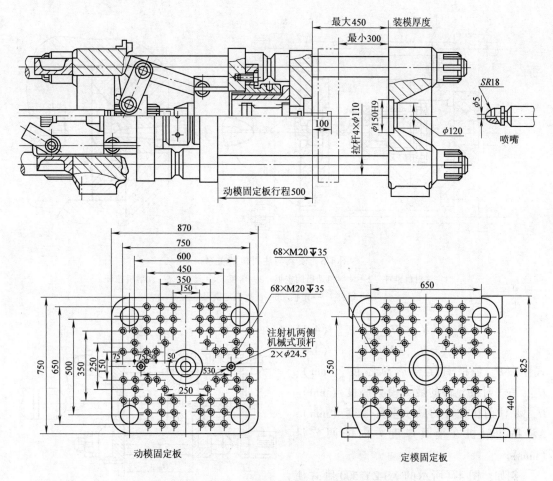

图 4-4　国产 XS-ZY-500 卧式注射机的锁模机构与装模尺寸

要小于 550mm−110mm＝440mm，如图 4-4 所示。

（2）定位圈与注射机固定板的关系　定位圈要求与主流道同心，并与注射机定模固定板上的定位孔公称尺寸相等，使得模具主流道中心与注塑机喷嘴孔同轴，如图 4-5 所示。例如：在图 4-5 所示 XS-ZY-500 卧式注射机上安装模具，因为该注射机模具定模固定板上的定位圈安装孔的直径的公称尺寸是 ϕ150mm，与模具定位圈的装配采用 H9/f9 的间隙配合。

对小型模具定位圈的高度为 8～10mm，对大型模具定位圈的高度为 10～15mm。此外，对中、小型模具一般只在定模座板上设定位圈，而对大型型模具，可在动模座板、定模座板上同时设定位圈。定位圈部分沉入安装在座板上，连接螺钉 M6×20，数量为 2～4 个。

（3）注射机的喷嘴与模具的浇口套（主流道衬套）关系　如图 4-5 所示，主流道始端的球面半径 SR 应比注射机喷嘴头球面半径 SR_0 大 1～2mm；主流道小端直径 d 应比喷嘴直径 d_0 大 0.5～1mm，以防止主流道口部积存凝料而影响脱模。例如：图 4-4 所示的 XS-ZY-500 卧式注射机允许的主流道小端直径 $d＝5mm＋（0.5～1）mm$，允许的主流道始端的球面半径 $SR＝18mm＋（1～2）mm$。

（4）模具总厚度与注射机模板闭合厚度的关系（图 4-6）。模具闭合后总厚度与注射机允许的模具厚度的关系应满足

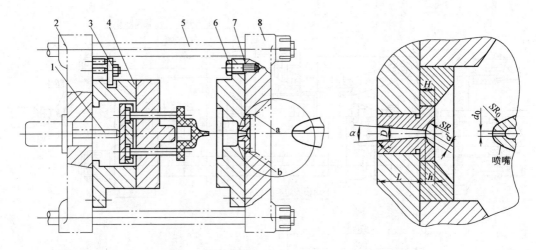

图 4-5　模具与注射机的关系

1—注射机推杆　2—注射机动模固定板　3—压板　4—动模　5—注射机拉杆

6—螺钉　7—定模　8—注射机定模固定板

$$H_{\min} \leqslant H_{\mathrm{m}} \leqslant H_{\max} \qquad (4\text{-}5)$$

$$H_{\max} = H_{\min} + \Delta H \qquad (4\text{-}6)$$

式中，H_{m} 是模具闭合后总厚度（mm）；$H_{\max}$ 是注射机允许的最大模具厚度（mm）；$H_{\min}$ 是注射机允许的最小模具厚度（mm）；ΔH 是注射机在模具厚度方向的调节量（mm）。

例如：图 4-4 所示的 XS-ZY-500 卧式注射机允许的最大模具厚度 $H_{\max} = 450\mathrm{mm}$、最小模具厚度为 $H_{\min} = 300\mathrm{mm}$，注射机在模具厚度方向的调节量 $\Delta H = H_{\max} - H_{\min} = 150\mathrm{mm}$。

当 $H_{\mathrm{m}} < H_{\min}$ 时，可以增加模具垫块高

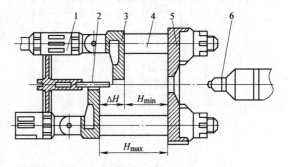

图 4-6　模具总厚度与注射机模板闭合厚度的关系

1—调节螺母　2—注射机推杆　3—动模固定板

4—拉杆　5—定模固定板　6—喷嘴

度；但当 $H_{\mathrm{m}} > H_{\max}$ 时，则模具无法闭合，尤其是机械-液压式锁模的注射机，因其肘杆无法撑直，此时应更换注射机。

4.2.5　模具的固定

模具的安装固定形式有压板式与螺栓式两种。当用压板固定时，只要模具定、动模座板以外的注射机固定板附近有螺孔就能固定，但要注意调节压板螺钉支承点应与模脚等高，螺钉应尽量靠近模脚，如图 4-7a 所示。当用螺栓直接固定时，如图 4-7b 所示，模具定、动模座板上必须设安装孔，同时还要与注射机固定板上的安装孔完全吻合，一般用于较大型的模具安装。另外，还有自动固定机构如图 4-7c 所示。

图 4-8a 所示为传统的平面压板，需要和模板厚度相当的垫块支承，使用不是很方便。新型模具压板的形状为弓形（图 4-8b），可以通过调整螺栓的位置（不需要垫块）直接夹紧模脚。

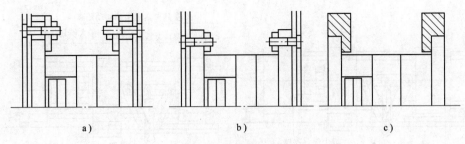

图 4-7 模具安装方式

a）压板固定 b）螺栓固定 c）自动固定

定、动模座板的夹模尺寸如图 4-9 所示，其中 W_1、W_2 取 $25 \sim 35$mm，H_1、H_2、H_3 与模具大小有关，一般取 $15 \sim 45$mm。另外，标准模架的定模座板的厚度 H_1 一般等于动模座板的厚度 H_2。生产实践中，图 4-9a、b 称为工字模，图 4-9c 是直身模。

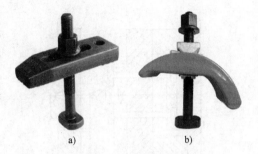

4.2.6 开模行程的校核

开模行程是指从模具中取出塑件所需要的最小开模距离，用 H 表示。它必须小于注射机移动

图 4-8 模具压板

a）平面压板 b）弓形压板

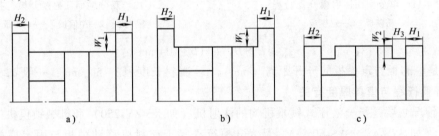

图 4-9 定、动模座板的夹模尺寸

模板的最大行程 S_{max}。由于注射机的锁模机构不同，开模行程可按以下两种情况进行校核。

1. 开模行程与模具厚度无关

这种情况主要是指锁模机构为液压-机械联合作用的注射机，其开模行程是由连杆机构的最大行程决定的，而与模具厚度无关。当模具厚度发生变化时，可由相应的调模装置进行调整，例如：图 4-4 所示的 XS-ZY-500 卧式注射机调模装置的调节为 $\Delta H = H_{max} - H_{min} = 150$mm。

调节模具松紧度时，要使得合模时曲臂能勉强伸直为准（图 4-10）。

（1）单分型面注射模（图 4-11） 所需开模行程为 $H_1 + H_2 + (5 \sim 10)$ mm，则只需使注射机移动模板的最大行程大于模具所需的开模行程，即

$$S_{max} \geqslant H_1 + H_2 + (5 \sim 10) \text{mm} \tag{4-7}$$

式中，H_1 是塑件脱模所需要的推出距离（mm）；H_2 是包括浇注系统在内的塑件高度（mm）；S_{max} 是注射机移动模板的最大行程（mm）。

（2）双分型面注射模（图 4-12） 可按下式进行校核，即

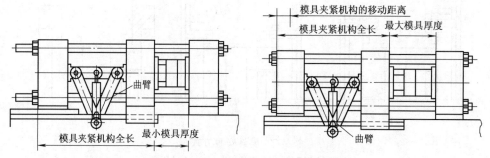

图 4-10　注射机调模装置的调节示意图

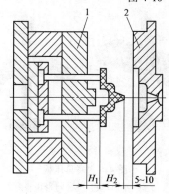

图 4-11　单分型面注射模开模行程

1—动模板　2—定模板

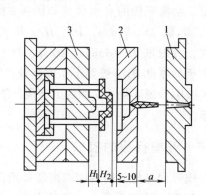

图 4-12　双分型面注射模开模行程

1—定模板　2—中间板　3—动模板

$$S_{max} \geq H_1 + H_2 + a + (5 \sim 10)\,mm \tag{4-8}$$

式中，a 是中间板与定模板的分开距离（mm），a = 凝料长度 + (3～5) mm，一般 $a \geq 100mm$。

2. 开模行程与模具厚度有关

这种情况主要是指全液压式锁模机构的注射机（如 XS-ZY-250）和机械锁模机构的直角式注射机（如 SYS-45、SYS-60 等）。最大开模行程等于注射机移动模板与固定模板之间的最大开距 S_k 减去模具的闭合高度 H_m。

（1）单分型面注射模　可按下式进行校核，即

$$S_k - H_m \geq H_1 + H_2 + (5 \sim 10)\,mm, \quad 即 \quad S_k \geq H_m + H_1 + H_2 + (5 \sim 10)\,mm \tag{4-9}$$

（2）双分型面注射模　可按下式进行校核，即

$$S_k - H_m \geq H_1 + H_2 + a + (5 \sim 10)\,mm, \quad 即 \quad S_k \geq H_m + H_1 + H_2 + a + (5 \sim 10)\,mm \tag{4-10}$$

3. 模具有侧向抽芯时的开模行程校核

此时应考虑抽芯距离所增加的开模行程（图 4-13）。

为完成侧向抽芯距离 S_c 所需的开模行程为 $H_侧$。这时根据 $H_侧$ 的大小可分为下列两种情况。

1）当 $H_侧 > H_1 + H_2$ 时，可按下式校核，即

$$S_{max} \geq H_侧 + (5 \sim 10)\,mm \tag{4-11}$$

2）当 $H_侧 \leq H_1 + H_2$，仍按式（4-7）校核，即

$$S_{max} \geq H_1 + H_2 + (5 \sim 10)\,mm$$

生产带螺纹的塑件时，还应考虑旋出螺纹型芯或型环所需的开模距离。

4.2.7 推出机构的校核

各种型号注射机的推出机构和最大推出距离各不相同，国产注射机的推出机构大致可分为以下四种形式。

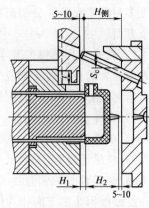

图 4-13　有侧向抽芯时开
模行程的校核

（1）中心推杆机械推出　如卧式 XS-ZY-60、XS-ZY-250，立式 SYS-30，直角式 SYS-45 及 SYS-60 等型号注射机。

（2）两侧双推杆机械推出　如卧式 XS-ZY-30、XS-ZY-125 等型号注射机。

（3）中心推杆液压推出与两侧双推杆机械推出联合作用　如卧式 XS-ZY-250、XS-ZY-500 等型号注射机。

（4）中心推杆液压推出与其他开模辅助液压缸联合作用　如卧式 XS-ZY-1000 注射机。

模具设计时需根据注射机推出机构的推出形式、推杆直径、推杆间距和推出距离，校核其与模具的推出机构是否相适应。

4.3　分型面的选择

分型面是指分开模具取出塑件和浇注系统凝料的可分离的接触表面。一副模具根据需要可能有一个或两个以上的分型面，分型面可以是垂直于合模方向，也可以与合模方向平行或倾斜。

4.3.1　分型面的形式

分型面的形式与塑件几何形状、脱模方法、模具类型及排气条件、浇口形式等有关，常见的形式如图 4-14 所示。

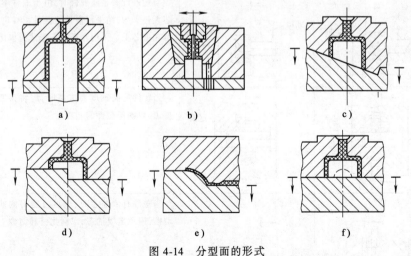

图 4-14　分型面的形式

a）水平分型面　b）垂直分型面　c）斜分型面　d）阶梯分型面　e）曲面分型面　f）平面、曲面分型面

4.3.2　分型面的选择原则

分型面除受排位的影响外，还受塑件的形状、外观、精度，浇口位置，滑块，推出，加

工等多种因素影响。分型面选择是否合理是塑件能否完好成型的先决条件，一般应考虑以下几个方面。

1）符合塑件脱模的基本要求，就是能使塑件从模具内取出，分型面位置应设在塑件脱模方向最大的投影边缘部位。

2）分型线不影响塑件外观，即分型面应尽量不破坏塑件光滑的外表面。

3）确保塑件留在动模一侧，利于推出且推杆痕迹不显露于外观面。

4）确保塑件质量，如将有同轴度要求的塑件部分放到分型面的同一侧等。

5）应尽量避免形成侧孔、侧凹，若需要滑块成型，力求滑块结构简单，尽量避免定模滑块。

6）满足模具的锁紧要求，将塑件投影面积大的方向放在定、动模的合模方向上，而将塑件投影面积小的方向作为侧向分型面；另外，分型面是曲面时，应加斜面锁紧。

7）合理安排浇注系统，特别是浇口位置。

8）有利于模具加工。

由于塑件各异，很难有一个固定的模式，表4-3中对一些典型实例进行了分析，设计时可以参考。对于单个产品，分型面有多种选择时，要综合考虑产品外观要求，选择较隐蔽的分型面。

表 4-3　分型面选择实例

序号	推荐形式	不妥形式	说　明
1	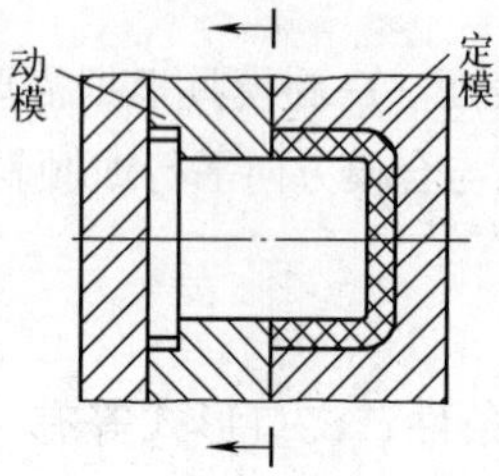	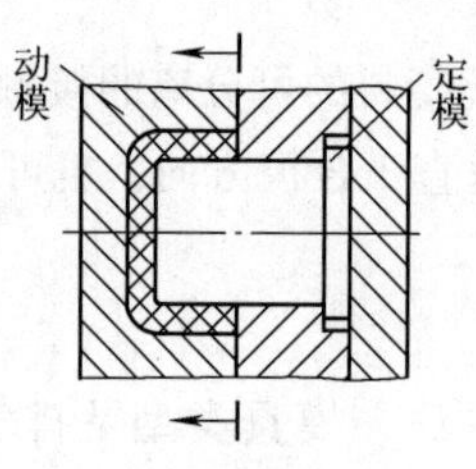	分型后塑件应尽可能留在动模或下模，以便从动模或下模推出，简化模具结构
2	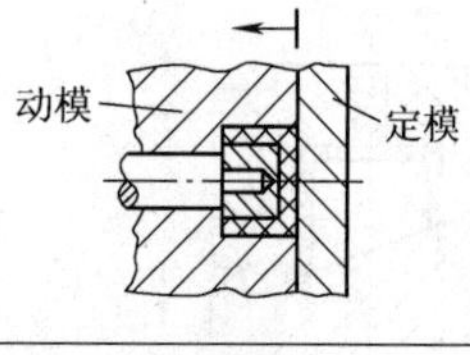	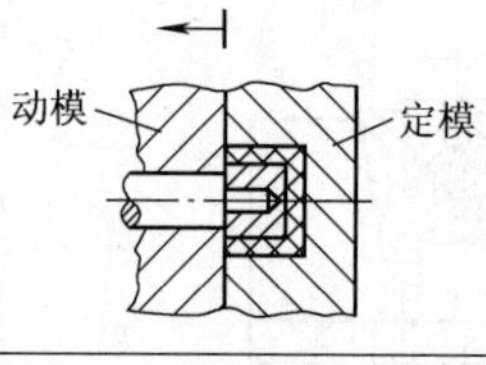	当塑件设有金属嵌件时，由于嵌件不会收缩，对型芯无包紧力，结果带嵌件的塑件留在定模内，而不会留在型芯上。采用左图所示形式脱模比较容易
3	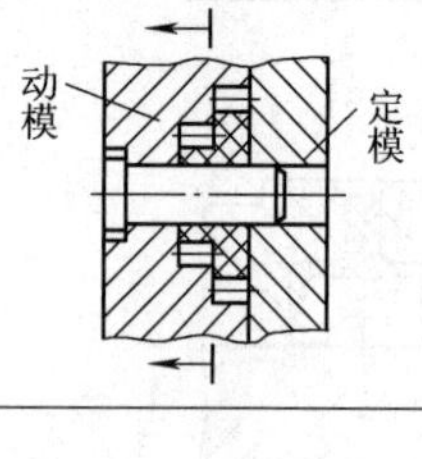	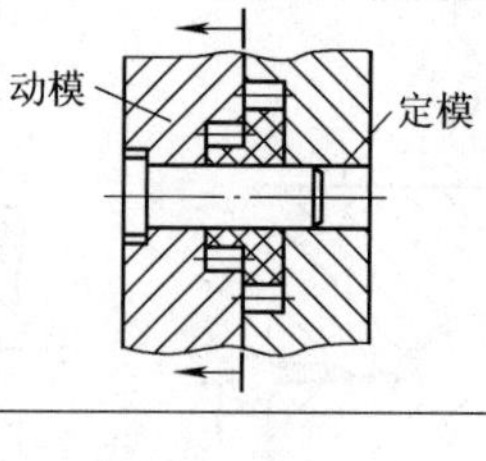	当塑件的同轴度要求高时，应将型腔全部设在动模边，以确保塑件的同轴度
4	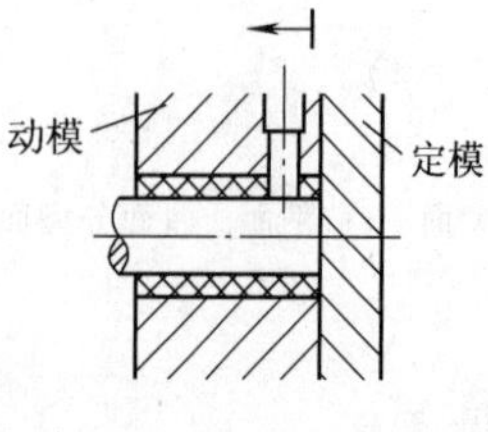	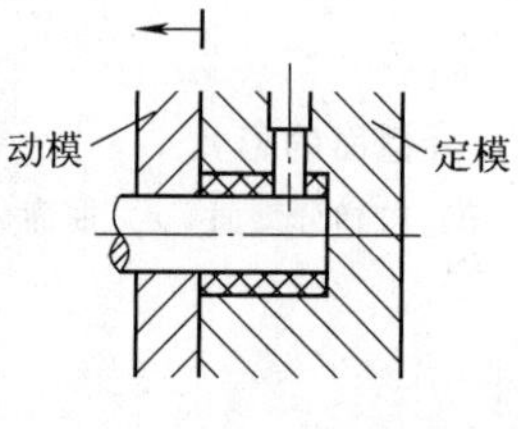	当塑件有侧抽芯时，应尽可能将侧抽芯部分放在动模，避免定模抽芯，以简化模具结构

（续）

序号	推荐形式	不妥形式	说　明
5	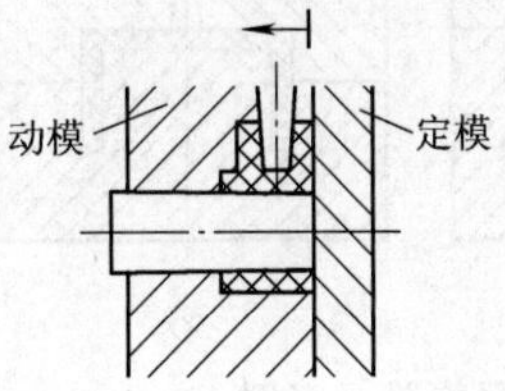 动模　定模	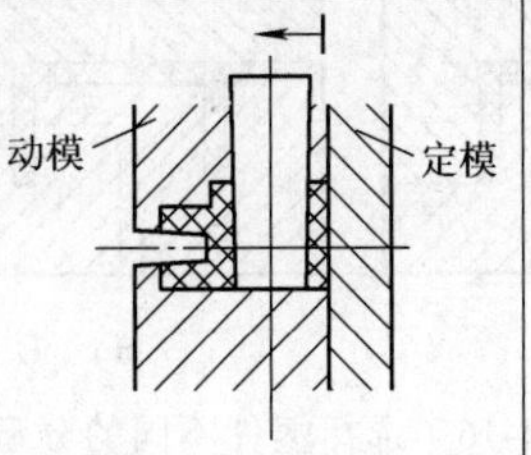 动模　定模	当塑件有多组抽芯时,应尽量避免长端侧向抽芯
6	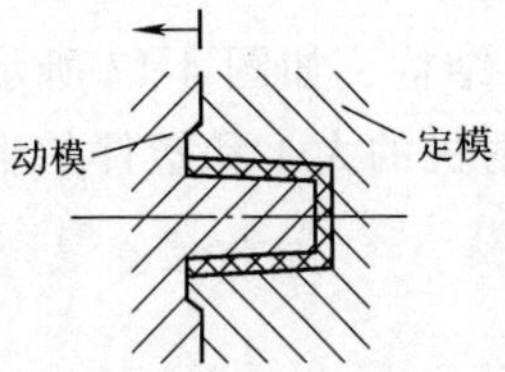 动模　定模	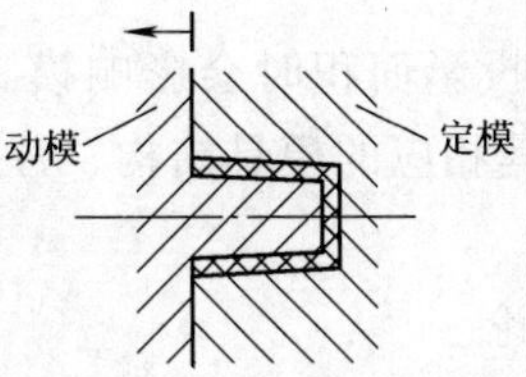 动模　定模	要求壁厚均匀的薄壁塑件,不能采用一个平面作为分型面,采用锥形阶梯分型面才能保证塑件壁厚均匀
7	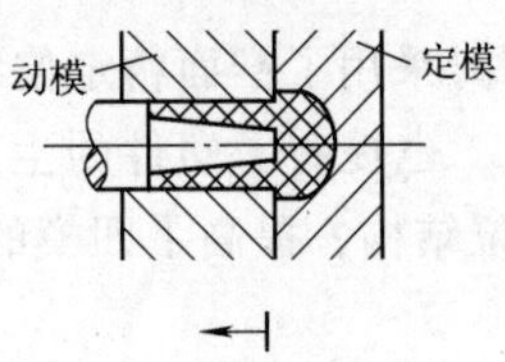 动模　定模	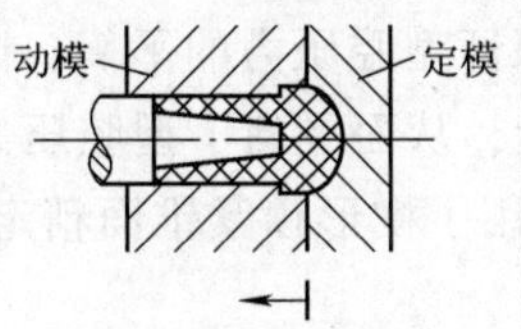 动模　定模	分型面不能选择在塑件光滑的外表面,以避免损伤塑件的表面质量
8			选择塑件在合模方向上投影面积较小的表面,以减少锁模力
9			一般分型面应尽可能地设在塑料熔体流动方向末端,以利于排气
10	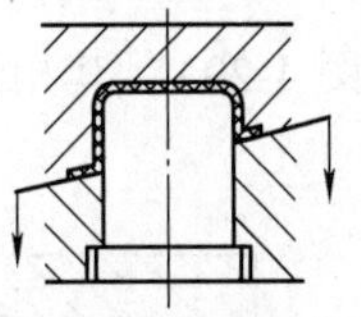	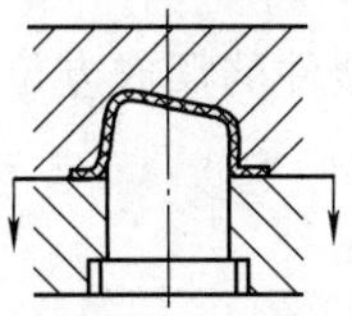	选用倾斜分型面时,型芯更容易加工

4.3.3　分型面选择实例分析

分型面的位置、塑件的摆放方位以及型腔的数量和排列都会影响到相应的模具结构。

（1）实例 1　如图 4-15 所示,此塑件没有任何脱模斜度,则我们依据塑件成型的原理对此产品分模时,可以得出图 4-16 所示三种分模方式。从理论上讲,这三种分模方式都可以成型,没有特别大的问题。但是从模具的开模、产品的推出、产品的外观要求等方面来看这三种分模方式:图 4-16a 在模具开模时,凹模侧可能会产生一定的真空,可以通过设置型芯和型腔侧不同的脱模斜度和表面粗糙度来保证塑件留在动模一侧；图4-16b在推出塑件时可能有些困难；图 4-16c 会在塑件的外侧表面留下分型线的痕迹，从而影响塑件的外观。

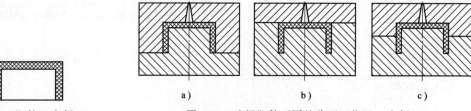

图 4-15 塑件（实例1）　　　　　图 4-16 选择塑件不同的分型面位置（实例1）

（2）实例 2 改变塑件在分型面上的投影面积时会影响模具结构，如图 4-17 所示的塑件，因分型面选择方式不同（图 4-18），其相应的模具结构、注射机的大小和塑件的生产周期也不同。

由这些不同的分型面，可得到如下结论。

1）图 4-18a 为了防止偏心，采用了楔形锁紧装置。

2）图 4-18b 采用了倾斜式主流道来保证型腔压力的平衡，同时采用了锥面精定位结构。

3）图 4-18c 采用了一模两腔对称布置，从而平衡了型腔压力，也提高了塑件的生产率。另外，因为塑件的侧面面积较大，所以采用了楔形锁紧锥面精定位结构，提高了凹模的刚度及型芯和凹模的定位精度。

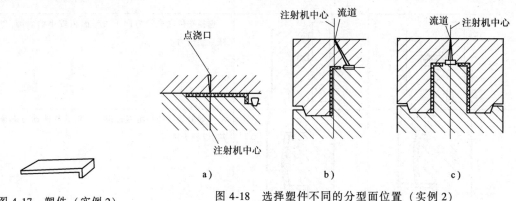

图 4-17 塑件（实例2）　　　　　图 4-18 选择塑件不同的分型面位置（实例2）

（3）实例 3 如图 4-19 所示的塑件，因塑件的摆放方位不同（图 4-20），其相应的模具结构和脱模机构的设计也不同。

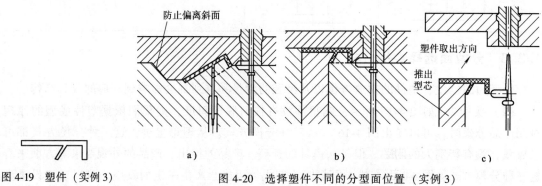

图 4-19 塑件（实例3）　　　　　图 4-20 选择塑件不同的分型面位置（实例3）

1）图 4-20a 采用推杆直接顶在倾斜的肋上，可以直接脱模。另外，为了防止偏心，采用了楔形锁紧装置来平衡侧面压力。

2）图 4-20b 采用塑件水平放置，设置专用的推出装置，塑件取出方向如图 4-20c 所示。

（4）实例4　图4-21a 所示塑件有一个侧孔，在该设计方案中需要使用一个侧向抽芯机构，因为采用侧型芯不仅增加了模具结构的复杂程度，而且还需要更大的模具空间，从而加大了模架。这个侧孔可以转到图 4-21b 所示的位置，只需要将分型面倾斜即可，采用"插穿"的方式成型，这样可以省去侧向抽芯机构，模具总成本也相应地低得多。

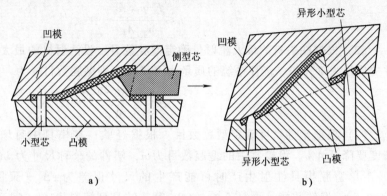

图 4-21　选择塑件不同的分型面位置（实例 4）

4.3.4　分型面宽度的确定

在模具合模后，注射机的锁模力主要作用在分型面上，因此，分型面要有一定的宽度，即保证一定的承压面积，否则，会影响型芯、凹模以及侧向抽芯机构，甚至导致模具的变形和破坏。但是，为了防止注射时溢料而产生飞边，分型面配合的精度要求较高，如果分型面的面积过大又会大大增加钳工的工作量。因此，一般用于小型注射机上模具的分型面的宽度为 10mm，中型注射机上模具的分型面的宽度为 25mm，大型注射机上模具的分型面的宽度为 50～75mm。另外，为了防止分型面接触面较小而造成的"翘模"现象，可在镶块的四个角上加工出带有锥面的结构，如图 4-22 所示。

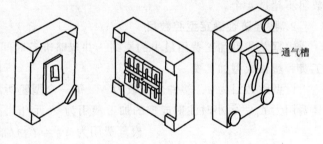

图 4-22　镶块的四个角上加工出带有锥面的结构

4.4　型腔数目的确定与排列形式

4.4.1　型腔数目的确定

为了使模具与注射机的生产能力相匹配，提高生产率和经济性，并保证塑件精度，模具设计时应确定型腔数目。常用的方法有两大类：一是按技术参数确定型腔数目；二是按经济性确定型腔数目。

1. 按技术参数确定型腔数目

（1）根据注射机的额定锁模力确定型腔数目　当成型大型平板塑件时，常用这种方法。

设注射机的额定锁模力为 $F(\mathrm{N})$，型腔内塑料熔体的平均压力为 $p_{腔}(\mathrm{MPa})$，单个塑件在分型面上的投影面积为 $A_1(\mathrm{mm}^2)$，浇注系统在分型面上的投影面积为 $A_2(\mathrm{mm}^2)$，型腔数目为 n，则 $(nA_1+A_2)p_{腔} \leqslant F$，即

$$n \leqslant \frac{F-p_{腔}A_2}{p_{腔}A_1} \tag{4-12}$$

（2）根据注射机的最大注射量确定型腔数目　设注射机的最大注射量为 $G(\mathrm{g})$，单个塑件的质量为 $W_1(\mathrm{g})$，浇注系统的质量为 $W_2(\mathrm{g})$，则型腔数目 n 为

$$n \leqslant \frac{(0.8G-W_2)}{W_1} \tag{4-13}$$

（3）根据塑件精度确定型腔数目　根据经验，在模具中每增加一个型腔，塑件尺寸精度要降低 4%。设模具中的型腔数目为 n，塑件的公称尺寸为 $L(\mathrm{mm})$，塑件的尺寸公差为 $\pm\delta$，单型腔模具注射生产时可能产生的尺寸误差为 $\pm\Delta_s$（聚甲醛为 $\pm0.2\%$，尼龙 66 为 $\pm0.3\%$，聚碳酸酯、聚氯乙烯、ABS 等非结晶型塑料为 $\pm0.05\%$），则有塑件尺寸精度的表达式为

$$L\Delta_s+(n-1)L\Delta_s4\% \leqslant \delta$$

简化后可得型腔数目为

$$n \leqslant \frac{25\delta}{\Delta_s L}-24 \tag{4-14}$$

对于高精度塑件，由于多型腔模具难以使各型腔的成型条件均匀一致，故通常推荐型腔数目不超过 4 个。

2. 按经济性确定型腔数目

根据总成型加工费用最小的原则，并忽略准备时间和试生产原材料费用，仅考虑模具加工费和塑件成型加工费。

设型腔数目为 n，塑件总件数为 N，每一个型腔所需的模具费用为 C_1，与型腔无关的模具费用为 C_0，每小时注射成型的加工费用为 $y(元/h)$，成型周期为 $t(\min)$，则

$$模具费用为 X_\mathrm{M} = nC_1+C_0 （元）$$

$$注射成型费用为 X_\mathrm{S} = N\left(\frac{yt}{60n}\right) （元）$$

总成型加工费用为 $X=X_\mathrm{M}+X_\mathrm{S}$，即

$$X = N\left(\frac{yt}{60n}\right)+nC_1+C_0$$

为使总成型加工费用最小，即令 $\mathrm{d}X/\mathrm{d}n=0$，则有 $N\left(\dfrac{yt}{60}\right)\left(-\dfrac{1}{n^2}\right)+C_1=0$，所以

$$n = \sqrt{\frac{Nyt}{60C_1}} \tag{4-15}$$

4.4.2　多型腔的排列

多型腔的排列就是塑件的排位，是指根据客户要求，将所需的一种或多种塑件按合理注射工艺、模具结构进行排列。塑件排位与模具结构、塑料工艺性相辅相成，并直接影响到后

期的注射工艺。排位时必须考虑相应的模具结构，在满足模具结构的条件下调整排位。

1. 多型腔排列一般原则

（1）从注射工艺角度需考虑以下几点

1）流动长度。每种塑料的流动长度不同，如果流动长度小于工艺要求，塑件就不会充满（具体参见第 2 章）。

2）流道废料。在满足各型腔充满的前提下，流道长度和横截面尺寸应尽量小，以保证流道废料最少。

3）浇口位置。当浇口位置影响塑件排位时，需先确定浇口位置再排位。在一模多腔的情况下，浇口位置应统一。

4）进料平衡。进料平衡是指塑料在基本相同的情况下同时充满各型腔。为满足进料平衡一般采用以下方法。

① 按平衡式排位。它适合于塑件体积大小基本一致的情况。在此基础上再考虑塑件和浇注系统都平衡（图 4-23），并力求做到结构紧凑，如图 4-24 所示。

② 按大塑件靠近主流道，小塑件远离主流道的方式排位，再调整流道、浇口尺寸满足进料平衡（关于流道、浇口设计详见 4.5 节）。注意：当大小塑件重量之比大于 8 时，调整流道、浇口尺寸很难满足平衡要求。

5）型腔压力平衡。型腔压力分为两个部分：一是指平行于开模方向的轴向压力；二是指垂直于开模方向的侧向压力。排位应力求轴向压力、侧向压力相对于模具中心平衡，防止溢料产生飞边。

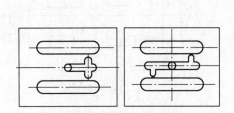

图 4-23　结构平衡

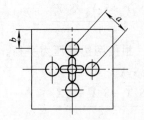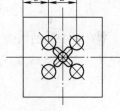

图 4-24　结构平衡兼顾紧凑

满足压力平衡的方法排位均匀、对称。这种平衡可分为轴向平衡（图 4-25）和侧向平衡（图 4-26）。

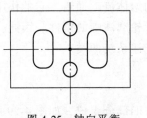

图 4-25　轴向平衡

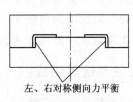

左、右对称侧向力平衡

图 4-26　侧向平衡

（2）从模具结构角度需考虑以下几点

1）排位应保证流道、浇口套距定模型腔边缘有一定的距离，以满足封胶要求。一般要求 $D_1 \geqslant 5mm$，$D_2 \geqslant 10mm$，如图 4-27 所示。

另外，当模具中有侧向抽芯机构时，滑块槽与封胶边缘的距离应大于 15mm。

2）排位时应满足模具结构件，如楔紧块、滑块、斜推杆等的空间要求，同时应保证以下几点。

① 模具结构件有足够强度。

② 与其他模架零件无干涉。

③ 有运动件时，行程须满足脱模要求；有多个运动件时，要注意相互之间不能产生干涉。

3）为了使模具能达到较好的冷却效果，排位时应注意螺钉、推杆对冷却水孔的影响，预留冷却水孔的位置。

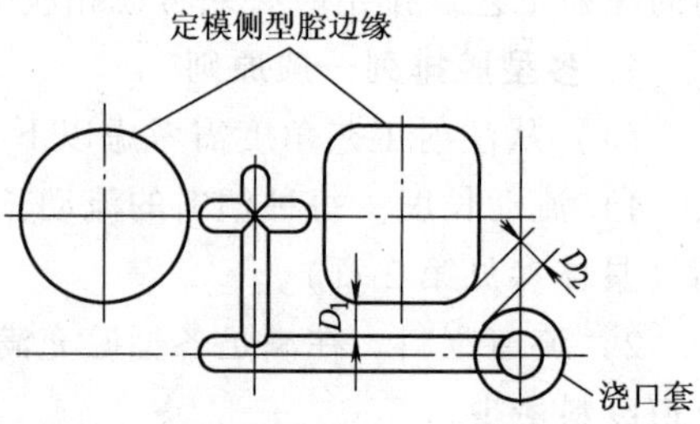

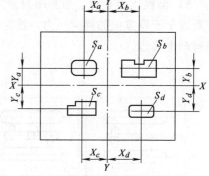

图 4-27 型腔边缘与流道、浇口套的距离

4）排位时要尽可能紧凑，以减小模具外形尺寸，且长宽比例要适当，同时也要考虑注射机的安装要求。

2. 多型腔排列压力平衡的计算

多型腔结构一般分成两种情况：一种情况是同一塑件采用一模多腔；另一种情况是不同塑件采用一模多腔。对于前一种情况只需考虑型腔与模具中心的位置；对于后一种情况，还需考虑各个塑件在分型面上的投影面积。例如：对于不同塑件采用一模多腔的型腔排列形式而言（图4-28），一般是先确定三个型腔的临时中心位置，以此根据下面的公式可求出第四个型腔的中心位置。

对于 X 轴的两侧，根据两边的压力平衡，可得

$pS_aY_a+pS_bY_b=pS_cY_c+pS_dY_d$，即

$$Y_d=\frac{S_aY_a+S_bY_b-S_cY_c}{S_d}$$

对于 Y 轴的两侧，根据两边的压力平衡，可得

$pS_aX_a+pS_cX_c=pS_bX_b+pS_dX_d$，即

$$X_d=\frac{S_aX_a+S_cX_c-S_bX_b}{S_d}$$

图 4-28 不同塑件采用一模多腔

4.5 浇注系统设计

注射模的浇注系统是指从主流道的始端到型腔之间的熔体流动通道。它的作用是使塑料熔体平稳而有序地充填到型腔中，以获得组织致密、外形轮廓清晰的塑件。因此，浇注系统十分重要。浇注系统一般可分为普通浇注系统和热流道浇注系统两类。

4.5.1 浇注系统的组成

普通浇注系统一般由主流道、分流道、浇口和冷料穴四部分组成，如图 4-29 所示。

4.5.2 浇注系统各部件设计

1. 主流道设计

主流道是连接注射机喷嘴与分流道的一段通道，通常和注射机喷嘴在同一轴线上，横截面为圆形，带有一定的锥度，注射机喷嘴与模具浇口套的关系如图 4-30 所示。

其主要设计要点如下。

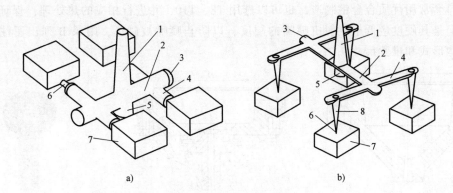

图 4-29　浇注系统的组成
a）侧浇口　b）点浇口
1—主流道　2——级分流道　3—分流道冷料穴　4—二级分流道
5—主流道冷料穴　6—浇口　7—塑件　8—竖直分流道

1）为了防止浇口套与注射机喷嘴对接处溢料，主流道与喷嘴的对接处应设计成半球形凹坑，凹坑的深度为 3~5mm，其球面半径 SR 应比注射机喷嘴头球面半径 SR_0 大 1~2mm；主流道小端直径 d 应比注射机喷嘴直径 d_0 大 0.5~1mm，以防止主流道口部积存凝料而影响脱模。

2）为了减小对塑料熔体的阻力及顺利脱出主流道凝料，浇口套内壁表面粗糙度 Ra 值应加工到 0.8μm。

3）主流道的圆锥角设得过小，会增加主流道凝料的脱出难度；设得过大，又

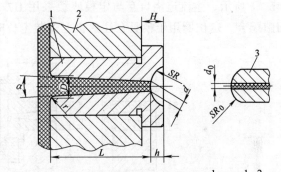

$d=d_0+(0.5\sim1)\text{mm}, SR=SR_0+(1\sim2)\text{mm}, \alpha=2°\sim6°, r=\frac{1}{8}D, h=(\frac{1}{3}\sim\frac{2}{5})SR$

图 4-30　注射机喷嘴与模具浇口套的关系
1—浇口套　2—定模座板　3—注射机喷嘴

会产生湍流或涡流，卷入空气，所以，通常取 $\alpha=2°\sim4°$，对流动性差的塑料可取 3°~6°。圆锥角 α 可由下式表示

$$\tan\left(\frac{\alpha}{2}\right)=(D-d)/2L$$

式中，D 是主流道大端直径；d 是主流道小端直径；L 是主流道长度。

4）主流道大端呈圆角，半径 $r=1\sim3\text{mm}$，以减小料流转向过渡时的阻力。

5）在模具结构允许的情况下，主流道的长度应尽可能短，一般取 $L\leqslant60\text{mm}$，过长则会增加压力损失，使塑料熔体的温度下降过多，从而影响熔体的顺利充型。另外，过长的流道还会浪费塑料材料、增加冷却时间。为此，可以采用延伸式浇口套（图 4-31）或采用能缩短主流道的定位圈（图 4-32），让注射机喷嘴伸到模具内部，从而达到缩短主流道的作用。

采用这种缩短主流道的结构形式时，要注意延伸式浇口套和能缩短主流道的定位圈的入口尺寸 D 必须足够大，以保证注射机喷嘴能顺利进入。

6）浇口套如图 4-33 所示。由于浇口套在工作时经常与注射机喷嘴反复接触、碰撞，所以，浇口套常用优质合金钢制造，也可以选用 T8、T10，并进行相应的热处理，保证足够的硬度，但是其硬度应低于注射机喷嘴的硬度，以防止喷嘴被碰坏，附录 B 列出了注射模浇口套结构形式和推荐尺寸。

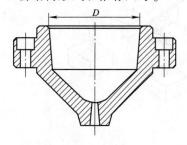 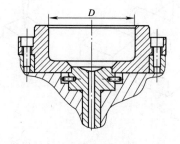 

图 4-31 延伸式浇口套　　　图 4-32 采用能缩短主流道的定位圈　　　图 4-33 浇口套

7）对小型模具可将主流道浇口套与定位圈设计成整体式，如图 4-34a 所示。但在大多数情况下是将主流道浇口套和定位圈设计成两个零件，然后配合固定在模板上，如图 4-34b、c 所示。主流道浇口套与定模座板采用 H7/m6 过渡配合，与定位圈的配合采用 H9/f9 间隙配合。定位圈用于模具在注射机上安装定位时使用。

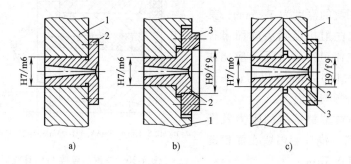

图 4-34　主流道浇口套与定位圈
1—定模座板　2—主流道浇口套　3—定位圈

8）当浇口套的底部与塑料熔体接触面较大时，塑料熔体对浇口套产生的反作用力也较大。为了防止浇口套被挤出，可以用螺钉固定，如图 4-34a 所示，或用定位圈压住浇口套的方式固定，如图 4-34b、c 所示。

2. 冷料穴设计

冷料穴也称为冷料井。冷料穴一般设在主流道和分流道的末端，其作用就是存放两次注射间隔而产生的冷料和料流前锋的冷料，防止冷料进入型腔而形成各种缺陷。根据冷料穴所处的位置不同，冷料穴可分为主流道冷料穴和分流道冷料穴，如图 4-29 所示。

（1）主流道冷料穴　主流道冷料穴底部常做成曲折的钩形或下凹的凹槽或倒锥形，使冷料穴兼有开模时将主流道凝料从主流道中拉出来附在动模边的作用。根据冷料穴不同，其构成主流道冷料穴底部的零件也不同，常见的有拉料杆、推杆等。

1）钩形（Z 形）拉料杆。如图 4-35 所示，拉料杆头部做成 Z 形，可将主流道凝料钩住，开模时即可将该凝料从主流道中拉出。拉料杆的尾部固定在推杆固定板上，如图 4-41

所示，与推杆同步运动，故在塑件被推出时凝料也一起被推出。取塑件时朝着拉料钩的侧向稍许移动，即可将塑件连同浇注系统凝料一起取下。因此，这种拉料杆与模具中的推杆或顶管等推出机构同时使用。这种拉料杆除了起到拉住和推出主流道凝料的作用外，其顶部与主流道的底部一段空间还兼有冷穴的作用。主流道凝料被钩形拉料杆拉出后不能自动脱落，需由人工摘掉，因此不宜用于全自动机构中。另外，要注意如果在一副模具中使用多个钩形拉料杆，应确保缺口的朝向一致，否则不易从拉料杆上取出浇注系统。有时由于塑件形状限制，在脱模时不允许塑件左右移动，不宜采用钩形拉料杆（图4-36）。

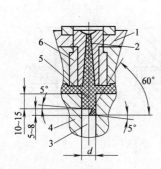

图 4-35　钩形（Z形）拉料杆

1—定模座板　2—浇口套　3—拉料杆

4—动模板　5—冷料穴　6—定模板

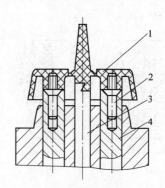

图 4-36　不宜采用钩形

拉料杆的塑件

1—塑件　2—螺纹型芯　3—拉料杆　4—推杆

2）球形拉料杆。这种拉料杆用于脱模板推出机构，如图4-37所示。塑料进入冷料穴后，紧包在拉料杆的球形头上，开模时即可将主流道凝料从主流道中拉出。拉料杆的尾部固定在动模边的型芯固定板上，如图4-38a所示，并不随推出机构移动，故当推板推动塑件时，就将主流道凝料从球形拉料杆上硬刮下来，如图4-38b所示，从而实现主流道凝料自动脱落。

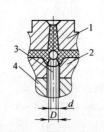

图 4-37　球形拉料杆

1—定模座板　2—脱模板

3—拉料杆　4—型芯固定板

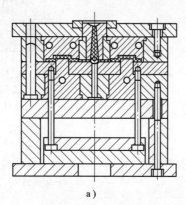

a）

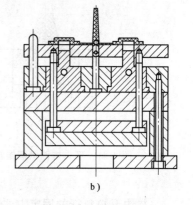

b）

图 4-38　球形拉料杆匹配的装配形式和动作原理

　　图4-39a所示为另一种球形拉料杆。图4-39b所示为菌形拉料杆，是球形拉料杆的变异形式。

3）圆锥形拉料杆。拉料杆头部制成圆锥形，如图4-40a所示，依靠塑料收缩的包紧力而将主流道凝料拉住，其可靠性要视包紧力大小而定。为增加圆锥头拉料杆锥面的摩擦力，可采用小锥度，或增大锥表面粗糙度值，或用复式拉料杆（图4-40b）。与球形拉料杆一样，圆锥形拉料杆与推出机构同时使用。这种拉料杆既起到拉料作用，又起到分流锥的作用，因此广泛用于单腔注射模成型带有中心孔的塑件。例如：齿轮模具中经常使用如图4-40所示的圆锥形拉料杆。这种拉料杆的缺点是小型塑件不便开设冷料穴。若塑件中心孔较大时，则可将拉料杆头部做成平头圆锥形，再在其顶部开设凹槽（冷料穴），如图4-41所示。

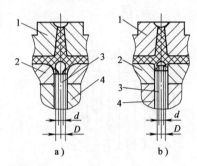

图4-39 与不同拉料杆匹配的冷料穴

1—定模座板 2—脱模板 3—拉料杆 4—型芯固定板

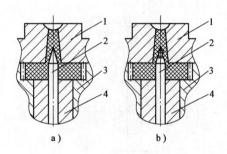

图4-40 圆锥形拉料杆

a）圆锥形 b）复式圆锥形

1—定模座板 2—拉料杆 3—动模板 4—推块

4）起拉料作用的冷料穴。

① 带推杆推出的冷料穴。这种冷料穴又可分为圆锥孔冷料穴（图4-42a）和圆环槽冷料穴（图4-42b）。

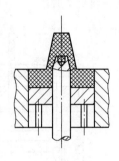

图4-41 平头带凹槽圆锥形拉料杆

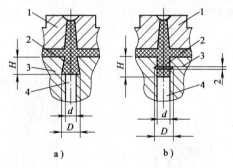

图4-42 带推杆推出的冷料穴

1—定模座板 2—冷料穴 3—动模板 4—推杆

与钩形拉料杆的固定方式一样，圆锥孔冷料穴和圆环槽冷料穴凝料推杆也固定在推杆固定板上，开模时依靠锥孔或侧壁起拉料作用，然后利用推杆对凝料强制脱模。这种形式宜用于弹性较好的塑料成型。由于取下主流道凝料时无须做横向移动，故容易实现自动化操作，同时冷料穴也起到了存放冷料的作用。圆锥孔冷料穴和圆环槽冷料穴的倒扣深度 $(D-d)/2$ 可根据塑料不同的伸长率来确定，只有满足 $(D-d)/D<\delta$，才能将冷料穴中的凝料顺利地强行推出，其中 δ 是塑料的伸长率。常见塑料的伸长率见表4-4。

表 4-4　常见塑料的伸长率

塑料	PS	AS	ABS	PC	PA	POM	LDPE	HDPE	RPVC	SPVC	PP
δ（%）	0.5	1	1.5	1	2	2	5	3	1	10	2

从表 4-4 中可以看出，PS（聚苯乙烯）的伸长率只有 0.5%，可见对于像 PS（聚苯乙烯）这类脆性材料不适用于采用图 4-42 所示的与推杆匹配的冷料穴，而适用于采用图 4-35 所示的与钩形拉料杆匹配的冷料穴。

② 不带推杆推出的冷料穴。对于具有垂直分型面的注射模，冷料穴置于左右两半模的中心线上，当开模时分型面左右分开，塑件和凝料一起脱出，冷料穴不必设置推杆，如图 4-43 所示。

（2）分流道冷料穴　分流道冷料穴一般采用两种形式：一种形式是将冷料穴开设在动模的深度方向，其设计方式与主流道冷料穴类似；另一种形式是将分流道在分型面上延伸成为冷料穴，有关尺寸可参考图 4-44 所示。

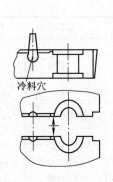

冷料穴

图 4-43　无推杆冷料穴

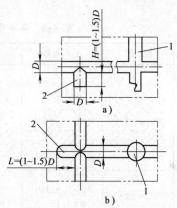

图 4-44　分流道冷料穴尺寸

a）冷料穴在动模上　b）冷料穴为分流道的延伸

1—主流道　2—冷料穴

4.5.3　分流道设计

分流道是主流道与浇口之间的通道，一般开设在分型面上，起分流和转向的作用。多型腔模具必须设置分流道，单型腔大型塑件在使用多个点浇口时也要设置分流道。分流道是塑料熔体进入型腔前的通道，可通过优化设置分流道的横截面形状、尺寸大小及方向，使塑料熔体平稳充型，从而保证最佳的成型效果。

1. 影响分流道的设计因素

1）塑件的几何形状、壁厚、尺寸大小及尺寸的稳定性、内在质量及外观质量要求。

2）塑料的种类，即塑料的流动性、熔融温度与熔融温度区间、固化温度以及收缩率。

3）注射机的压力、加热温度及注射速度。

4）主流道及分流道的脱落方式。

5）型腔的布置、浇口位置及浇口形式的选择。

2. 分流道的设计原则

1）塑料流经分流道时的压力损失及温度损失要小。

2）分流道的固化时间应稍后于塑件的固化时间，以利于压力的传递及保压。

3）保证塑料迅速而均匀地进入各个型腔。

4）分流道的长度应尽可能短，其容积要小。

5）要便于加工及刀具选择。

3. 分流道横截面形状的选择

通常分流道横截面形状有圆形、矩形、梯形、U 形和正六边形等。为了减少流道内的压力损失和传热损失，希望流道的横截面积大、截面周长小，因此可用流道横截面积 S 与其截面周长 L 的比值来表示流道的效率。各种横截面的尺寸及效率见表 4-5。

由表 4-5 可以得出：圆形横截面的效率最高，即具有最小的压力降和热损失。以前因为受模具加工设备的限制，加工成本通常较高，并且圆形横截面的分流道必须在两侧模板都进行加工，合模时两侧的半圆也难以对齐，所以圆形横截面的分流道使用不多。但是，随着模具加工技术的不断发展，逐渐克服了上述困难，从而使圆形横截面的分流道应用越来越广泛。

表 4-5　各种横截面的尺寸及效率

名称	圆　形	正六边形	U　形	正方形	梯形	半圆形
横截面形状 图形及尺寸代号						
使横截面均为 πR^2 时应取的尺寸	$D = 2R$	$H = 0.953D$ $B = 1.1D$	$r = 0.459D$ $H = 0.918D$	$B = 0.886D$	$H = 0.76D$ $B = 1.14D$	$r = \sqrt{2}R$ $d = \sqrt{2}D$
效率 $\left(P = \dfrac{S}{L}\right)$ 通用表达式	$0.25D$	$0.217B$	$0.25H$	$0.25B$	$0.287H$	$0.153d$
使 $S = \pi R^2$ 时的 P 值	$0.25D$	$0.239D$	$0.230D$	$0.222D$	$0.213D$	$0.217D$
热量损失	最小	小	较小	较大	大	最大
加工性能	难	难	易	易	易	易
等效尺寸（使效率值均为 0.25D 时应取的尺寸）	$D = 2R$	$B = 1.152D$	$r = R$ $H = D$	$B = D$	$H = 0.871D$ $B = 1.307D$	$r = 1.634R$ $d = 1.634D$

正方形横截面的分流道凝料脱模困难。U 形横截面的流动效率低于圆形与正六边形横截面，但加工容易，又比圆形和正方形横截面容易脱模，所以，U 形横截面的分流道使用也较广泛。另外，虽然梯形横截面的分流道与圆形相比有较大的热量损失，但是梯形横截面的分流道便于选择加工刀具，同时加工也较容易，所以，梯形横截面的分流道使用也较广泛（特别是对于双分型面模具）。

常用的分流道的横截面形状及尺寸见表 4-6。

表 4-6　常用的分流道的横截面形状及尺寸　　　　　　　　（单位：mm）

圆形横截面的分流道	D	5	6	(7)	8	(9)	10	11	12
U 形横截面的分流道	H	6	7	(8.5)	10	(11)	12.5	13.5	15
	r	2.5	3	(3.5)	4	(4.5)	5	5.5	6
梯形横截面的分流道	B	5	6	(7)	8	(9)	10	11	12
	r	1~5	1~5	(1~5)	1~5	(1~5)	1~5	1~5	1~5
	H	3.5	4	(4.5)	5	6	(6.5)	7	8

注：表中带括号的尺寸尽量少用。

4. 分流道横截面尺寸的确定方法

确定分流道横截面尺寸的方法大致有以下两种。

（1）方法 1　对于质量小于 200g、壁厚在 3mm 以下的塑件，可用下列经验公式确定分流道的当量直径，即

$$D = 0.2654 \sqrt{m} \sqrt[4]{L} \qquad (4-16)$$

式中，D 是分流道的当量直径（mm）；m 是流经分流道的熔体的质量（g）；L 是分流道的长度（mm）。

分流道横截面尺寸应根据塑件的大小、壁厚、形状与所用塑料的工艺性能、注射速率及分流道的长度等因素来确定。对于常见 2~3mm 壁厚，采用的圆形横截面的分流道的直径一般在 3.5~7.0mm 之间变动。对于流动性能好的塑料，如 PE、PA、PP 等，当分流道很短时，直径可小到 2.5mm。对于流动性能差的塑料，如 HPVC、PC、PMMA 等，当分流道较长时，直径可达 10~13mm。试验证明，对于多数塑料，分流道直径在 6mm 以下时对流动影响最大。但直径在 8.0mm 以上时，再增大其直径，对改善流动的影响已经很小了。

（2）方法 2　在确定主流道的尺寸后，分流道的尺寸可按 $D' = (0.8 \sim 0.9)D$ 计算。如图 4-45 所示。D 是主流道大端直径，D' 是一级分流道的当量直径（如果分流道的横截面不是圆形可按面积相等进行计算）。另外，如果在模具上还设有二级甚至三级分流道，则下级分流道的当量半径可取相邻的上级分流道当量半径的 80%~90%。

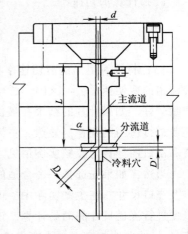

图 4-45　分流道尺寸的确定

初步确定分流道横截面尺寸后，在设计模具时还要按分流道中的剪切速率对确定的分流

道尺寸进行校核。

5. 分流道内塑料熔体流动剪切速率的校核

校核剪切速率的步骤如下。

（1）确定分流道体积流量

1）计算一次注入该模具中总的塑料熔体的体积 $V_{总}$，即

$$V_{总} = nV_{塑} + V_{浇} \tag{4-17}$$

式中，n 是型腔的数目；$V_{塑}$ 是塑件的体积；$V_{浇}$ 是浇注系统的总体积。

2）按下式计算注射机的公称注射量，并查表 4-7 确定注射时间。

$$V_{公} = V_{总}/0.8 \tag{4-18}$$

表 4-7 注射机公称注射量 $V_{公}$ 与注射时间 t 的关系

公称注射量 $V_{公}/cm^3$	注射时间 t/s	公称注射量 $V_{公}/cm^3$	注射时间 t/s
60	1.0	4000	5.0
125	1.6	6000	5.7
250	2.0	8000	6.4
350	2.2	12000	8.0
500	2.5	16000	9.0
1000	3.2	24000	10.0
2000	4.0	32000	10.6
3000	4.6	64000	12.8

3）计算分流道体积流量，即

$$q_{分} = \frac{V_{分} + V_{塑}}{t} \tag{4-19}$$

（2）计算剪切速率

$$\dot{\gamma}_{分} = \frac{3.3q_{分}}{\pi R_{分}^3} \tag{4-20}$$

（3）将计算得出的剪切速率与最佳剪切速率比较　生产实践表明，当注射模主流道和分流道的剪切速率 $\dot{\gamma} = 5 \times 10^2 \sim 5 \times 10^3 s^{-1}$、浇口的剪切速率 $\dot{\gamma} = 10^4 \sim 10^5 s^{-1}$ 时，所成型的塑件质量较好。如果计算的结果在最佳剪切速率范围内，则确定的分流道的尺寸是合理的，否则还要进行适当的调整。显然，主流道和浇口都可以使用式（4-20）进行校核。主流道、分流道和浇口的计算与校核实例请见 4.14 节相关内容。

当然，如果先选择一个合适的剪切速率，也可以使用式（4-20）来计算主流道、分流道以及浇口尺寸。在生产实际中，可根据式（4-20）的函数关系绘制成图 4-46 所示的曲线图，以便进行流道尺寸的简易计算。该图的使用方法是由 $\dot{\gamma}$ 轴出发水平向右，与已知的某一体积流量 q_V 的曲线相交，再由交点向下作垂线，得到 R_n 轴上的数值，即为所求的浇注系统的横截面当量半径。

当量半径确定后，对于分流道或浇口若不是圆形，则可以按照其横截面积相等的方法来

计算相应横截面分流道、浇口的尺寸。对于主流道当量半径即为主流道大、小端半径的平均值。

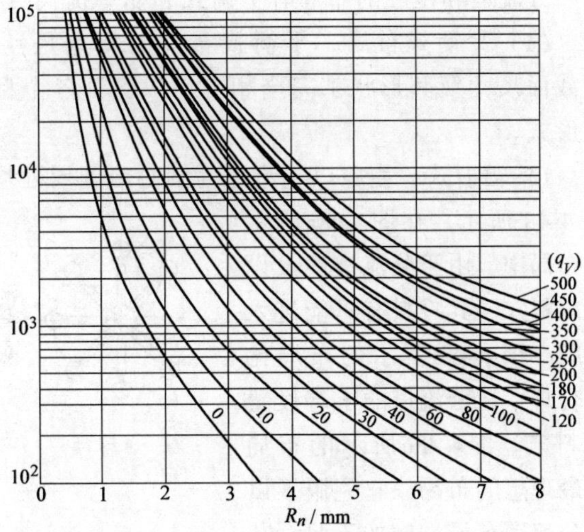

6. 分流道的长度的确定

分流道的长度与塑件的大小，型腔的布置、排列有关。相关的知识将在下一节中讲述。

7. 分流道表面粗糙度

分流道的表面不必很光滑，表面粗糙度 Ra 值可设为 $1.25 \sim 2.5\mu m$。这是因为相对较粗糙的表面能增加外层塑料熔体的阻力，使与其表面相接触的塑料熔体凝固并形成一层绝热层，从而有利于内部塑料熔体的保温。

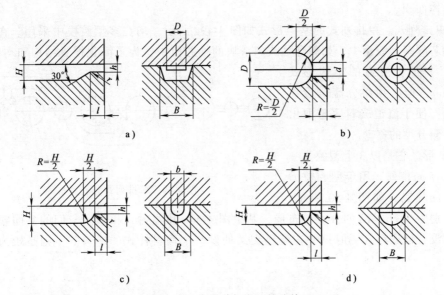

图 4-46 $\dot{\gamma}$-q_V-R_n 的关系曲线图

8. 分流道与浇口的连接

分流道与浇口的连接处应加工成斜面，并用圆弧过渡，有利于塑料熔体的流动及充填，如图 4-47 所示。$l = 0.7 \sim 2mm$，$r = 0.5 \sim 2mm$。

a)

b)

c)

d)

图 4-47 分流道与浇口的连接

a）梯形分流道，梯形浇口 b）圆形分流道，圆形浇口
c）U形分流道，U形浇口 d）U形分流道，矩形浇口

9. 分流道的布局

在多型腔的模具中，分流道的布局形式很多。研究分流道的布局，实质上就是研究型腔的布局问题。分流道的布局是围绕型腔的布局而设置的，即分流道的布局形式取决于型腔的布局，两者应统一协调，相互制约。

分流道和型腔的布局有平衡式和非平衡式两种。

（1）平衡式布局　平衡式布局的特点是：从主流道到各个型腔的分流道，其长度、横截面尺寸及其形状都完全相同，以保证各个型腔同时均衡进料，同时充满。它大体有如下形式。

1）辐射式。型腔以主流道为圆心沿圆周处均匀分布，分流道将均匀辐射至型腔处，如图 4-48 所示。在图4-48a所示的布局中，由于分流道中没设置冷料穴，其冷料有可能进入型腔。图4-48b所示的布局比较合理，在分流道的末端设置冷料穴。图4-48c所示的布局是最理想的布局，它克服了以上分流道布局过密的不足，节省了凝料用量，制造起来也较为方便。

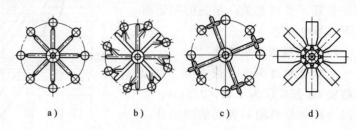

图 4-48　辐射式分流道布局

辐射式布局的缺点是：由于排列不够紧凑，在同等情况下使成型区域的面积较大，分流道较长，必须在分流道上设顶料杆。同时，加工和划线时必须采用极坐标，给操作带来麻烦。

图 4-48d 所示的塑件，根据外形特点，采用辐射式布局形式较为理想，使其排列紧凑，缩小了模体面积。

2）单排列式。单排列式的基本形式如图 4-49a 所示，均在多型腔模中采用。在需要对开侧向抽芯的多型腔模中，如斜导柱或斜滑块的抽芯模中，为了简化模具结构和均衡进料，往往采用 S 形分流道的结构形式（图 4-49b），但必须将分流道设在定模一侧，便于流道凝料完整取出和不妨碍侧分型的移动。

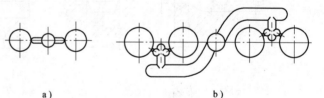

图 4-49　单排列式分流道布局

3）Y 形。它是以 3 个型腔为一组按 Y 形布局排列，用于型腔数为 3 的倍数的模具，如图 4-50 所示，型腔数分别为 3、6、12 的分流道布局，其中图 4-50a 和辐射式相似。它们的共同缺点是分流道上都没有设冷料穴，但只要在流道交叉处设一个钩料杆式的冷料穴，则是较为理想的布局。

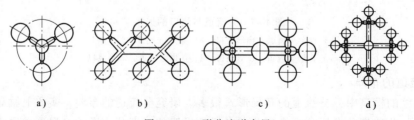

图 4-50　Y 形分流道布局

4）X 形。X 形是以 4 个型腔为一组，分流道呈交叉的 X 状布局，如图 4-51 所示。

5）H 形。这是最常用的一种。它是以 4 个型腔为一组按 H 形布局排列，用于型腔数量为 4 的偶倍数的模具，如图 4-52 所示。

它的特点是：排列紧凑，对称平衡，且它们的尺寸都在模体的 x、y 方向上变化，易于加工，因此，它在多型腔的模具中得到广泛的应用。

6）综合型。多型腔的分流道有时采用 Y 形、X 形、H 形综合的形式。图 4-53a 所示为 X 形和 H 形综合的分流道。图 4-53b 所示为 Y 形和 H 形综合的分流道。因此，在实践中分流

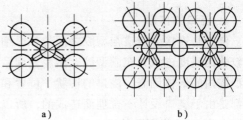

图 4-51　X 形分流道布局

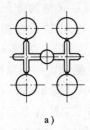 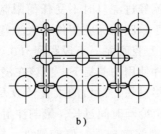 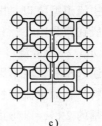

　　　　a)　　　　　　　b)　　　　　　　c)

图 4-52　H 形分流道布局

道的布局应根据具体情况综合考虑，灵活应用。

（2）非平衡式布局　非平衡式浇注系统分两种情况：一种情况是各个型腔的尺寸和形状相同，只是各个型腔距主流道的距离不同，如图 4-54a 所示；另一种情况是各个型腔大小与流道长度均不相同，如图 4-54b 所示。

为了使各个型腔同时均衡进料，必须将各个型腔的浇口做成

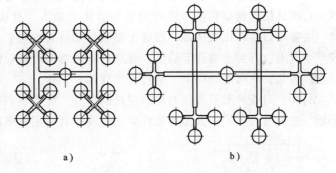

　　　　a)　　　　　　　b)

图 4-53　综合型分流道布局

不同大小的横截面或者不同长度。具体确定方法将在后面的"浇口设计"内容中进行叙述。

上述型腔排列均为单分型面模具侧浇口时的排列形式。如果采用双分型面点浇口，其型腔排列形式基本不变，只是二级分流道延长超过塑件浇口位置，并且增加了竖直分流道。两者的结构差异如图 4-29 所示。

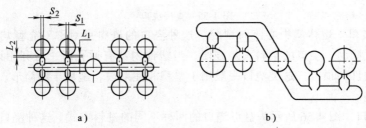

　　　　a)　　　　　　　b)

图 4-54　分流道的非平衡式布局

4.5.4 浇口设计

1. 浇口的作用

浇口是连接分流道与型腔之间的一段细短通道，其作用是使从分流道流过来的塑料熔体以较快的速度进入并充满型腔，型腔充满后，浇口部分的熔体能迅速地凝固而封闭浇口，防止型腔内的熔体倒流。浇口的形状、位置和尺寸对塑件的质量影响很大。注射成型时许多缺陷都是由于浇口设计不合理而造成的，所以要特别重视浇口的设计。

2. 浇口的类型及特点

按照浇口的形状、大小、位置不同，浇口的形式也多种多样，其大致可分为以下几种。

（1）直接浇口（直浇口） 直接浇口是熔融塑料从主流道直接注入型腔的最普通的浇口，又称为主流道型浇口。由于料流经过浇口时不受任何限制，所以又称为非限制性浇口。它的位置一般在模具中心，只适用于单腔的深腔塑件和大型塑件。它往往设在塑件的底部，如图 4-55 所示。一般将浇口套突出型腔底面一小段距离（0.3mm 左右），如图 4-55a 所示。为防止冷料注入型腔，在不影响塑件使用的前提下，应该在浇口对侧设置一个深度为塑件厚度一半的冷料穴；而主流道长度应尽量短，浇口的大直径 D 尽量小（图 4-55b），一般情况下不超过壁厚的 2 倍，以防止主流道冷却时间过长，影响注射效率。它的优点是：浇口横截面积较大，流动阻力小，常用于成型深腔塑件、厚壁塑件，或高黏度、流动性差的壳类塑件，如聚碳酸酯、聚砜、聚苯醚等；有利于排气及消除熔接痕；保压补缩作用强，易于完整成型；模具结构简单紧凑，流动通道短，便于加工。直接浇口的缺点是：只适用于单腔模具，去除浇口凝料比较困难，塑件上有明显的浇口痕迹；容易产生内应力，引起塑件变形，或产生气泡、开裂、缩孔等缺陷；在浇口附近熔体冷却较慢，延长注射成型周期，影响成型效率，因此，在可能条件下，浇口尺寸应选小一些。

另外，对于外观不允许有浇口痕迹的塑件，可将浇口设于塑件底部内表面，如图 4-55d 所示。这种设计方式，开模后塑件留于定模，利用定模推出机构将塑件推出。

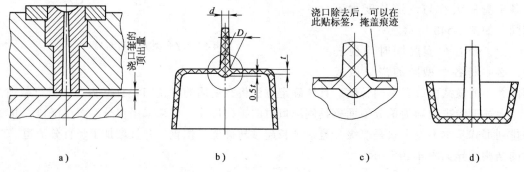

图 4-55　直接浇口

（2）中心浇口　熔体从中心流向型腔。这种浇口的进料点对称，充型均匀，能消除拼缝线且模具排气顺利，浇口的余料去除方便。当塑件内部有通孔时，可利用该孔设分流锥，将浇口设置于塑件的顶端。这类浇口一般用于单型腔注射模，适用于圆筒形、圆环形或中心带孔的塑件成型。

1）盘形浇口。图 4-56 所示为盘形浇口的两种不同的进料方式。这种浇口适用于圆筒形或中间带有比主流道直径大的孔的塑件成型。

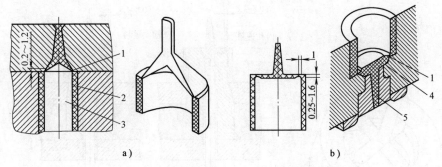

图 4-56　盘形浇口的两种不同的进料方式

1—盘形浇口　2—塑件　3—型芯　4—盘形流道　5—进料口

盘形浇口的优点：①采用这种对主流道限制后以圆盘状的浇口形式进入型腔，可使进料均匀，在整个圆周上进料的流速大致相同，分子链及纤维的取向趋于一致，从而减少内应力，提高塑件尺寸的稳定性；②空气容易排出，避免气泡、填充不满现象的发生；③可以避免熔接痕的产生，从而提高塑件的机械强度；④容易从浇口处去除凝料，表面上看不出痕迹。它的缺点是：盘形浇口与型腔形成密封的空间，在塑件脱模时内部会形成真空状态，阻碍脱模，甚至会引起塑件变形损坏，因此必须设置进气杆或进气槽等进气通道。

2）环形浇口。图 4-57 所示为环形浇口，熔体可从圆筒状塑件底部或上部四周均匀进入用于型芯两端定位的管状塑件。环形浇口是设置在与管状塑件同心的内侧或外侧。均匀设置的几个浇口同时进料，减小料流对细长型芯的冲击，保证了塑件的壁厚均匀。

另外，与单侧浇口进料相比，环形浇口在注射时熔体的流程短，且料流变向少，减少了注射压力损失，便于料流的流动，易于充满型腔。

3）轮辐式浇口。轮辐式浇口是盘形浇口的变异。它是将盘形浇口的整个圆周进料改为轮辐式几小段圆弧形进料，它的结构形式和相关尺寸如图 4-58 所示。

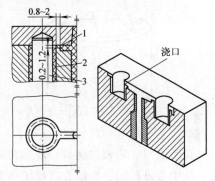

图 4-57　环形浇口

1—环形浇口　2—塑件　3—型芯

轮辐式浇口可以采用内孔进料或端面进料，其注射效果大体相同，根据塑件的具体情况选用。

轮辐式浇口的特点：轮辐式浇口除了有盘形浇口的特点外，浇口较小，易于切除浇口凝料，特别是在大型塑件中比盘形浇口减少了塑料用量，同时，它还克服了盘形浇口因形成真空、塑件难以脱模的问题。但是，由于注射时是沿着圆周上的几小段浇口进料，塑件上可能产生几条拼合缝，尤其是在注射初期，模具温度偏低时，拼合缝尤其明显，从而影响塑件的强度。

4）爪形浇口。爪形浇口是轮辐式浇口的变异形式。它在型芯头部的圆锥体上或在主流道的内壁上均匀地开设几处浇口，其进料方式可采用端面进料或内孔进料，如图 4-59 所示。

爪形浇口的特点：爪形浇口具有盘形浇口和轮辐式浇口共有的特点，浇口较小，易于切除浇口凝料。另外，爪形浇口的型芯的顶端圆锥体伸入定模内，起对中定位作用，容易保证塑件内孔与外形的同心度要求。它适用于内孔较小或有同心度要求的管状塑件。爪形浇口也存在容易产生拼合缝的问题。

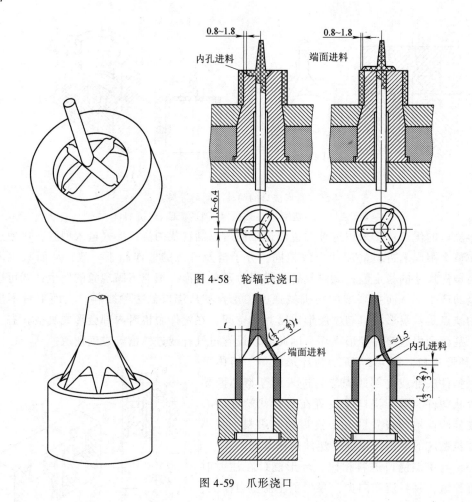

图 4-58　轮辐式浇口

图 4-59　爪形浇口

　　盘形浇口、轮辐式浇口、环形浇口和爪形浇口的共同特点，都是利用了塑件固有的内孔，从中心进料的，所以有时候统称为中心浇口。

　　（3）点浇口　点浇口又称为针点浇口，其也是比较常用的一种浇口形式，通常用于流动性较好的塑件，如聚乙烯、聚丙烯、ABS、聚苯乙烯、尼龙类的塑件。

　　点浇口的结构形式如图 4-60 所示。图 4-60a 所示点浇口是比较常用的点浇口。图 4-60b、c 所示点浇口适用于壁厚较薄的塑件，可在浇口与塑件的接触处设 $C0.5 \sim C1$ 的斜角或做成 $R0.2 \sim R0.5$ 的喇叭口。这样可避免浇口凝料在拉断时损伤塑件表面，同时也减少型芯受到的冲击力及减小流动阻力，并有利于延缓浇口处熔体的固化，有利于向型腔补料。图 4-60d 所示点浇口是一模多腔时点浇口的结构，为便于流动，在其拐角处均应设圆弧过渡。图 4-60e 所示点浇口是对大型塑件采用的多点进料的方式，以缩短流程，提高注射效率，降低流动阻力，减少塑件的翘曲变形。图 4-60f 所示为点浇口剖视图。

　　点浇口的典型模具结构形式如图 4-61 所示。

　　如图 4-61 所示，点浇口模具的分型面有 1—1 和 3—3 两处，从 1—1 处分型取出浇注系统凝料，从 3—3 处分型可以取出塑件。一级分流道长度由塑件上浇口开设的位置或型腔的距离决定，纵向分流道长度由流道板厚度和型腔深度等因素决定。另外，为了降低加工难度，当纵向分流道要穿过定模型腔板（型腔镶件）至型腔时，流道孔的直径可减小 0.4mm。

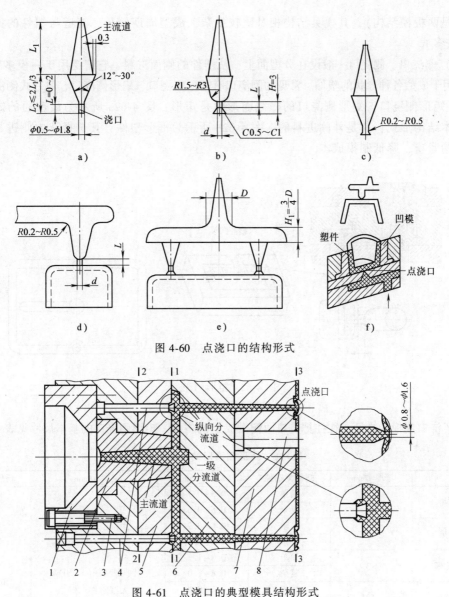

图 4-60　点浇口的结构形式

图 4-61　点浇口的典型模具结构形式

1—定位圈　2—浇口套　3—螺钉　4—流道拉杆　5—脱料板　6—流道板　7—定模型腔板　8—小型芯

为了改善塑料熔体流动状况，点浇口处要做成凹坑状（图 4-61 所示放大图），并且点浇口的直径一般取 0.8～1.6mm。

点浇口的优点：当熔体通过点浇口时，有很高的剪切速率和摩擦，产生热量，提高熔体的温度和降低熔体黏度，有利于熔体的流动，从而能获得外形清晰、表面光泽的塑件。塑件的浇口在开模的同时即被拉断，浇口痕迹呈圆点状，不明显，所以点浇口可开在塑件的表面及任何位置，并不影响塑件的外观。点浇口一般开在塑件顶部，因其注射流程短，拐角小，排气条件又好，因此很容易成型。它适用于外观要求较高的壳类或盒类塑件的单腔模、多腔模等各种模具，使用比较广泛。

点浇口的缺点：注射压力损失较大，多数情况下必须采用三板模结构（热流道的点浇口一般是两板模结构），其模具结构相对比较复杂，成型周期较长，流道与塑件的比例较大（废料较多）。

（4）侧浇口　侧浇口一般设在分型面上，从塑件的侧面进料。它广泛用于一模多腔的模具中，适用于成型各种形状的塑件。常见的侧浇口有矩形侧浇口、扇形侧浇口、薄片式侧浇口等。

1）矩形侧浇口。矩形侧浇口的横截面形状是矩形，图 4-62a 所示为最普通的矩形侧浇口的基本结构形式，其是外侧进料的。图 4-62b 所示为框形塑件，其选择从内侧进料，可使模具结构紧凑，降低制模成本。

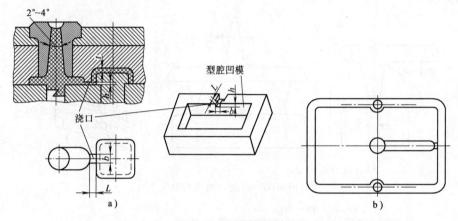

图 4-62　矩形侧浇口

a）外侧进料　b）内侧进料

为了浇口脱模的方便，往往把浇口两侧做成 5° 的斜面。矩形侧浇口的基本尺寸见表 4-8。

表 4-8　矩形侧浇口的基本尺寸

塑　料	壁厚 t/mm	塑件复杂性	深度 h/mm	宽度 b/mm	长度 L/mm
聚乙烯	<1.5	简单	0.5~0.7	中小型塑件（3~10）h 大型塑件>10h	0.7~2
		复杂	0.5~0.6		
聚丙烯	1.5~3	简单	0.6~0.9		
		复杂	0.6~0.8		
聚苯乙烯	>3	简单	0.8~1.1		
		复杂	0.8~1.0		
有机玻璃	<1.5	简单	0.6~0.8		
		复杂	0.5~0.8		
ABS	1.5~3	简单	1.2~1.4		
		复杂	0.8~1.2		
聚甲醛	>3	简单	1.2~1.5		
		复杂	1.0~1.4		
聚碳酸酯	<1.5	简单	0.8~1.2	中、小型塑件（3~10）h 大型塑件>10h	0.7~2

2）扇形侧浇口。扇形侧浇口是矩形侧浇口的变异形式，如图 4-63 所示，常用来成型宽度较大的薄片状塑件及流动性能较差的透明塑件，如 PC、PMMA 等。

扇形侧浇口的形状是沿进料方向逐渐变宽，而厚度逐渐减至最薄的形式渐渐展开的，所以熔融的塑料在流经浇口时在横向得到更为均匀的分配，减少了流纹和定向效应，降低塑件的内应力和避免了带入空气的可能性，从而防止塑件翘曲变形和气泡的产生。扇形侧浇口的缺点是：沿塑件侧壁有一比较长的浇口痕迹，切除浇口的工作量大，且影响塑件的美观。为便于切除浇口痕迹，浇口厚度尽量选得小些。为提高切除浇口凝料的效率，常用简单的专用工具，用冲切法切除，这样，在选择浇口位置时，应考虑冲切浇口凝料时的工艺要求。常用尺寸深为 0.25 ~ 1.60mm，宽度为 8.0mm 至浇

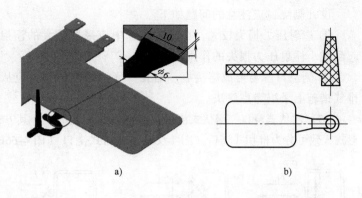

图 4-63　扇形侧浇口

口侧型腔宽度的 1/4。浇口的横截面积不应大于分流道的横截面积。

3）薄片式侧浇口。薄片式侧浇口也是从矩形侧浇口演变来的，适用于薄板状或长条状塑件，如图 4-64 所示。

当塑料熔体流过薄片式侧浇口时，以较低的流速，呈平行状态，平稳均匀地注入型腔，降低了塑件的内应力，减少了因取向而产生的翘曲变形。

一般情况下，侧浇口采用直接从侧壁进料，也可以采用搭接式进料，如图 4-65 所示。

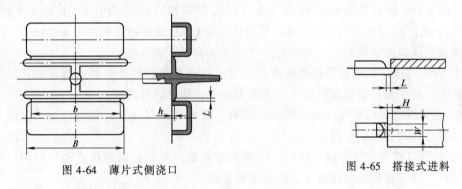

图 4-64　薄片式侧浇口

图 4-65　搭接式进料

采用搭接式进料可有效地防止塑料熔体的喷射流动，其缺点是不能实现浇口和塑件的自行分离，且容易留下明显的浇口疤痕。搭接式进料侧浇口的设计参数，可参照直接进料侧浇口的参数来选用，一般应用于有表面质量要求的平板形塑件。

侧浇口的优点如下。

① 侧浇口多为扁平形状，可以大大缩短浇口的冷却时间，从而缩短成型周期。

② 易于去除浇注系统的凝料而不影响塑件的外观。

③ 可根据塑件的形状特点灵活多样地选择浇口位置。

④ 侧浇口横截面积通常较小，熔体注入型腔前受到挤压和剪切而再次加热，改善流动状况，便于成型，降低塑件的表面粗糙度，减少浇口附近的残余应力，避免变形、开裂及流动纹的出现。

⑤ 浇口设在分型面上，而且浇口横截面形状简单，容易加工，并能随时调整浇口尺寸，较为方便地达到各型腔的浇口平衡，改善注射条件。

⑥ 适用于一模多腔的模具，提高注射效率。

设计侧浇口应注意的问题如下。

① 注射压力损失较大，在注射过程中应采取较大的注射压力，而缩短浇口长度也可以起到减小注射压力损失的作用。

② 侧浇口容易形成熔接痕、缩孔、气泡等缺陷，这应从选择浇口的位置和方向上以及排气措施上予以考虑解决。

（5）潜伏式浇口　潜伏式浇口是点浇口的演变形式，其方式与点浇口大致相同。它的结构形式大致可分为推切式浇口（图4-66a）、拉切式浇口（图4-66b）和弯钩式浇口（图4-66c）。

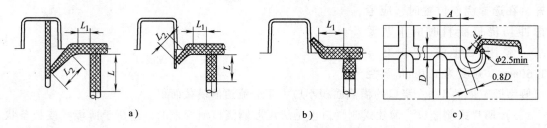

图 4-66　各种潜伏式浇口结构形式

a）推切式浇口　b）拉切式浇口　c）弯钩式浇口

图4-66a所示为推切式浇口。图4-66b所示为拉切式浇口。其中 L 必须大于等于 L_1+L_2，且 L_1 不能太短，应该有足够的距离让浇口发生变形而脱离型腔，一般情况下，L_1 至少有8mm。图4-66c所示为弯钩式浇口，浇口进入型腔端直径 d 为 0.8~1.2mm，长为 1.0~1.2mm；A 值为 2.5D 左右；$\phi2.5\min$ 是指从大端 0.8D 逐渐过渡到小端 $\phi2.5$mm。

潜伏式浇口除了具有点浇口的优点外，还具有以下特点。

① 潜伏式浇口的位置选择范围更广，它既可选在塑件的外表面、侧表面，又可选在端面、背面。由于浇口横截面积较小，所以不会损伤塑件的外表面。

② 在开模时即可实现自动切断浇口凝料，并提高注射效率，省去后加工工序带来的麻烦，并容易实现自动化生产。

③ 点浇口模具必须另加一模板二次开模才能取出凝料，而潜伏式浇口只用二板式一次开模即可，因而使模具结构简单，降低模具造价。

④ 潜伏式浇口有专用的铣切工具，给加工带来方便，因此在多型腔的模具中得到越来越广泛的应用。

值得注意的是：由于潜伏式浇口凝料在脱模时必须有较大幅度的弹性变形，因此浇口应选用较小的尺寸，以增强浇口的柔软性，所以，常用于 ABS、HIPS 材料，而不适用于 POM、PBT 等结晶型材料，也不适用于 PC、PMMA 以及 PS 等脆性大的材料，防止弧形流道被折断而堵塞浇口。

（6）护耳形浇口　护耳形浇口如图4-67所示。图4-67a所示为单护耳，当塑件宽度较大时可用多个耳槽，如图4-67b所示。

护耳形浇口只用于难于成型的塑料，

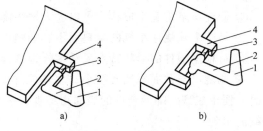

图 4-67　护耳形浇口

1—主流道　2—分流道　3—浇口　4—耳槽

如硬聚氯乙烯、聚碳酸酯、丙烯酸酯等。这些塑料的成型温度范围狭窄且流动性差，这样在注射时在浇口部位易造成变形、翘曲，形成脆弱区。有时也用于要求塑件透明度高的聚甲基丙烯酸甲酯等塑件的成型。护耳形浇口耳槽设在塑件的侧面，从分流道来的料流经过浇口，不是直接进入型腔，而是先进入耳槽，然后进入型腔。料流经过浇口时因摩擦而使其料温升高，有利于物料的流动。料流再经过与浇口垂直的耳槽，冲击在耳槽对面的侧壁上，从而缓冲并降低了流速，改变了料流的流向，使料流平滑而均匀地流入型腔，因而可减小浇口附近的残余应力，并防止涡流的产生，防止污染痕迹，提高塑件的外观质量。

3. 各种浇口尺寸的计算

（1）浇口的横截面积　一般取分流道横截面积的 3%～9%，对于流动性差、壁厚较厚和尺寸较大的塑件，其浇口尺寸取较大值，反之取较小值。浇口的长度约为 1～1.5mm，浇口的表面粗糙度 Ra 值取 0.4μm 以下。各种浇口尺寸的经验数据及计算公式见表 4-9。

表 4-9　各种浇口尺寸的经验数据及计算公式

浇口形式		经验数据	经验计算公式	备 注
直接浇口		$d = d_1 + (0.5 \sim 1.0)$ mm $\alpha = 2° \sim 6°$ $D \leqslant 2t$ $L < 60$mm 为佳，但在实际生产中，主流道长度超出 60mm 的情况也较常见 $r = 1 \sim 3$mm		d—主流道入口直径 d_1—注射机喷孔直径 α—对流动性差的塑料取 $3° \sim 6°$ t—塑件壁厚 L—主流道的长度
盘形浇口		$l = 0.75 \sim 1.0$mm $h = 0.25 \sim 1.6$mm	$h = 0.7nt$ $h_1 = nt$ $l_1 \geqslant h_1$	n—塑料成型系数，由塑料性质决定，见表注
环形浇口		$l = 0.75 \sim 1.0$mm	$h = 0.7nt$	h—浇口的深度，不宜过大，否则难以去除
点浇口		$l_1 = 0.5 \sim 0.75$mm，有倒角时取 $l = 0.75 \sim 2$mm $c = R0.3$ 或 $C0.3$ $d = 0.3 \sim 2$mm $\alpha = 2° \sim 4°$ $\alpha_1 = 6° \sim 15°$ $L < 2/3L_0$ $\delta = 0.3$mm $D_1 \leqslant D$	$d = nk\sqrt[4]{A}$	k—塑件壁厚的函数，见表注 为了去除浇口方便，可取 $l = 0.5 \sim 2$mm A—型腔表面积 一级分流道和二级分流道长度可分别由型腔布局和定模板厚度及型腔深度共同决定（兼顾冷却水道布置）

（续）

浇口形式		经验数据	经验计算公式	备 注
侧浇口		$\alpha = 2° \sim 6°$ $\alpha_1 = 6° \sim 15°$ $b = 1.5 \sim 5.0\text{mm}$ $h = 0.5 \sim 2.0\text{mm}$ $l = 0.5 \sim 0.75\text{mm}$ $r = 1 \sim 3\text{mm}$ $c = R0.3$ 或 $C0.3$	$h = nt$ $b = \dfrac{n\sqrt{A}}{30}$	n—塑料成型系数，由塑料性质决定，见表注 A—型腔表面积
薄片式侧浇口		$l = 0.65 \sim 1.5\text{mm}$ $b = (0.75 \sim 1.0)B$ $h = 0.25 \sim 0.65\text{mm}$ $c = R0.3$ 或 $C0.3$	$h = 0.7nt$	
扇形侧浇口		$l = 1.3\text{mm}$ $h_1 = 0.25 \sim 1.6\text{mm}$ $b = 6 \sim B/4$ $c = R0.3$ 或 $C0.3$	$h_1 = nt$ $h_2 = bh_1/D$ $b = \dfrac{n\sqrt{A}}{30}$	浇口横截面积不能大于流道横截面积 A—型腔表面积 b—浇口末端宽度 B—浇口处的型腔宽度
潜伏式浇口		$l = 0.7 \sim 1.3\text{mm}$ $L = 2 \sim 3\text{mm}$ $\alpha = 25° \sim 45°$ $\beta = 15° \sim 20°$ $d = 0.3 \sim 2\text{mm}$ L_1 保持最小值	$d = nk\sqrt[4]{A}$	软质塑料 $\alpha = 30° \sim 45°$；硬质塑料 $\alpha = 25° \sim 30°$ L 在允许条件下尽量取大值；当 $L < 2\text{mm}$ 时采用二次浇口 A—型腔表面积
护耳形浇口		$L \geqslant 1.5D$ $B = D$ $B = (1.5 \sim 2)h_1$ $h_1 = 0.9t$ $h = 0.7t = 0.78h_1$ $l \geqslant 1.5\text{mm}$	$h = nt$ $b = \dfrac{n\sqrt{A}}{30}$	n—塑料成型系数，由塑料性质决定，见表注 A—型腔表面积

注：1. 表中符号 h 是浇口深度（mm）；l 是浇口长度（mm）；b 是浇口宽度（mm）；d 是浇口直径（mm）；t 是塑件壁厚（mm）；A 是型腔表面积（mm^2）；B 是浇口处塑件宽度（mm）。

2. 塑料成型系数 n 由塑料性质决定，通常 PE、PS：$n = 0.6$；PA、ABS、PP：$n = 0.7$；CA、POM：$n = 0.8$；PVC：$n = 0.9$。

3. k 是系数，是塑件壁厚的函数，$k = 0.206\sqrt{t}$。k 值适用于 $t = 0.75 \sim 2.5\text{mm}$。

此外，常用塑料的侧浇口与点浇口的推荐值见表4-10。

表 4-10　常用塑料的侧浇口与点浇口的推荐值

塑件壁厚/mm	侧浇口横截面尺寸/mm		点浇口直径 d/mm	浇口长度 l/mm
	深度 h	宽度 b		
<0.8	≈0.5	≈1.0	0.8~1.3	1.0
0.8~2.4	0.5~1.5	0.8~2.4	0.8~1.3	1.0
2.4~3.2	1.5~2.2	2.4~3.3	0.8~1.3	1.0
3.2~6.4	2.2~2.4	3.3~6.4	1.0~3.0	1.0

浇口计算实例请见4.14节相关内容。

（2）保证平衡进料的浇口尺寸计算举例　以上给出了浇口尺寸大致确定方法，在实际生产中，一般是根据计算结果、经验并结合软件模拟进行确定，并且在加工浇口时，先将浇口适当做得小一些，在试模时，根据实际情况增加，直至达到各个型腔均匀进料、同时充满的目的。总之要具体问题具体分析，对在叙述分流道布局时，非平衡的第一种情况（图4-54a）进行如下分析。

1）对分流道横截面大且流程短（$d_分$>6mm，$L_分$<200mm）的中、小型模具，由于分流道内塑料熔体的温度和压力都变化不大，此时，熔体首先到达离主流道最近的浇口处，开始进入型腔。但由于这时分流道尚未充满，其内对熔体的阻力比浇口处对熔体的阻力小得多，故熔体会在浇口处初凝而不再充型。这样，熔体会继续沿分流道前进直到整个分流道被充满。当分流道内的熔体压力升高后会首先充满远离主流道的型腔，然后再返回来依次冲开初凝时间较短的浇口，并依次将各型腔充满。由此可知，为了使各个型腔能基本上同时充满，应将靠近主流道的浇口做得大些，而远离主流道的浇口做得小些，或使靠近主流道的浇口长度短一些，而远离主流道的浇口长度长一些。但各尺寸目前尚无行之有效的定量计算方法，只能依照上述原理经试验而定。

2）对分流道比较细长（$d_分$≤6mm，$L_分$>200mm）以及流道中熔体的阻力和温度降都不可忽略的大、中型模具，则温度和压力降会使远离主流道的浇口难以充型（图4-68a），此时应该将该浇口做大些，而靠近主流道的浇口做小些（图4-68b），即可实现各个型腔同时充满。

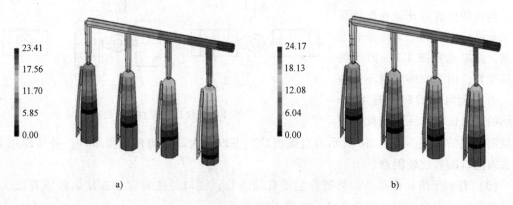

图 4-68　塑料熔体模拟充型图

可以看出：分流道横截面较小且流程较长，如果将所有二级分流道和浇口的横截面积设为相同，则靠近主流道的型腔比远离主流道的型腔先充满，如图4-68a所示；如果将靠近主流道的型腔的二级分流道和浇口横截面积设置小一些，而远离主流道的型腔的二级分流道和浇口横截面积设置大一些，则可以实现各个型腔同时充满，如图4-68b所示。

4. 浇口的设计原则

（1）避免引起熔体破裂现象　横截面尺寸较小的浇口正对着一个宽度和厚度都较大的型腔，则高速的料流流过浇口时，由于受到很高的切应力作用，将会产生喷射和蠕动（蛇形流）等熔体破裂现象。这些喷射的高度定向的细丝或断裂物很快冷却变硬，与后进入型腔的熔体不能很好熔合而使塑件出现明显的熔接痕。有时熔体直接从型腔一端喷到另一端，造成折叠，使塑件形成波纹状痕迹，如图4-69所示。此外，喷射还会使型腔内气体难以排出，形成气泡。克服上述缺陷的办法是，采用冲击型浇口或者浇口位置设在正对型腔壁或粗大型芯的方位，如图4-70所示。这样，使高速料流直接冲击型腔壁和型芯壁上，从而使料流平稳地充满型腔，避免熔体断裂的现象，以保证塑件质量。

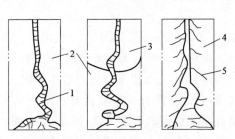

图4-69　熔体喷射造成塑件的缺陷

1—喷射流　2—未填充部分　3—填充部分

4—填充完了部分　5—缺陷

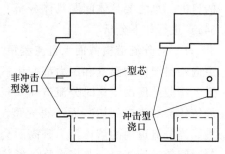

图4-70　非冲击型浇口与冲击型浇口

（2）有利于塑料熔体补缩　当塑件的壁厚相差较大时，为了保证注射过程最终压力有效地传递到塑件较厚部位，以防止缩孔，在避免产生喷射的前提下，浇口的位置应开设在塑件横截面最厚处，以利于熔体填充及补缩。如果选择图4-71a所示的浇口位置，由于收缩时得不到补料，塑件会出现凹痕；图4-71b所示的浇口位置选在厚壁处，可

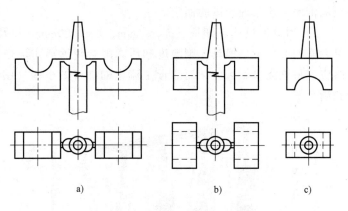

图4-71　浇口位置对收缩的影响

以克服凹痕的缺陷；图4-71c所示为直接浇口，可以大大改善熔体充型条件，补缩作用大，但去除浇口凝料比较困难。

（3）有利于熔体流动　如果塑件上设有加强肋，浇口的位置应设在使熔体顺着加强肋流动的方向，以改变熔体流动条件，如图4-72所示。

（4）有利于型腔内气体的排出　如果进入型腔熔体过早地封闭排气途径，型腔内的气

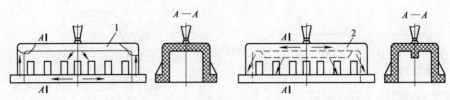

图 4-72　增设加强肋以利塑料流动
1—气囊　2—长肋

体就不能顺利排出，会使塑件上
产生气泡、疏松、甚至充不满、
熔接不牢等缺陷，或者在注射时
由于气体被压缩而产生高温，使
塑件局部炭化烧焦。图 4-73 所示
为一个盒型塑件，侧壁厚度大于
顶部。如按图 4-73a 所示设置浇口
位置，在进料时熔体沿侧壁流速
比顶部快，因而侧壁很快被充满，
而顶部形成封闭的气囊；结果在
顶部留下明显的熔接痕或烧焦的

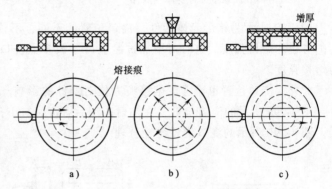

图 4-73　浇口位置对排气的影响

痕迹。如果从排气角度出发，改用图 4-73b 所示的中心浇口，使顶部最快充满，最后充满的
部位在分型面处。若不允许中心进料，仍采用侧浇口时，顶部厚度应增大或侧壁厚度减小，
如图 4-73c 所示，使料流末端在浇口对面的分型面处，以利于排气。另外，也可在空气汇集
处镶入多孔的粉末冶金材料，利用微孔的透气作用排气，或在顶部开设排气结构，如利用配
合间隙排气，采用组合式型腔，效果都很好。

（5）减少塑件熔接痕增加熔接强度　熔体在充型过程中都有料流间的熔接存在。浇口
位置设计时应该考虑：增加熔接强度，尽量减少产生熔接痕，以保证塑件的强度。产生熔接
痕的原因很多，就浇口数目的设置而言，浇口数目多，产生熔接痕的概率就多，如图 4-74
所示。

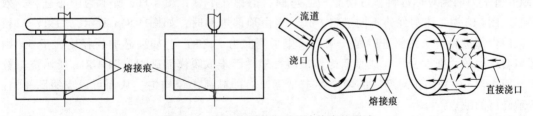

图 4-74　浇口数量和位置对熔接痕的影响

因而在熔体流程不太长的情况下，如无特殊要求最好不设两个或两个以上浇口。但浇口
数多后，料流的流程缩短，熔接强度有所提高。因此，对大型塑件而言，采用多点进料有利
于提高熔接强度；对于大型板状塑件，为了减少内应力和翘曲变形，必要时也设置多个浇
口，如图 4-75 所示。在可能产生熔接痕的情况下，应采取工艺和模具设计的措施，增加料
流熔接强度。如图 4-76 所示，可在熔接处的外侧开一冷料槽，以便料流前锋的冷料溢进槽
内。另外，它还可避免产生熔接痕。

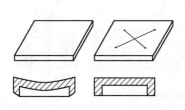
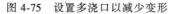

图 4-75　设置多浇口以减少变形

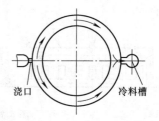

图 4-76　开设冷料槽以增加熔接强度

图 4-77 所示为箱形壳体塑件，浇口位置的不同，不仅影响流程长短，而且影响了熔接痕的方位和熔接强度。这时可增加过渡浇口 A 或多点浇口。图 4-78 所示为采用多点浇口增力熔接强度。

此外，浇口位置也应考虑熔接痕方位对塑件的影响。图 4-79 所示带有两个圆孔平板塑件，图 4-79a 所示的浇口位置，在注射成型后熔接痕与小孔连成一线，使塑件的强度大大削弱。图 4-79b 所示的浇口位置比较合理。

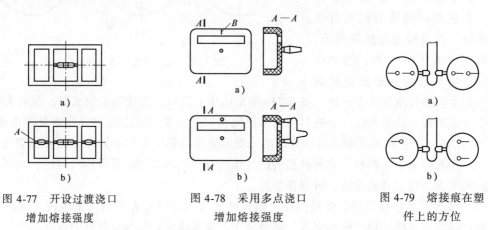

图 4-77　开设过渡浇口　　　图 4-78　采用多点浇口　　　图 4-79　熔接痕在塑
　　　增加熔接强度　　　　　　增加熔接强度　　　　　　件上的方位

（6）防止料流将型芯或嵌件挤压变形　对于筒形塑件来说，应避免偏心进料以防止型芯弯曲。图 4-80a 所示为单侧进料，料流单边冲击型芯，使型芯偏斜导致塑件壁厚不均；图 4-80b 所示为两侧对称进料，可防止型芯弯曲，但排气不良；图 4-80c 所示为中心进料，效果好。图4-81为壳体塑件的不同进料方式，当由顶部进料时，如图 4-81a 所示，如果浇口较小，因中部进料快、两侧进料慢，从而产生了侧向力 F_1 和 F_2，如型芯的长径比大于 5，则型芯会产生较大弹性变形，成型后熔体冷凝，塑件因难以脱模而破裂。图 4-81b 所示浇口较宽。图 4-81c 中采用正对型芯的两个冲击型浇口，进料都比较均匀，从而可以克服图 4-81a 所示浇口的缺点。

（7）注意高分子取向对塑件性能的影响　注射成型时，应尽量减少高分子沿着流动方向上的定向作用，必须恰当设置浇口位置，尽量避免由于定向作用造成的不利影响，而利用定向作用产生的有利影响。图 4-82a 所示为口部带有金属嵌件的聚苯乙烯塑件，由于成型收缩使金属嵌件周围的塑料层产生很大的切向拉应力，如果浇口开设在 A 处，则高分子定向和切向拉应力方向垂直，该塑件容易开裂，浇口开在 B 处较合理。图 4-82b 所示为聚丙烯盒子，其铰链称为塑料合页，把浇口设在 A 处的两个铰链处，注射成型时，熔体通过很薄的铰链（约 0.25mm）充满盖部，在铰链处产生高度的定向，可达到几千万次弯折而不断裂要求。

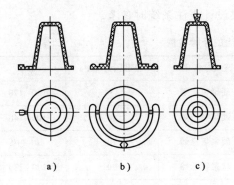

图 4-80　筒形塑件的不同进料方式

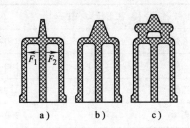

图 4-81　壳体塑件的不同进料方式

（8）保证流动比在允许范围内　在确定大型塑件的浇口位置时，还应考虑塑料熔体所允许的最大流动距离比（简称为流动比）。最大流动比是指熔体在型腔内流动的最大长度与相应的型腔厚度之比。当浇注系统和型腔横截面尺寸各处不相等时，流动比的计算公式为

$$K = \sum_{i=1}^{n} \frac{L_i}{t_i} \tag{4-21}$$

式中，K 是流动比；L_i 是流动路径各段长度（mm）；t_i 是流动路径各段的型腔厚度（mm）；n 是流动路径的总段数。也就是说，当型腔厚度增大时，熔体所能够达到的流动距离也会长一些。

如图 4-83 所示的塑件，当浇口形式和开设位置不同时，计算出的流动比也不相同。

图 4-83a 所示为直接浇口，由式（4-21）可得其流动比为

$$K_1 = \frac{L_1}{t_1} + \frac{L_2 + L_3}{t_2}$$

图 4-83b 所示为侧浇口，由式（4-21）可得其流动比为

$$K_1 = \frac{L_1}{t_1} + \frac{L_2}{t_2} + \frac{L_3}{t_3} + 2\frac{L_4}{t_4} + \frac{L_5}{t_5}$$

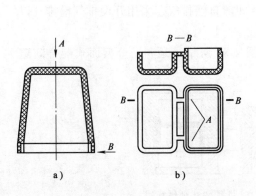

图 4-82　浇口的位置对定向作用的影响

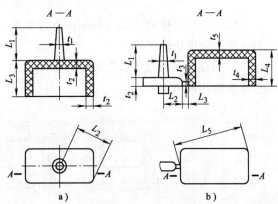

图 4-83　流动比计算实例

a）直接浇口　b）侧浇口

表 4-11 列出了常用塑料流动比的经验数据，供设计浇注系统时参考。

表 4-11　常用塑料流动比的经验数据

塑 料 名 称	注射压力/MPa	L/t	塑 料 名 称	注射压力/MPa	L/t
聚乙烯	150	250~280	硬聚氯乙烯	130	130~170
聚乙烯	60	100~140	硬聚氯乙烯	90	100~140
聚丙烯	120	280	硬聚氯乙烯	70	70~110
聚丙烯	70	200~240	软聚氯乙烯	90	200~280
聚苯乙烯	90	280~300	软聚氯乙烯	70	100~240
聚酰胺	90	200~360	聚碳酸酯	130	120~180
聚甲醛	100	110~210	聚碳酸酯	90	90~130

若计算得到的流动比大于此值，这时就需要改变浇口位置，或者增加塑件的壁厚，或者采用多浇口等方式来减小流动比。

浇注系统通过上述这些原则设计和计算的同时，还需结合经验和计算机模拟以获得最佳的设计效果。

4.6　排气和引气系统设计

在注射成型过程中，模具内除了型腔和浇注系统中原有的空气外，还有塑料受热或凝固产生的低分子挥发气体和塑料中的水分在注射温度下汽化形成的水蒸气。这些气体若不能顺利排出，则可能因充填时气体被压缩而产生高温，引起塑件局部炭化烧焦，同时，这些高温高压的气体也有可能挤入塑料熔体内而使塑件产生气泡、空洞或填充不足等缺陷。因此，在注射成型中及时地将这些气体排出到模具外是十分必要的，对于成型大型塑件、精密塑件以及聚氯乙烯、聚甲醛等易分解产生气体的树脂来说尤为重要。

4.6.1　排气的几种方式

通常，采用的排气方式有利用模具分型面或配合间隙自然排气、采用开设排气槽排气以及镶嵌烧结金属块排气等。

（1）利用模具分型面或配合间隙自然排气　如图 4-84 所示，是利用分型面式配合间隙自然排气的几种结构。

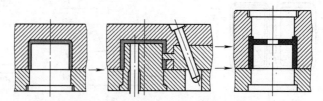

图 4-84　利用分型面或配合间隙自然排气的几种结构

（2）采用开设排气槽排气　图 4-85 所示为热塑性塑料注射模的排气槽及尺寸。

（3）镶嵌烧结金属块排气　当型腔最后充填部位不在分型面上，其附近又无可供排气的推杆或可活动的型芯时，可在型腔相应部位镶嵌经烧结的金属块（多孔性合金块）以供排气，如图 4-86 所示。但应注意的是金属块底下的通气孔直径 D 不宜过大，以免金属块受力后变形。

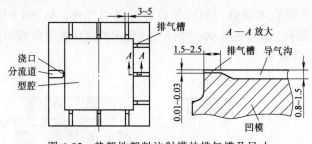

图 4-85　热塑性塑料注射模的排气槽及尺寸

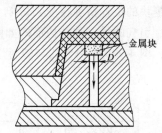

图 4-86　用烧结金属块排气

4.6.2　排气结构的设计原则

排气槽应开设在型腔最后充填的部位，如塑件、流道、冷料穴的浇注终端，如图 4-87 所示。排气槽最好开设在型腔一侧，即使所产生的飞边、凝料也较容易脱模或去除，另外，排气槽应尽量设在便于清模的位置，以防止积存冷料。

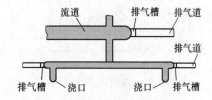

图 4-87　冷流道系统中典型的流道排气槽

排气槽的深度与塑料品种的流动性、注射压力、注射温度有关。常用塑料的排气槽深度见表4-12。排气槽的宽度根据具体情况而定。

表 4-12　常用塑料的排气槽深度

塑 料 名 称	排气槽深度/mm	塑 料 名 称	排气槽深度/mm
聚乙烯（PE）	0.02	苯乙烯-丙烯腈（SAN）	0.03
聚丙烯（PP）	0.01~0.02	聚甲醛（POM）	0.01~0.03
聚苯乙烯（PS）	0.02	聚酰胺（PA）	0.01
苯乙烯-丁二烯（SB）	0.03	聚酰胺（含玻璃纤维）（PA）	0.01~0.03
丙烯腈-丁二烯-苯乙烯（ABS）	0.03	聚碳酸酯（PC）	0.01~0.03
丙烯腈-苯乙烯（AS）	0.03	聚碳酸酯（含玻璃纤维）（PC）	0.05~0.07

浇口的位置不同，排气槽的开设位置也不同，如图 4-88 所示。

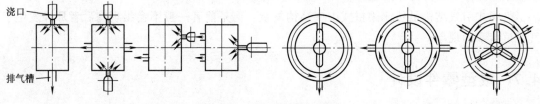

图 4-88　排气槽的开设位置

4.6.3　引气的几种方式

塑件黏附型腔的情况较严重，开模时也应设置引气装置（尤其整体结构的深型腔）。常见的引气方式如下。

1. 镶拼式侧隙引气

利用成型零件分型面或配合间隙排气时，其排气间隙也可为引气间隙。但在镶块或型芯与其他成型零件为过盈配合的情况下，空气是无法被引入型腔的，这时若将配合间隙放大，则镶块的位置精度将受到影响，所以只能在镶块侧面的局部位置开设引气孔，如图4-89所示。引气的另一种结构形式如图4-90所示。其中图4-90a中引气孔与塑料熔体的流向成一直线，图4-90b中引气孔与塑料熔体的流向成90°。

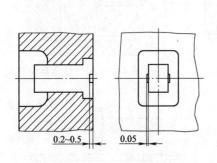

图 4-89 镶拼式引气结构（一）

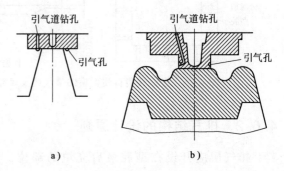

图 4-90 镶拼式引气结构（二）

镶拼式侧隙引气孔的封胶部分一般不大于塑料熔体的最小排气槽的深度，以免被溢料堵塞而起不到应有的作用。引气孔部分须延续到模外，延伸到模外的深度为 0.8mm 左右。

采用镶拼式引气方式虽然结构简单，但引气孔容易堵塞。

2. 气阀式引气

常用的气阀式引气装置的形式如图 4-91 所示。图 4-91a 所示为在中心推杆的端部设置一个密封的圆锥面。当推杆开始推动塑件时，密封的圆锥阀体被打开，空气从推杆底部进入。推杆靠复位杆的联动复位。在用脱模板推出塑件时，在塑件底部设置浮动的圆锥阀杆，如图 4-91b 所示。在脱模板推动

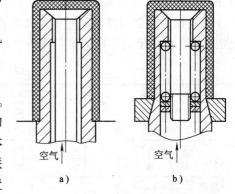

图 4-91 常用的气阀式引气装置的形式

塑件的瞬间，依靠塑件与型芯之间的真空开启浮动阀杆，气阀被打开，空气进入。浮动阀杆靠被压缩的弹簧的弹力作用复位。

气阀式引气结构虽然比镶拼式引气结构复杂，但是前者一般不会出现像后者那样发生引气通道堵塞的现象。

4.7 成型零件设计

塑料在成型加工过程中，用来充填塑料熔体以成型塑件的空间称为型腔或模腔。而构成这个型腔的零件称为成型零件，通常包括凹模、凸模、小型芯、螺纹型芯或型环等。由于这些成型零件直接与高温、高压的塑料熔体接触，并且脱模时反复与塑件摩擦，因此要求它们

有足够的强度、刚度、硬度、耐磨性和较低的表面粗糙度值。同时，还应该考虑零件的加工性及模具的制造成本。

4.7.1 凹模的结构设计

凹模又称为阴模，其是成型塑件外轮廓的零件。根据需要，它有以下几种结构形式。

1. 整体式凹模

它是由一整块金属材料（也称为定模板或凹模板）直接加工而成。它的特点是为非穿通式模体，强度好，不易变形。但由于它成型后热处理变形大，浪费贵重材料，故在生产实践中应用较少。

2. 整体嵌入式凹模

对于小件一模多腔式模具，一般是将每个凹模单独加工后压入定模板中，如图 4-92 所示。这种结构的凹模形状、尺寸一致性好，更换方便。凹模常常由侧面定位，其定位方式有所不同。对于图 4-92a 所示的带有台阶结构的凹模，通常由定模板固定；对于图 4-92b 所示的不带台阶结构的凹模，通常由螺钉直接固定；当凹模与定模板之间采用过盈配合时，可以不用螺钉连接，如图 4-92c 所示。

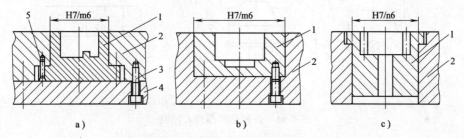

图 4-92　整体嵌入式凹模及其固定

1—凹模　2—定模板　3—螺钉　4—定模座板　5—止转销钉

值得注意的是，当图 4-92a 中的凹模横截面是圆形的，且凹模具有方向性时，则需要设置圆柱销用来止转。

3. 组合式凹模

这种结构形式广泛用于大型模具上。对于形状较复杂的凹模或尺寸较大时，可把凹模做成通孔型的，然后再装上底板，底板的面积大于凹模的底面，如图 4-93 所示。

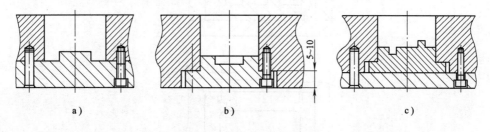

图 4-93　凹模底部镶拼结构

图 4-93a 所示的组合式凹模的强度和刚度较差。在高压熔体作用下组合底板变形时，熔体趁机渗入连接面，在塑件上造成飞边，造成脱模困难并损伤棱边。图 4-93b、c 所示的组合结构，制造成本虽高些，但由于配合面密闭可靠，能防止熔体渗入。

4. 镶嵌式凹模

（1）局部镶拼式凹模　对于形状复杂或易损坏的凹模，将难以加工或易损坏的部分做成镶件形式嵌入凹模主体上，如图 4-94 所示。

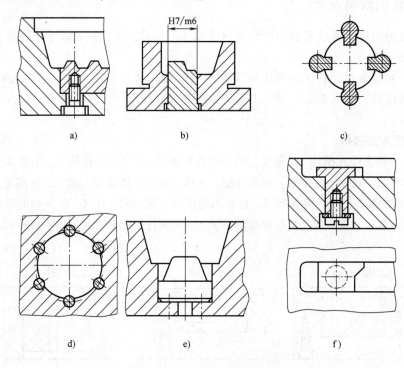

图 4-94　各种局部镶拼式凹模

（2）侧壁镶拼嵌入式凹模　对于大型和复杂的模具，可采用图 4-95 所示的侧壁镶拼嵌入式结构，将四侧壁与底部分别加工、热处理、研磨、抛光后压入模套，四壁相互锁扣连接，为使内侧接缝紧密，其连接处外侧应留有 0.3~0.4mm 间隙，四角嵌入件的圆角半径 R 应大于模套圆角半径 r。

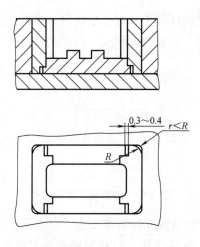

图 4-95　侧壁镶拼嵌入式凹模

在凹模的结构设计中，采用镶拼结构有以下好处。

1）简化凹模加工，将复杂的凹模内形的加工变成镶件的外形加工，降低了凹模整体的加工难度。

2）镶件选用高碳钢或高碳合金钢淬火。淬火后变形较小，可用专用磨床研磨复杂的形状和曲面。凹模中使用镶件的局部型腔有较高精度、经久的耐磨性并可置换。

3）可节约优质塑料模具钢，尤其对于大型模具更是如此。

4）有利于排气系统和冷却系统通道的设计和加工。

然而，在结构设计中应注意以下几点。

1）凹模的强度和刚度因此有所削弱，所以模框板应有足够的强度和刚度。

2）镶件之间及其与模框之间尽量采用凹凸槽相互扣锁，以减小整体凹模在高压下的变形和镶件的位移。镶件必须准确定位，并有可靠紧固。

3）镶拼接缝必须配合紧密。转角和曲面处不能设置拼缝。拼缝线方向应与脱模方向一致。

4）镶件的结构应有利于加工、装配和调换。镶件的形状和尺寸精度应有利于凹模总体精度，并确保动模和定模的对中性，还应有避免误差累积的措施。

4.7.2 凸模的结构设计

凸模（即型芯）是成型塑件内表面的成型零件，通常可分为整体式和组合式两种类型。

1. 整体式凸模

整体式凸模是将成型的凸模与动模板做成一体，不仅结构牢固，还可省去动模垫板。但是由于它不便于加工，故只适用于形状简单且凸模高度较小的单型腔模具，在生产实践中应用较少。

2. 组合式凸模

组合式凸模的大小不同，其装配方式也不同。

（1）整体装配式凸模 它是将凸模单独加工后与动模板进行装配而成，如图4-96所示。

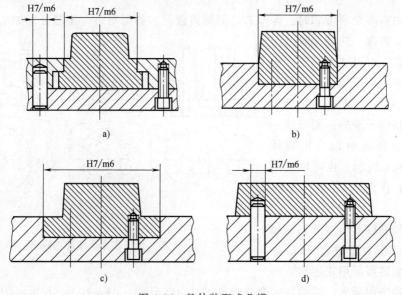

图 4-96 整体装配式凸模

图 4-96a 中采用台阶连接，是较为常用的连接形式，采用型芯的侧面和动模垫板与型芯固定板之间的销共同定位，采用螺钉连接型芯固定板，型芯固定板压住型芯的台阶的方式进行连接。值得注意的是，当台阶为圆形而成型部分是非回转体时，为了防止型芯在型芯固定板中转动，需要在台阶处用销止转。图 4-96b，c 中采用局部嵌入式，使用型芯的侧面定位，用螺钉连接，其连接强度不及台阶固定式，适用于较大型的模具。图 4-96d 中采用销定位，螺钉连接，节省贵重材料，加工方便，但是这种型芯的固定方法不适合销孔所在零件需要淬火处理和凸模受较大侧向力的场合。

（2）圆柱形小型芯的装配　圆柱形小型芯的配合尺寸与公差如图 4-97 所示。

小型芯从模板背面压入的方法，称为反嵌法。它采用台阶与垫板的固定方法，定位配合部分的长度是 3～5mm，用小间隙或过渡配合。在非配合长度上扩孔，以利于装配和排气，台阶的高度至少要大于 3mm，台阶侧面与沉孔内侧面的间隙为 0.5～1mm。为了保证所有的型芯装配后在轴向无间隙，型芯台阶的高度在嵌入后都必须高出模板装配平面，经磨削成同一平面后再与垫板连接。

当模板较厚而型芯较细时，为了便于制造和固定，常将型芯下段加粗或将型芯的长度减小，并用圆柱衬垫或用螺钉压紧，如图 4-98 所示。

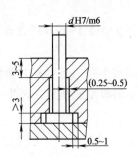

图 4-97　圆柱形小型芯的配合尺寸与公差

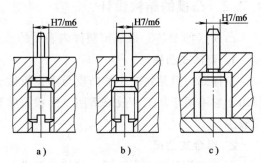

图 4-98　较细型芯在较厚模板上的固定方式

当模具内有多个小型芯时，各型芯之间距离较近，如果对每个型芯分别加工出单独的沉孔，孔间壁厚较薄，热处理时易出现裂纹。所以，可以在型芯固定板上加工出一个大的公用沉孔，如图 4-99a 所示，各型芯的凸肩如果重叠干涉，可将相干涉的一面削掉一部分。另外，压板可以采用整体式，如图 4-99b 所示。也可以用局部压板，将小型芯固定，如图 4-99c 所示。

上述几种圆柱形小型芯都是属于反嵌型芯。当对于成型 3mm 以下孔的圆柱型芯可采用正嵌法，将

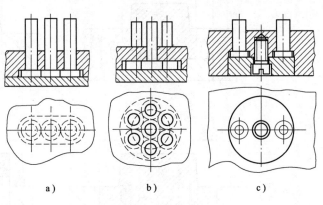

图 4-99　多个小型芯的固定

小型芯从型腔表面压入，结构与配合要求如图 4-100 所示。图 4-100a，b 所示的通孔是更换

型芯时推出型芯用的。这种结构当配合不紧密时有可能被抽拔出来。如图 4-100c 所示，在小型芯的下部铆紧，则可克服此缺点。

（3）异形型芯结构　非圆的异形型芯在固定时大都采用反嵌法，如图 4-101a 所示。在模板上加工出相配合的异形孔，但支承和台阶部分均为圆柱体，以便于加工和装配。但是，对径向尺寸较小的异形型芯也可采用正嵌法结构，如图 4-101b 所示。异形型芯的下部加工出台阶孔，并用内六角圆柱头螺钉和弹簧垫圈固定。

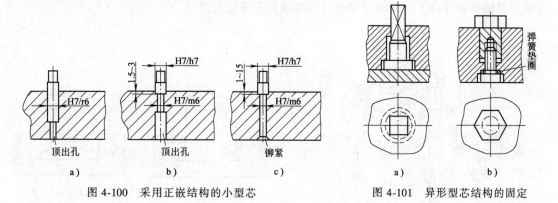

图 4-100　采用正嵌结构的小型芯　　　　图 4-101　异形型芯结构的固定

（4）镶拼型芯结构　对于形状复杂的型芯，为了便于机加工，也可采用镶拼结构，如图 4-102 所示。与整体式型芯相比，镶拼型芯使机加工和热处理工艺大为简化，但应注意镶拼结构的合理性。

当有多个相同的细长镶件组合在一起时，可以用固定键或台阶将其固定，如图 4-103 和图 4-104 所示。

但是当镶件数目较多时，由于累积误差的存在，将导致无法组合或产生较大的间隙，这时可以在镶件的边缘增加一个楔紧块，如图 4-105 所示。将楔紧块紧固后，再依次拧紧各个

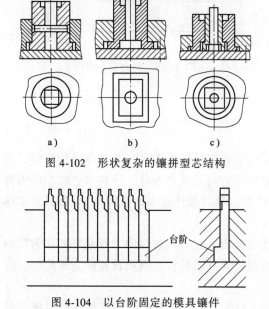

图 4-102　形状复杂的镶拼型芯结构

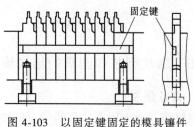

图 4-103　以固定键固定的模具镶件

图 4-104　以台阶固定的模具镶件

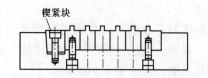

图 4-105　利用楔紧块锁紧的模具镶件

镶件的固定螺钉。

图 4-106 所示为录音磁带外壳注射模小型芯的装配爆炸图。

值得注意的是，对于一些收缩率难以精确把握的塑料，其模具中相应的镶件及其安装孔也要进行一些改动。在图 4-107a 中，当 $D_p = D$ 时，如果所选的收缩率比预计的大，不仅要更换直径更大的型芯镶件，而且型芯镶件安装孔的直径 D_p 也要加大。如果设计人员事先将型芯镶件安装孔的直径设计得大一点，即 $D_p > D$（图 4-107b），再遇到同样的问题时，只要更换型芯镶件就可以了，而不需要进行型芯镶件安装孔的加工。

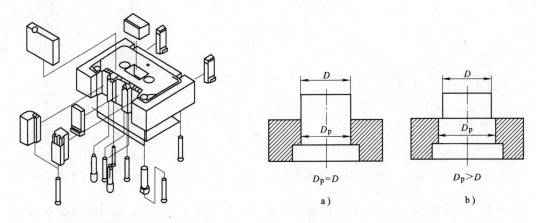

图 4-106　录音磁带外壳注射模小型芯的装配爆炸图　　　图 4-107　加大型芯镶件安装孔的直径

如果型芯间距要求很精确，可将图 4-108 所示的结构改为图 4-109 所示的台阶式偏心结构，万一原先的距离存在较大误差，也可以通过偏心型芯镶件进行调整。另外，要注意如果偏心型芯镶件的基座是圆形的，必须设置防转装置。

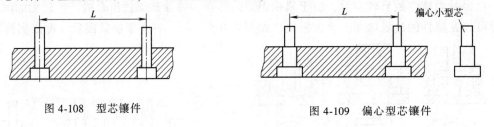

图 4-108　型芯镶件　　　　　　　　　图 4-109　偏心型芯镶件

4.7.3　螺纹型芯和型环的结构设计

1. 螺纹型芯

螺纹型芯分为用于成型塑件上的螺纹孔和安装金属螺母嵌件两类，其基本结构相似，差别在于工作部分。前者除了必须考虑塑件螺纹的设计特点及其收缩外，还要求有较小的表面粗糙度（Ra 值为 $0.08 \sim 0.16 \mu m$）；而后者仅需按普通螺纹设计且表面粗糙度 Ra 值只要求达到 $0.63 \sim 1.25 \mu m$。

螺纹型芯在模具内采用间隙配合的安装方式主要用于立式注射机的下模或卧式注射机的定模，对于上模或合模时冲击振动较大的卧式注射机模具的动模，则应设置防止螺纹型芯自动脱落的结构，如图 4-110 所示。

图 4-110 所示为螺纹型芯弹性连接形式。图 4-110a、b 所示为在型芯柄部开豁口槽，借

助豁口槽弹力将型芯固定，其适用于直径小于 8mm 的螺纹型芯。图 4-110c、d 所示为弹簧钢丝卡入型芯柄部的槽内以张紧型芯，其适用于直径 8~16mm 的螺纹型芯。对于直径大于 16mm 的螺纹型芯，可采用弹簧钢球（图 4-110e）或弹簧卡圈（图 4-110f）固定，也可采用弹簧夹头夹紧（图 4-110g）。

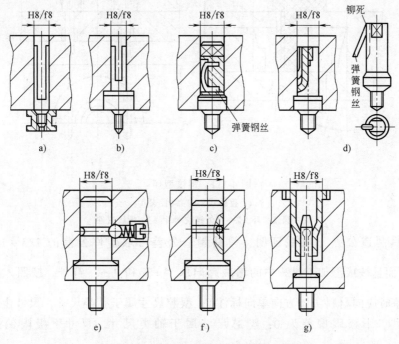

图 4-110　防止螺纹型芯自动脱落的结构

2. 螺纹型环

螺纹型环用于成型塑件外螺纹或固定带有外螺纹的金属嵌件。它实际上即为一个活动的螺母镶件，在模具闭合前装入凹模套内，成型后随塑件一起脱模，在模外卸下。因此，与普通凹模一样，其结构也有整体式和组合式两类。

整体式螺纹型环如图 4-111a 所示，其与模孔呈间隙配合（H8/f8），配合段不宜过长，常为 3~5mm，其余加工成锥状，再在其尾部铣出平面，便于模外利用扳手从塑件上取下。

图 4-111b 所示为组合式螺纹型环，采用两瓣拼合，由销定位。在两瓣结合面的外侧开有楔形槽，以便于脱模后用尖劈状卸模工具取出塑件。

4.7.4　成型零件工作尺寸计算

成型零件的工作尺寸是指凹模和凸模直接构成型腔的尺寸。它通常包括凹模和凸模的径向尺寸（包括矩形和异形零件的长和宽）、凹模和凸模的高度尺寸以及位置（中心距）尺寸等。

1. 影响工作尺寸的因素

塑件公差由模具制造公差、模具磨损量和塑件成型收缩率构成。

塑件公差规定按单向极限制，塑件外轮廓尺寸公差取负值"$-\Delta$"，塑件内腔尺寸公差取正值"$+\Delta$"，若塑件上原有公差的标注方法与此规定不符，则应按以上规定进行转换。而塑件孔中心距尺寸公差按对称分布原则计算，即取"$\pm\dfrac{\Delta}{2}$"。

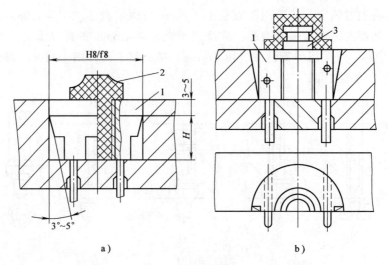

图 4-111 螺纹型环

a) 整体式 b) 组合式

1—螺纹型环 2—带外螺纹塑件 3—螺纹嵌件

（1）模具制造公差 实践证明，模具制造公差可取塑件公差的 1/3 ~ 1/6，即 $\delta_z = \left(\dfrac{1}{3} \sim \dfrac{1}{6}\right)\Delta$，而且按成型加工过程中的增减趋向取 "+" 和 "-" 符号。按照入体原则（即标注尺寸公差时应向材料实体方向单向标注），型腔尺寸属于孔类尺寸，尺寸上极限偏差取正，即 "$+\delta_z$"，下极限偏差为 0；型芯尺寸属于轴类尺寸，尺寸下极限偏差取负，即 "$-\delta_z$"，上极限偏差为 0；中心距取 "$\pm\dfrac{\delta_z}{2}$"。

（2）模具磨损量 实践证明，对于一般的中小型塑件，最大磨损量可取塑件公差的 1/6，即 $\delta_c = \dfrac{1}{6}\Delta$，对于大型塑件则取 $\dfrac{1}{6}\Delta$ 以下。另外，对于型腔底面（或型芯端面），因与脱模方向垂直，故磨损量 $\delta_c = 0$。

（3）塑件收缩率 塑件成型后的收缩率与多种因素有关，通常按平均收缩率计算，即

$$S_{cp} = \frac{S_{max} + S_{min}}{2} \tag{4-22}$$

另外，由于受注射压力及模具分型面平面度的影响，会导致动模、定模注射时存在着一定的间隙。一般当模具分型面的平面度较高、表面粗糙度值较低时，塑件产生的飞边也小。飞边厚度一般应小于 0.02 ~ 0.1mm。

一般情况下，影响成型零件及塑料公差的主要因素是模具制造公差 δ_z、模具磨损量 δ_c 以及塑件的收缩率 S 这三项。

2. 工作尺寸的计算

成型零件工作尺寸计算方法一般有两种：一种是平均尺寸法，即按平均收缩率、平均制造公差和平均磨损量进行计算；另一种是极限尺寸法，即按极限收缩率、极限制造公差和极限磨损量进行计算。前一种计算方法简便，但不适用于精密塑件的模具设计；后一种计算方法能保证所成型的塑件在规定的公差范围内，但计算比较复杂，见表4-13。

表 4-13　成型零件工作尺寸的计算方法

尺寸	简　图	计 算 公 式	说　明
凹模径向尺寸		(1)平均尺寸法 $L_M = [(1+S_{cp})l_s - x\Delta]_0^{+\delta_z}$ (2)极限尺寸法,按修模时凹模尺寸增大容易 $L_M = [(1+S_{max})l_s - \Delta]_0^{+\delta_z}$ 校核: $L_M + \delta_z + \delta_c - S_{min}l_s \leqslant l_s$	x—随塑件精度和尺寸变化,一般在 0.5~0.8 之间 L_M—凹模径向尺寸(mm) l_s—塑件径向尺寸(mm) S_{cp}—塑料的平均收缩率(%) Δ—塑件公差值(mm) δ_z—凹模制造公差(mm) δ_c—凹模磨损量(mm) S_{max}—塑料的最大收缩率(%) S_{min}—塑料的最小收缩率(%)
型芯径向尺寸		(1)平均尺寸法 $l_M = [(1+S_{cp})l_s + x\Delta]_{-\delta_z}^0$ (2)极限尺寸法,按修模时型芯尺寸减小容易 $l_M = [(1+S_{min})l_s + \Delta]_{-\delta_z}^0$ 校核: $l_M - \delta_z - \delta_c - S_{max}l_s \geqslant l_s$	x—随塑件精度和尺寸变化,一般在 0.5~0.8 之间 l_M—型芯径向尺寸(mm) l_s—塑件径向尺寸(mm) δ_z—型芯制造公差(mm) δ_c—型芯磨损量(mm) 其余符号同上
凹模深度尺寸		(1)平均尺寸法 $H_M = [(1+S_{cp})H_s - x\Delta]_0^{+\delta_z}$ (2)极限尺寸法,按修模时深度尺寸增大容易 $H_M = [(1+S_{min})H_s - \delta_z]_0^{+\delta_z}$ 校核: $H_M - S_{max}H_s + \Delta \geqslant H_s$	x—随塑件精度和尺寸变化,一般在 0.5~0.7 之间 H_M—凹模深度尺寸(mm) H_s—塑件高度尺寸(mm) δ_z—凹模深度制造公差(mm) 其余符号同上
中心距尺寸		$L_M = [(1+S_{cp})L_s] \pm \dfrac{\delta_z}{2}$	L_M—模具中心距尺寸(mm) L_s—塑件中心距尺寸(mm) δ_z—模具中心距尺寸制造公差(mm) 其余符号同上
型芯高度尺寸		(1)平均尺寸法 $h_M = [(1+S_{cp})H_s + x\Delta]_{-\delta_z}^0$ (2)极限尺寸法 1)修模时型芯高度尺寸减小容易 $h_M = [(1+S_{max})H_s + \delta_z]_{-\delta_z}^0$ 校核: $h_M - S_{min}H_s - \Delta \leqslant H_s$ 2)修模时型芯高度尺寸减小容易 $h_M = [(1+S_{min})H_s + \Delta]_{-\delta_z}^0$ 校核: $h_M - \delta_z - S_{max}H_s \geqslant H_s$	x—随塑件精度和尺寸变化,一般在 0.5~0.7 之间 h_M—型芯高度尺寸(mm) H_s—塑件孔深度尺寸(mm) δ_z—型芯高度制造公差(mm) 其余符号同上

（续）

尺寸	简　图	计　算　公　式	说　明
螺纹型芯尺寸		大径 $d_{M大}=\left[(1+S_{cp})d_{s大}+\Delta_{中}\right]_{-\delta_{中}}^{0}$ 中径 $d_{M中}=\left[(1+S_{cp})d_{s中}+\Delta_{中}\right]_{-\delta_{中}}^{0}$ 小径 $d_{M小}=\left[(1+S_{cp})d_{s小}+\Delta_{中}\right]_{\delta_{中}}^{0}$	$d_{M大}$、$d_{M中}$、$d_{M小}$——螺纹型芯的大径、中径及小径尺寸(mm) $d_{s大}$、$d_{s中}$、$d_{s小}$——塑件螺孔的大径、中径及小径尺寸(mm) S_{cp}——塑料的平均收缩率(%) $\Delta_{中}$——塑件螺纹中径公差(mm) $\delta_{中}$——螺纹型芯中径制造公差(mm),一般取$\Delta_{中}/5$
螺纹型环尺寸		大径 $D_{M大}=\left[(1+S_{cp})D_{s大}-\Delta_{中}\right]_{0}^{+\delta_{中}}$ 中径 $D_{M中}=\left[(1+S_{cp})D_{s中}-\Delta_{中}\right]_{0}^{+\delta_{中}}$ 小径 $D_{M小}=\left[(1+S_{cp})D_{s小}-\Delta_{中}\right]_{0}^{+\delta_{中}}$	$D_{M大}$、$D_{M中}$、$D_{M小}$——螺纹型环的大径、中径、小径尺寸(mm) $D_{s大}$、$D_{s中}$、$D_{s小}$——塑件螺纹的大径、中径、小径尺寸(mm) $\delta_{中}$——螺纹型环中径制造公差(mm),一般取$\Delta_{中}/4$
螺距尺寸		$T_{M}=(1+S_{cp})T_{s}\pm\delta'_{z}$	T_{M}——螺纹型芯、型环的螺距尺寸(mm) T_{s}——塑件螺距尺寸(mm) δ'_{z}——螺纹型芯、型环的螺距制造公差(mm)

　　采用上述方法计算得到了成型零件工作尺寸，但还需注意要为成型零件（型芯和凹模）设计合理的脱模斜度，以便于塑件能顺利脱模。一般来说，脱模斜度都是按照减小塑件实体的方向来取，即模具凹模所标注的尺寸为大端尺寸（凹模的小端尺寸由大端尺寸结合设置的脱模斜度及凹模深度来获得），型芯所标注的尺寸为小端尺寸（型芯的大端尺寸由小端尺寸结合设置的脱模斜度及型芯高度来获得）。

　　普通螺纹螺距不计算收缩率时螺纹配合的极限长度、型芯和型环的直径制造公差以及螺距制造公差，分别见表4-14~表4-16。

表4-14　普通螺纹螺距不计算收缩率时螺纹配合的极限长度

螺纹直径	螺距 /mm	中径公差 /mm	收　缩　率　S（%）							
			0.2	0.5	0.8	1.0	1.2	1.5	1.8	2.0
			可以使用的螺纹极限配合长度/mm							
M3	0.5	0.12	26	10.4	6.5	5.2	4.3	3.5	2.9	2.6
M4	0.7	0.14	32.5	13	8.1	6.5	5.4	4.3	3.6	3.3
M5	0.8	0.15	34.5	13.8	8.6	6.9	5.8	4.6	3.8	3.5
M6	1.0	0.17	38	15	9.4	7.5	6.3	5	4.2	3.8
M8	1.25	0.19	43.5	17.4	10.9	8.7	7.3	5.8	4.8	4.4
M10	1.5	0.21	46	18.4	11.5	9.2	7.7	6.1	5.1	4.6
M12	1.75	0.22	49	19.6	12.3	9.8	8.2	6.5	5.4	4.9
M14	2.0	0.24	52	20.8	13	10.4	8.7	6.9	5.8	5.2
M16	2.0	0.24	52	20.8	13	10.4	8.7	6.9	5.8	5.2
M20	2.5	0.27	57.5	23	14.4	11.5	9.6	7.1	6.4	5.8
M24	3.0	0.29	64	25.4	15.9	12.7	10.6	8.5	7.1	6.4
M30	3.5	0.31	66.5	26.6	16.6	13.3	11	8.9	7.4	6.7

表 4-15　普通螺纹型芯和型环的直径制造公差

螺纹类型	螺纹直径 d 或 D/mm	制造公差 δ_z/mm			螺纹类型	螺纹直径 d 或 D/mm	制造公差 δ_z/mm		
		大径	中径	小径			大径	中径	小径
粗牙	3~12	0.03	0.02	0.03	粗牙	36~45	0.05	0.04	0.05
	14~33	0.04	0.03	0.04		48~68	0.06	0.05	0.06
细牙	4~22	0.03	0.02	0.03	细牙	6~27	0.03	0.02	0.03
	24~52	0.04	0.03	0.04		30~52	0.04	0.03	0.04
	56~68	0.05	0.04	0.05		56~72	0.05	0.04	0.05

表 4-16　螺距制造公差 δ_z'

螺纹直径 d 或 D/mm	配合长度/mm	制造公差 δ_z'/mm
3~10	~12	0.01~0.03
12~22	>12~20	0.02~0.04
24~68	>20	0.03~0.05

　　具体成型零件尺寸计算实例请见 4.14 节内容。

4.7.5　凹模、凸模以及动模垫板的力学计算

　　在注射成型中，模具型腔内压力很高，在成型时，凹模、凸模以及动模垫板是主要的受力构件，经常要对它们进行强度和刚度的计算和校核，见表 4-17。必要时还要对型芯的变形和偏移进行校核。

表 4-17　模具凹模、凸模以及动模垫板的力学计算公式

类型		简　图	部位	按强度计算	按刚度计算
圆形凹模	整体式		侧壁	$S=r\left[\left(\dfrac{\sigma_p}{\sigma_p-2p}\right)^{\frac{1}{2}}-1\right]$	$S=\left(\dfrac{3ph^4}{2E\delta_p}\right)^{\frac{1}{3}}$ 计算 δ_p 时：$W=h$
			底部	$T=\left(0.75\dfrac{pr^2}{\sigma_p}\right)^{\frac{1}{2}}$	$T=\left(0.175\dfrac{pr^4}{E\delta_p}\right)^{\frac{1}{3}}$ 计算 δ_p 时：$W=r$
	组合式		侧壁	$S=r\left[\left(\dfrac{\sigma_p}{\sigma_p-2p}\right)^{\frac{1}{2}}-1\right]$	$S=r\left[\left(\dfrac{\dfrac{E\delta_p}{rp}+1-\mu}{\dfrac{E\delta_p}{rp}-1-\mu}\right)^{\frac{1}{2}}-1\right]$ 计算 δ_p 时：$W=r$
			底部	$T=1.1r\left(\dfrac{p}{\sigma_p}\right)^{\frac{1}{2}}$	$T=0.91r\left(\dfrac{pr}{E\delta_p}\right)^{\frac{1}{3}}$ 计算 δ_p 时：$W=r$

（续）

类型		简图	部位	按强度计算	按刚度计算
矩形凹模	组合式		侧壁	①以长边为计算对象 $\dfrac{phb}{2HS_1}+\dfrac{phl^2}{2HS_1^2}\leqslant\sigma_p$ ②以短边为计算对象 $\dfrac{phb^2}{2HS_b^2}+\dfrac{phl}{2HS_b}\leqslant\sigma_p$	$S=0.31l\left(\dfrac{phl}{E\delta_p H}\right)^{\frac{1}{3}}$ 计算 δ_p 时：$W=l$
			底部	$T=0.87l\left(\dfrac{pb}{B\sigma_p}\right)^{\frac{1}{2}}$	$T=0.54L_0\left(\dfrac{pbL_0}{E\delta_p B}\right)^{\frac{1}{3}}$ 计算 δ_p 时：$W=L_0$
	整体式		侧壁	当 $\dfrac{h}{l}\geqslant0.41$: $S=\left(\dfrac{pl^2}{2\sigma_p}\right)^{\frac{1}{2}}$ 当 $\dfrac{h}{l}<0.41$: $S=\left(\dfrac{3ph^2}{\sigma_p}\right)^{\frac{1}{2}}$	$S=h\left(\dfrac{Cph}{\phi_1 E\delta_p}\right)^{\frac{1}{3}}$ 计算 δ_p 时：$W=l$ 其中：$C=\dfrac{3(l^4/h^4)}{2(l^4/h^4)+96}$ $\dfrac{b}{l}=1$ 时，$\phi_1=0.6$；$\dfrac{b}{l}=0.6$ 时，$\phi_1=0.7$；$\dfrac{b}{l}=0.4$ 时，$\phi_1=0.8$
			底部	$T=0.71b\left(\dfrac{p}{\sigma_p}\right)^{\frac{1}{2}}$	$T=b\left(\dfrac{C'pb}{E\delta_p}\right)^{\frac{1}{3}}$ 计算 δ_p 时：$W=l$ 其中：$C'=\dfrac{l^4/b^4}{32[(l^4/b^4)+1]}$
凸模	悬臂梁			$r=2L\sqrt{\dfrac{p}{\pi\delta_p}}$	$r=\sqrt[3]{\dfrac{pL^4}{\pi E\delta_p}}$
	简支梁			$r=L\sqrt{\dfrac{p}{\pi\delta_p}}$	$r=\sqrt[3]{\dfrac{0.0432pL^4}{\pi E\delta_p}}$
动模垫板	型芯为圆形或矩形				$T=0.54L_0\left(\dfrac{pA}{EL_1\delta_p}\right)^{\frac{1}{3}}$ L_0 是两垫板间距离 A 是型芯在分型面上的投影面积，对于矩形型芯，$A=l_1 l_2$；对于圆形型芯，$A=\pi R^2$ 计算 δ_p 时：$W=L_0$

（续）

类型	简　图	部位	按强度计算	按刚度计算
动模垫板	增加支承块或支承柱			$T_n = 0.54 L_0 \left(\dfrac{1}{n+1}\right)^{\frac{4}{3}} \left(\dfrac{pA}{EL_1 \delta_p}\right)^{\frac{1}{3}}$ $= \left(\dfrac{1}{n+1}\right)^{\frac{4}{3}} T$ n 是支承块或支承柱沿模架长度方向的列数 计算 δ_p 时，$W = L_0$

注：表中 R：凹模外圆半径（mm）；E：模具材料的弹性模量（MPa），碳钢是 2.1×10^5 MPa；r：凹模内圆半径（mm）；S：凹模壁厚（mm）；h：凹模深度（mm）；H：凹模高度（mm）；T：垫板厚度（mm）；l：矩形凹模型腔长边长度（mm）；b：矩形凹模型腔短边长度（mm）；L：凹模的长边长度（mm）；B：凹模的短边长度（mm）；S_1：矩形凹模以长边为计算对象的壁厚（mm）；S_b：矩形凹模以短边为计算对象的壁厚（mm）；L_1：模具长度；l_1：凸模底部长度；l_2：凸模底部宽度；p：型腔压力（MPa），由估算公式确定，一般是 $30 \sim 50$ MPa；σ_p：模具强度计算的许用应力（MPa），一般中碳钢 $\sigma_p = 160$ MPa（由屈服强度 $R_{el} = 300$ MPa，安全系数 $n = 1.875$ 算出），预硬化模具钢 $\sigma_p = 300$ MPa；μ：模具钢材的泊松比，$\mu = 0.25$；δ_p：模具刚度计算许用变形量（mm），主要根据表 4-18 计算；W 是影响模具变形的最大尺寸，若圆筒形是 r 或 h，若矩形是 l 或 L。

表 4-18　注射模刚度计算的许用变形量 δ_p　　　　（单位：mm）

	塑件精度	2～3级	4～8级
	模具制造精度	IT7～IT8	IT9～IT10
组合式	低黏度塑料，如 PE、PP、PA	$15 i_1$	$25 i_1$
	中黏度塑料，如 PS、ABS、PMMA	$15 i_2$	$25 i_2$
	高黏度塑料，如 PC、PSF、PPO	$15 i_3$	$25 i_3$
整体式		$15 i_2$	$25 i_2$

注：表中 i 单位是 μm，其值为 $i_1 = 0.35 W^{\frac{1}{5}} + 0.001 W$，$i_2 = 0.45 W^{\frac{1}{5}} + 0.001 W$，$i_3 = 0.55 W^{\frac{1}{5}} + 0.001 W$。

支承柱的设计要点如下。

1）支承柱的直径一般在 $20 \sim 60$ mm。

2）支承柱与推杆固定板及推杆孔的单边间隙为 $1.5 \sim 2$ mm。

3）支承柱的高度一般比垫块高 $0.05 \sim 0.2$ mm，且模具宽度越大，高出的量也越大。

4）支承柱与垫块间的距离不小于 25 mm，支承柱间的距离不小于 35 mm，也不宜大于 80 mm。

应用以上计算公式，可得到模具结构尺寸 S 或 T，应取刚度和强度计算值中的大值为计算结果。或者将以上各式变换成 $\delta \leq \delta_p$ 或 $\sigma \leq \sigma_p$ 的校核式，分别对 S 或 T 值进行校核。

上述计算较为烦琐，简单的模具也可按下列经验公式简单地进行估算相关尺寸。

（1）单型腔侧壁厚度 S　经验公式为 $S = 0.2L + 17$（型腔压力 $p < 49$ MPa），如图 4-112 所示。多腔模具的型腔与型腔之间的壁厚 $S' \geq S/2$，如图 4-113 所示。

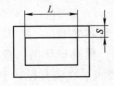

图 4-112　单腔模具

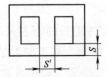

图 4-113　多腔模具

（2）垫板厚度的经验数据　从表 4-19 中可见，垫板厚度则根据凹模尺寸确定。

表 4-19　垫板厚度 T 的经验公式　　　　　　（单位：mm）

b	b ≈ L	b ≈ 1.5L	b ≈ 2L	
<102	(0.12~0.13)b	(0.10~0.11)b	0.08b	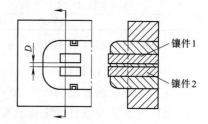
>102~300	(0.13~0.15)b	(0.11~0.12)b	(0.08~0.09)b	
>300~500	(0.15~0.17)b	(0.12~0.13)b	(0.09~0.10)b	

注：当压力 $p<29$MPa、$L \geqslant 1.5b$ 时，取表中数值乘以 1.25~1.35；当 $p<49$MPa、$L \geqslant 1.5b$ 时，取表中数值乘以1.5~1.6。

成型零件计算可以参考 4.14 节内容中给出的计算实例，也可以采用 4.12.4 节给出的经验法。

4.7.6　成型零件的工艺性

模具设计时，应力求成型零件具有较好的装配、加工及维修性能。为了提高成型零件的工艺性，主要应从以下几点考虑。

（1）避免产生尖角、薄钢现象（图 4-114 和图 4-115）　当镶件与镶件的距离较小时，为避免产生薄钢，应选择性地设计镶件。如图 4-115 所示，在 D 较小时，应选择其中之一制作镶件。

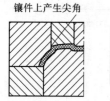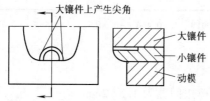

图 4-114　产生尖角现象

图 4-115　产生薄钢现象

（2）保证成型零件的强度和刚度

1）所有成型零件要尽量避免尖角的出现，因为尖角容易引起应力集中，从而降低零件的使用寿命，特别是凹模的内腔更是这样。

2）增加锁紧块，减少弹性变形。

3）尽量减小动模垫板在垫块上的跨距，当跨距较大时，可在动模垫板与动模座板之间增加支承柱。

4）对于较为细长的型芯采用端部定位，提高强度，减少型芯变形。

（3）易于加工　易于加工是对成型零件设计的基本要求。模具设计时，应充分考虑每一个零件的加工性能，通过合理的镶拼组合来满足加工工艺要求。在模具设计中应考虑的模具加工因素见表 4-20。

表 4-20　在模具设计中应考虑的模具加工因素

设 计 要 点	简　图	应　用
设计时考虑小孔与镶件的对接配合面	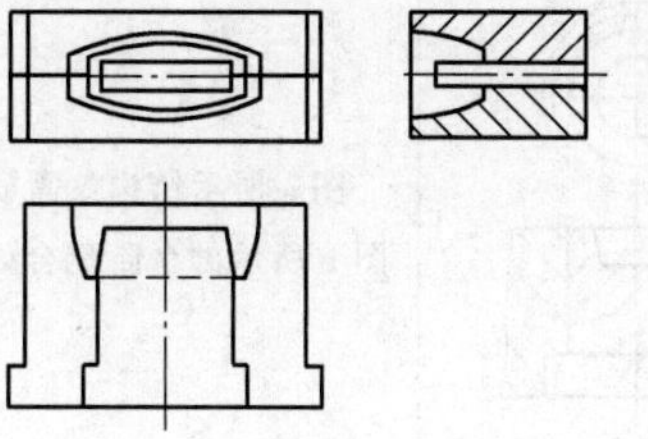 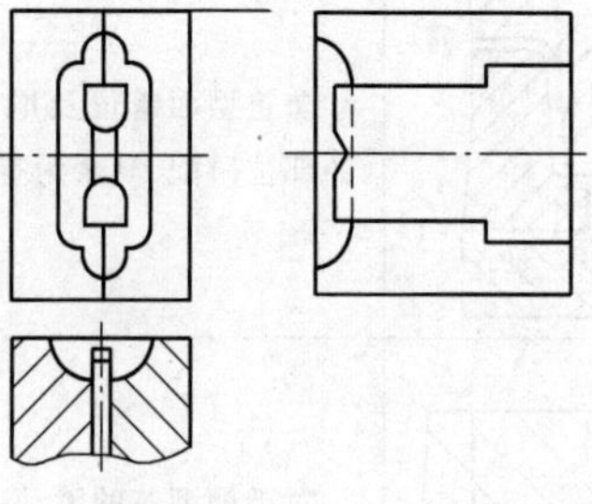	在复杂凹模的中心部位有凸起形状,采用直接切削难以加工,可将凸起部分设计成镶件,由于镶入孔较小,为了便于镶件对接配合面的研合,可将凹模设计成镶拼式
设计时必须考虑窄而深的肋槽加工方法	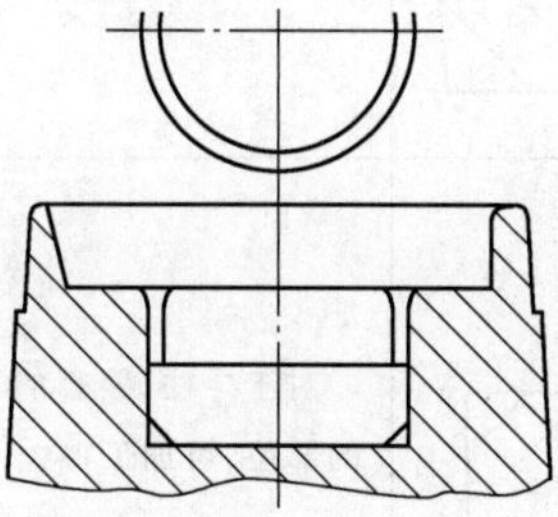	对于环形深肋槽可采用左图所示结构,以便加工
设计时必须考虑加工基准面	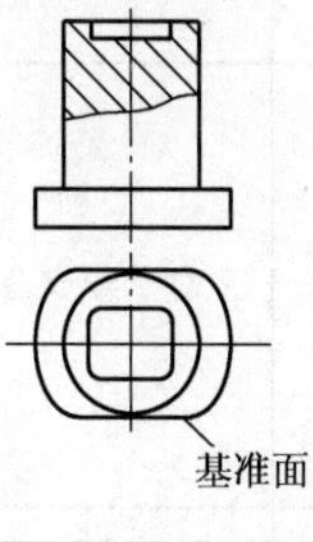 基准面	在圆形模板上需加工非圆形的凹模时,应在圆形模板上加工基准面
	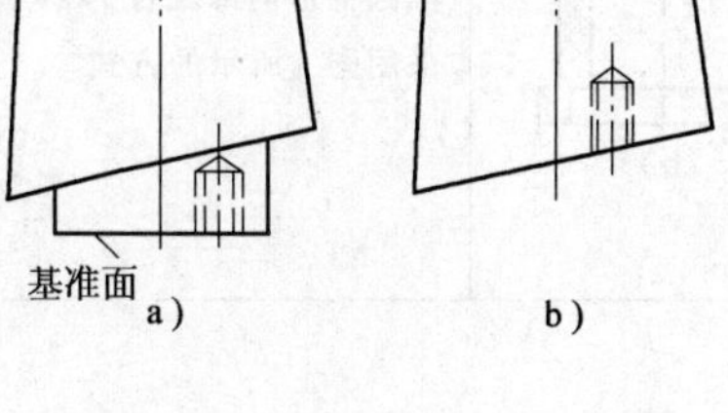 基准面　a)　　　　b)	图 b 所示的成型零件不易装夹在机床的工作台上,应采用图 a 所示的具有水平基准面的结构

（续）

设 计 要 点	简　　图	应　　用
	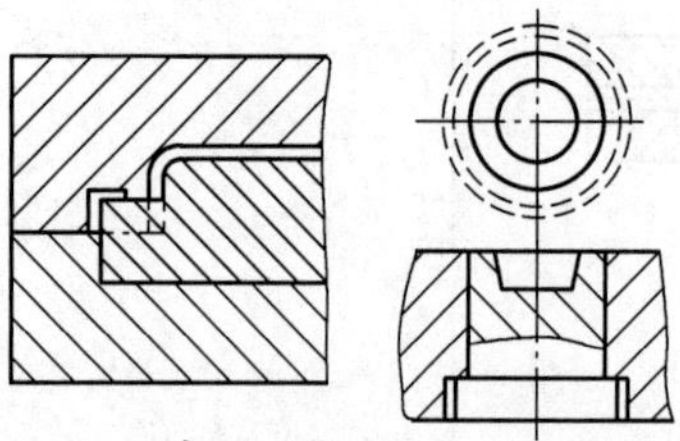 　a)　　　　b)	图 a 所示结构仅需研配,防止产生毛刺的高度。图 b 所示的台阶配合处做成空刀槽
对于无须精密配合的部位可设计空刀槽,以节约加工工时	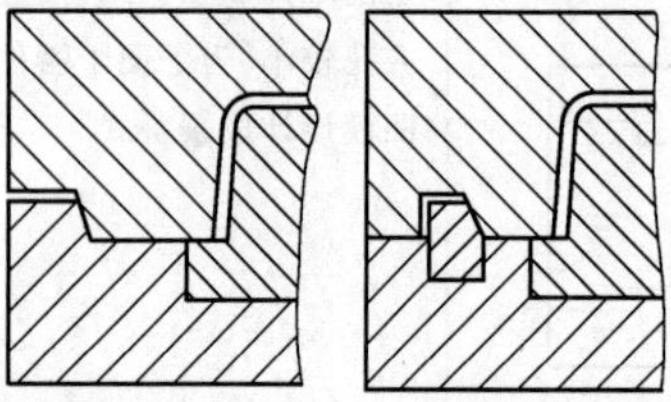	防止型面错位及增加刚性的结构,仅对需研配的部位研配,其余为空刀槽
	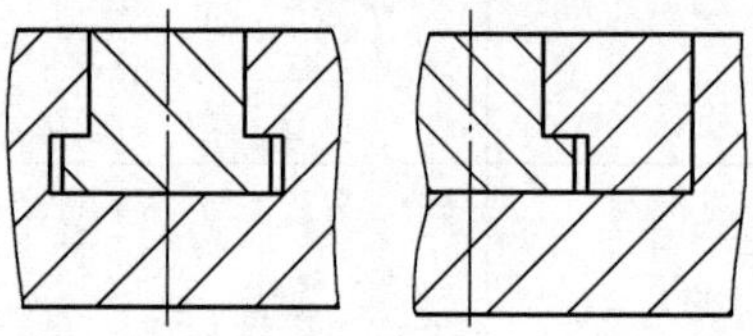	对于侧型芯的滑动部分无须精密配合处做成空刀槽
对于不配合的过孔尽量做得大一些	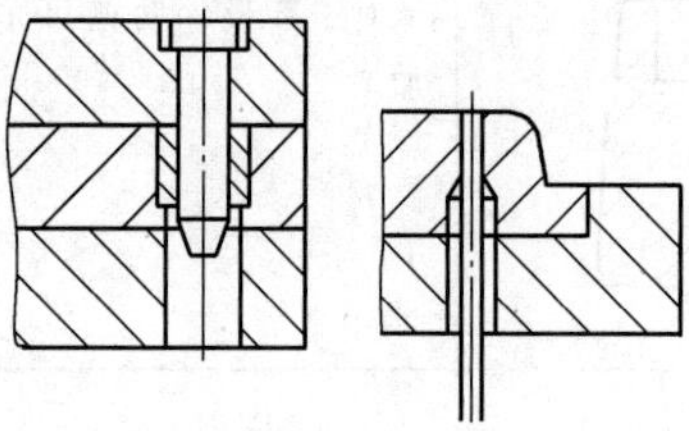	对于导柱、导套的过孔以及推杆的配合面以外的部位,可加工得大一些
对于不影响成型的拐角部位进行倒角或倒圆,以便装配	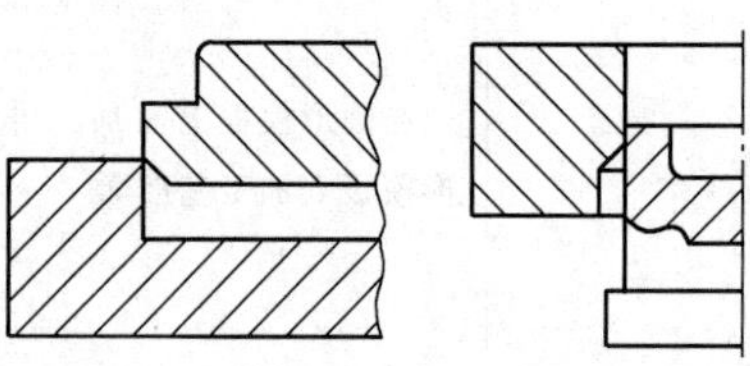	对于非成型部位进行倒角或倒圆
镶件的形状应尽量设计成简单的形状	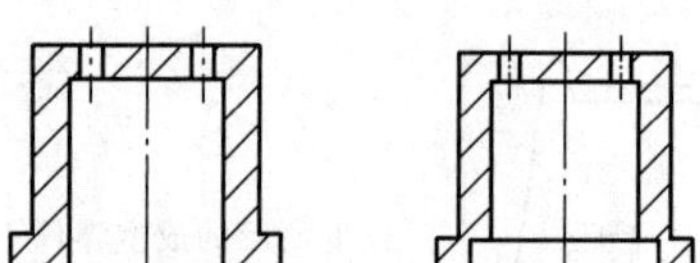 　a)　　　　b)	圆桶形内部配合,无须图 b 所示的双层台阶,可采用图 a 所示的方式

（续）

设 计 要 点	简 图	应 用
应尽量减少钳工的工作量	配合面 a）　b）	非圆形的配合面应尽量少一些，图 b 改为图 a
应尽量设计成可采用标准刀具的尺寸	R	对于与成型无关的配合处应尽量采用标准工具加工
应设计便于加工的空刀槽	a） b）	图 a 所示的需磨削的零件和图 b 所示的螺纹零件都要设计空刀槽
对承受载荷的拐角部位及需进行淬火处理的拐角部位，应设计成圆角过渡	R R R	对于零件的拐角部位应设计成圆角过渡，否则在淬火和使用过程中易产生应力集中的现象

（4）易于修整尺寸、维修及装配　针对镶拼结构的成型零件而言，易于装配是模具设计的基本要求，而且应避免安装时出现差错。对于形状规整的镶件或模具中有多个外形尺寸相同的镶件，设计时应避免镶件错位安装和同一镶件的转向安装。常常采用的方法是镶件非对称紧固或定位的方法，如定位销非对称排布的方法。对于成型零件中，尺寸有可能变动的部位应考虑组合结构，如图 4-116 所示；对易于

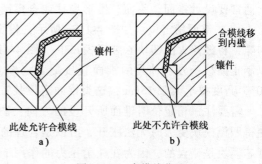

图 4-116　合模线位置

磨损的碰、擦部位，为了强度及维修方便，应采用镶拼结构，参见2.2节的图2-15。

（5）不能影响外观　在进行成型零件设计时，不仅要考虑其工艺性要求，而且要保证塑件外观面的要求。塑件是否允许合模线存在是决定能否制作镶件的前提。若允许塑件端面合模线存在，可采用图4-116a所示的镶拼结构，否则，只能采用其他结构形式。例如：采用图4-116b所示的镶拼结构，将合模线移到塑件的内壁。

4.8　导向机构设计

每套塑料模具都要设有导向机构，在模具工作时，导向机构可以维持动模与定模的正确合模，合模后保持型腔的正确形状。同时，导向机构可以引导动模按顺序合模，防止型芯在合模过程中损坏，并能承受一定的侧向力。对于采用三板式结构的模具，导柱可承受卸料板和定模型腔板（点浇口的浇口板）的重载荷作用。对于大型模具的脱模机构，或脱模机构中有细长推杆（或推管）时，需要有导向机构来保持机构运动的灵活平稳。

对于型腔较大、较深的注射模具，或塑件精密度较高、壁厚较薄的模具，在模具中不仅要设计导柱导向，还必须在动模与定模之间增设锥面定位机构来满足模具精度的要求。

4.8.1　导柱导向机构

导柱导向是指导柱与导套采用间隙配合，使导套在导柱上滑动，配合间隙一般采用H7/h6配合，主要零件有导柱和导套。

（1）导柱、导套的尺寸

1）导柱直径尺寸按模具模板外形尺寸而定，可参考标准模架数据选取。模板尺寸越大，导柱间中心距应越大，所选导柱直径也越大。导套的公称尺寸和与其相配合的导柱的公称尺寸相同。

2）导柱的长度通常应高出凸模端面6~8mm，以免在导柱未导正时凸模先进入凹模与其碰撞而损坏。

3）用于推出系统导向的导柱直径与复位杆的尺寸相当。

（2）导柱、导套的数量与布置　尽量选择标准模架，标准模架上的导柱和导套设计较为合理。

4.8.2　精定位装置

对于精密、大型模具，以及导向零件（如导柱）需要承受较大侧向力的模具，在模具上通常要设计锥面、斜面、锥形导柱或合模销精定位装置。

（1）锥面精定位　如图4-117a所示，锥面配合有两种形式：一种形式是两锥面之间有间隙，将经淬火的镶块6装于模具上（图4-117b所示的局部放大视图），使之和锥面配合，以制止偏移；另一种是两锥面直接配合（图4-117c），两锥面都要经淬火处理，角度5°~20°，高度要求大于15mm，这类锥面定位装置常用于圆筒类塑件成型时的精定位。

需要注意精定位时锥面所开设的方向，图4-117所示的形式由型芯模块环抱凹模模块，使得凹模块受力时无法胀开，所以是合理的形式。图4-118所示的形式采用凹模模块环抱型芯模块是错误的，因为在注射压力的作用下凹模模块有向外胀开的可能，导致在分型面上形成间隙。

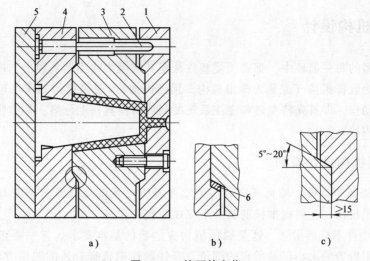

图 4-117　锥面精定位

1—定模板　2—导柱　3—型腔板　4—动模固定板　5—动模垫板　6—镶块

　　另外，动、定模之间还可以采用锥面精定位装置。图 4-119 所示为锥面定位块。图 4-120 所示为锥面定位柱。

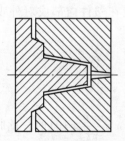

图 4-118　错误的锥面开设方向

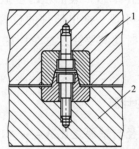

图 4-119　锥面定位块

1—定模板　2—动模板

　　（2）斜面精定位　图 4-121 所示为斜面镶条定位机构，常用于矩形型腔的模具，其用淬硬的斜面镶条安装在模板上。这种结构加工简单，通过对镶条斜面调整可对塑件壁厚进行修正，磨损后镶条又便于更换。

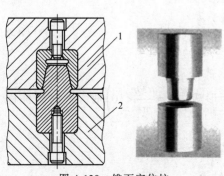

图 4-120　锥面定位柱

1—定模板　2—动模板

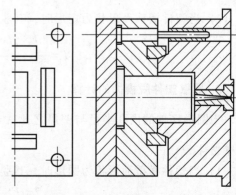

图 4-121　斜面镶条定位机构

4.9 脱模机构设计

在注射成型的每一循环中，都必须使塑件从模具凹模中或型芯上脱出，模具中这种脱出塑件的机构称为脱模机构（或称为推出机构、顶出机构）。脱模机构的作用包括塑件等的脱出、取出两个动作，即首先将塑件和浇注系统凝料等与模具松动分离，称为脱出，然后把其脱出物从模具内取出。

4.9.1 脱模机构设计原则

（1）塑件滞留于动模　模具开启后应使塑件及浇注系统凝料滞留于带有脱模机构的动模上，以便脱模机构在注射机推杆的驱动下完成脱模动作。

（2）保证塑件不变形损坏　这是脱模机构应达到的基本要求。首先要正确分析塑件对凹模或型芯的附着力的大小以及所在的部位，有针对性地选择合适的脱模方法和脱模位置，使推出重心与脱模阻力中心相重合。型芯由于塑料收缩时对其包紧力最大，因此推出的作用点应该尽可能地靠近型芯，推出力应该作用于塑件刚度、强度最大的部位，作用面应尽可能大一些。影响脱模力大小的因素很多，当材料的收缩率大，塑件壁厚大，模具的型芯形状复杂，脱模斜度小以及凹模（型芯）表面粗糙度值高时，脱模阻力就会增大，反之则小。

（3）力求良好的塑件外观　推出塑件的位置应该尽量设在塑件内部或对外观影响不大的部位，在采用推杆脱模时尤其要注意这个问题。

4.9.2 脱模力的计算

1. 薄壁塑件脱模力的计算

当圆形塑件的内孔半径与壁厚之比 $\lambda = \dfrac{r}{t} \geqslant 10 \left(矩形塑件\ \lambda = \dfrac{a+b}{\pi t} \geqslant 10\right)$ 时，此时塑件称为薄壁塑件。

1）当塑件横截面形状为圆形时，其脱模力计算公式为

$$F = \frac{2\pi t E S_{cp} L \cos\varphi (f - \tan\varphi)}{(1-\mu) K_2} + 0.1A \tag{4-23}$$

2）当塑件横截面形状为矩形时，其脱模力计算公式为

$$F = \frac{8 t E S_{cp} L \cos\varphi (f - \tan\varphi)}{(1-\mu) K_2} + 0.1A \tag{4-24}$$

2. 厚壁塑件脱模力的计算

当圆形塑件的内孔半径与壁厚之比 $\lambda = \dfrac{r}{t} < 10 \left(矩形塑件\ \lambda = \dfrac{a+b}{\pi t} < 10\right)$ 时，此时塑件称为厚壁塑件。

1）当塑件横截面形状为圆形时，其脱模力计算公式为

$$F = \frac{2\pi r E S_{cp} L (f - \tan\varphi)}{(1+\mu+K_1) K_2} + 0.1A \tag{4-25}$$

2) 当塑件横截面形状为矩形时，其脱模力计算公式为

$$F = \frac{2(a+b)ES_{cp}L(f-\tan\varphi)}{(1+\mu+K_1)K_2} + 0.1A \tag{4-26}$$

式中，F 是脱模力（N）；E 是塑料的弹性模量（MPa），查表 4-21；S_{cp} 是塑料成型的平均收缩率（%），查表 4-21；t 是塑件的壁厚（mm）；L 是被包型芯的长度（mm）；μ 是塑料的泊松比，查表 4-21；φ 是脱模斜度（°）；f 是塑料与钢材之间的摩擦因数，查表 4-21；r 是型芯的平均半径（mm）；a 是矩形型芯短边长度（mm）；b 是矩形型芯长边长度（mm）；A 是塑件在与开模方向垂直的平面上的投影面积（mm^2），当塑件底部有通孔时，A 项视为零；K_1 是由 λ 和 φ 决定的无因次数，$K_1 = \dfrac{2\lambda^2}{\cos^2\varphi + 2\lambda\cos\varphi}$，其中 λ 的值与塑件的横截面形状和相关尺寸有关；K_2 是由 f 和 φ 决定的无因次数，$K_2 = 1 + f\sin\varphi\cos\varphi$。

表 4-21　常用热塑性塑料与脱模力有关的某些性能

塑料名称		弹性模量 $E/$MPa	成型收缩率 $S(\%)$	与钢材之间的摩擦因数 f	泊松比 μ
聚乙烯	HDPE	840~950	1.5~3.0	0.23	0.38
	LDPE		1.5~3.6	0.3~0.5	
聚丙烯	PP	1100~1600	1.0~3.0	0.49~0.51	0.32
	GFR(20%~30%)		0.4~0.8	—	
有机玻璃	PMMA	3160		—	0.35
	与苯乙烯共聚	3500	0.5~0.7	—	
聚氯乙烯	硬 PVC	2400~4200	0.2~0.4	0.45~0.6	—
	软 PVC		1.5~3.0		
聚苯乙烯	GPS	2800~3500	0.2~0.8	—	0.32
	HIPS	1400~3100	0.2~0.8	0.5	
	GFR(20%~30%)	3200	0.3~0.6		
ABS	ABS	2900	0.5~0.7	0.45	—
	抗冲型	1800	0.4~0.5	—	
	耐热型	1800	0.1~0.14	—	
	GFR(30%)				
聚甲醛	POM	2800	2.0~3.5	0.29~0.33	
	F-4 填充		2.0~2.5		
聚碳酸酯	PC	1440	1.0~2.5	0.31	
	GFR(20%~30%)	3120~4000	0.3~0.6		
尼龙-1010	PA1010	1800	1.0~2.5	0.64	
	GFR(30%)	8700	0.3~0.6		
尼龙-6	PA6	2600	0.7~1.5	0.26	
	GFR(30%)		0.35~0.45		
尼龙-66	PA66	1250~2800	1.0~2.5	0.58	
	GFR(30%)	6020~1260	0.4~0.55		

具体脱模力计算实例请见 4.14 节内容。

4.9.3　一次脱模机构

凡在动模一边施加一次推出力，就可实现塑件脱模的机构，称为一次脱模机构或称为简单脱模机构。它通常包括推杆脱模机构、推管脱模机构、脱模板脱模机构、推块脱模机构、多元联合脱模机构和气动脱模机构等。

1. 推杆脱模机构

推杆（顶杆）脱模机构是最简单、最常用的一种形式，具有制造简单、更换方便、推出效果好等特点。它的典型结构如图 4-1 所示。

常用推杆脱模机构的结构形式见表 4-22。

表 4-22　常用推杆脱模机构的结构形式

简　图	说　明	简　图	说　明
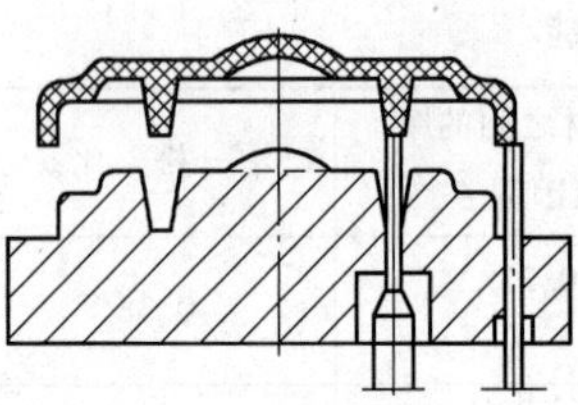	对有狭小加强肋的塑件，为了防止加强肋断裂留在凸模上，除了周边设置推杆外，肋上也设阶梯形扁推杆	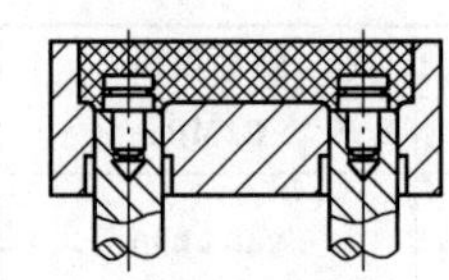	推出有嵌件的塑件时，推杆可设在嵌件上
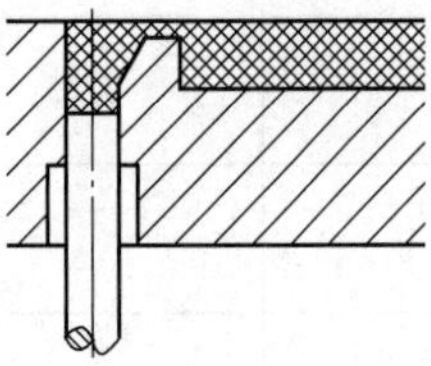	当塑件不允许有推杆痕迹，但又需要推杆推出时，可采用推出耳	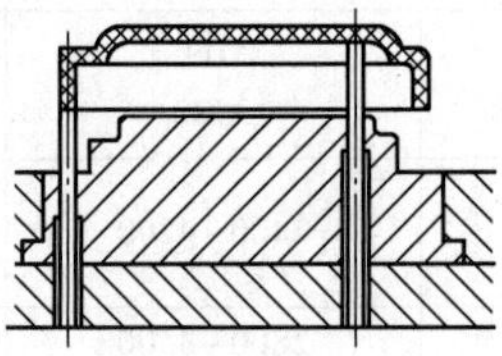	盖壳类塑件的侧面阻力大，须采用侧边与顶面同时推出，以免变形
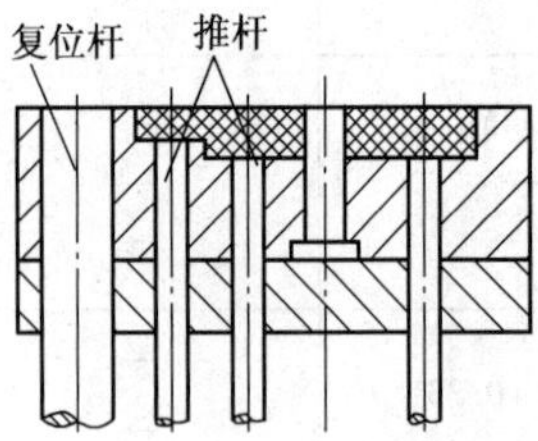	用于板状塑件，推杆设在塑件底面，推出机构的复位采用复位杆	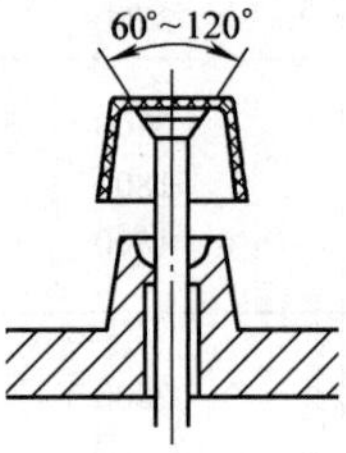	利用设置在塑件内的锥形推杆推出，接触面积大，便于脱模，但型芯冷却较困难

（1）推杆的横截面形状　由于塑件的几何形状及凹模、型芯结构不同，所以设置在凹模、型芯上的推杆横截面形状也不尽相同，常见的推杆横截面形状为圆形、方形、半圆形等，如图 4-122 所示。

设计模具时，为了便于推杆和推杆孔的加工，应尽可能采用圆形横截面推杆。但是在某些不宜采用圆形横截面推杆或推杆直接成型塑件某一形状时，可采用其他横截面形状推杆。如采用图 4-123a 所示圆形和矩形横截面推杆可顶在塑件的边缘上；当塑件上有较深的结构或推杆必须顶在较薄的壁上时，如图 4-123b 所示，可以采用扁矩形横截面推杆。这样的推杆一方面增大推出时的作用面积，另一方面又可以提高加强肋底部的排气性能，有利于该处熔体的充填。

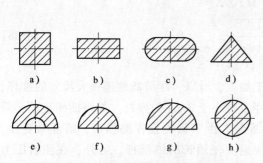

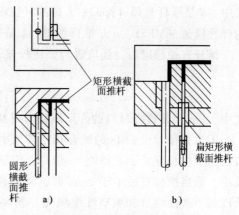

图 4-122　常见的推杆横截面形状

图 4-123　推杆

a）圆形和矩形横截面推杆　b）扁矩形横截面推杆

值得注意的是，矩形横截面推杆的孔采用常规的方法加工较困难，一般采用电火花成形。

（2）推杆的结构形式（图 4-124）

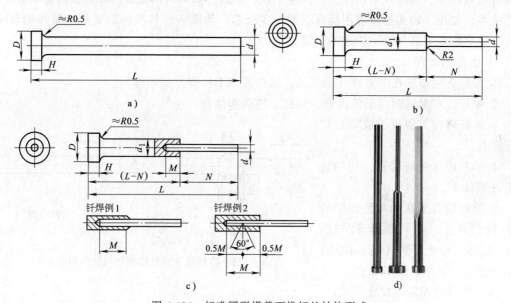

图 4-124　标准圆形横截面推杆的结构形式

图 4-124a 所示的直通式推杆的横截面尺寸不应过小，以免影响强度和刚度。细长形推杆可将后部加粗成如图 4-124b 所示的阶梯形推杆，一般使 $d_1 = 2d$。此外，根据结构需要、节约材料和制造方便的原则，还有如图 4-124c 所示的组合式推杆。三种典型的推杆如图 4-124d 所示。

（3）推杆的尺寸、数量和布置

1）圆形推杆的直径。可由欧拉公式简化得

$$d = k \left(\frac{L^2 F}{nE} \right)^{\frac{1}{4}} \tag{4-27}$$

式中，d 是推杆直径（mm）；L 是推杆长度（mm）；F 是塑件的脱模力（N）；E 是推杆材料的弹性模量（MPa）；n 是推杆数量；k 是安全系数，取 $k=1.5$。

推杆直径确定后，还应进行强度校核，其计算式为

$$d \geqslant \sqrt{\frac{4F}{n\pi\,[\sigma_{压}]}} \qquad (4\text{-}28)$$

式中，$[\sigma_{压}]$ 是推杆材料的许用压应力（MPa）。

因为直径大于 6mm 的配合孔比其他小孔易于加工，所以，尽可能地选择大尺寸的推杆，特别当推杆长度大于直径的 50 倍时，应避免使用直径小于 3mm 的推杆。如果推杆直径必须较小，则当推杆直径小于 2mm 时，须用阶梯形推杆。由于该类推杆磨损快，需经常更换，所以对于磨蚀性（如玻璃纤维填充）塑料，更应避免使用长的细推杆。另外，在注射压力和推出阻力的作用下，细长的推杆有压坏的危险。

当前，推杆已经制成标准件，设计推杆时要依照计算结果在相应的标准尺寸中选择。各种推杆的国家标准可参考附录 C 和相关塑料模具设计手册。

2）推杆的数量。在首先保证推出稳定、可靠的情况下，应尽可能地降低推杆数量。虽然推杆数量越多，推出效果越好，塑件越平整；但是，如果采用过多的推杆会增加不必要的制造成本，如用于购买推杆费用提高，增加在型芯、动模垫板和推杆固定板上钻孔的费用。另外，还会影响型芯和冷却管道的布置。

3）推杆的布置。

① 推杆必须布置在需要排气的区域，这些区域不依靠分型面排气。

② 推杆应布置在塑件最低点处，如肋、轮圈和凸台。

③ 推杆可按需要置于或靠近塑件拐角处。

④ 推杆应尽可能对称，均匀地分布在塑件上。

⑤ 推杆应布置在肋与肋或壁与肋的相交点上。推杆置于肋与肋（图 4-125a）或壁与肋（图 4-125b）的相交点上，可增大推杆尺寸。

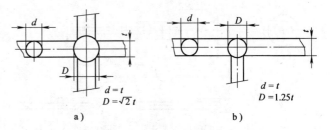

图 4-125　推杆置于肋与肋或壁与肋的相交点上

（4）推杆的固定与配合形式

1）推杆的固定形式。推杆的固定形式如图 4-126 所示。图 4-126a 所示为一种常用形式，适用于各种形式的推杆；图 4-126b 所示为采用垫块或垫圈代替固定板上的沉孔的结构；图 4-126c 所示形式是在推杆固定端无推板时使用；图 4-126d 所示形式是利用螺钉顶紧推杆，适用于推杆直径较大及固定板较厚的情况；图 4-126e 所示为铆钉的形式，适用于直径小的推杆或推杆之间距离较近的情况；图 4-126f 所示为用螺钉紧固，适用于粗大的推杆。

图 4-127a 所示为当推杆的顶端是斜面或曲面时，则推杆与塑件相接触的面要开设与斜面方向相垂直的半圆形防滑槽。在这种情况下，为了防止推杆转动，在推杆的固定端还要设置止转装置，止转的方式如图 4-127b~d 所示。

2）圆形横截面推杆的配合形式。圆形横截面推杆的配合形式如图 4-128 所示。推杆端面应和塑件成型表面在同一平面或比塑件成型表面高出 0.05~0.10mm，如图 4-128 所示，且

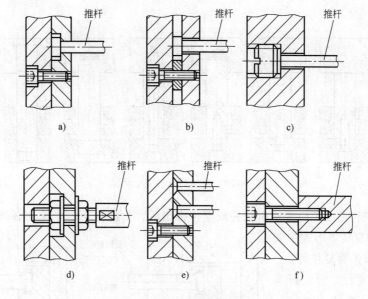

图 4-126 推杆的固定形式

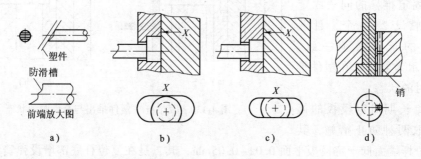

图 4-127 推杆的固定形式

不应有轴向窜动。推杆与推杆孔有一段配合长度为推杆直径 3~5 倍的间隙配合（H8/f8 或 H9/f9），防止塑料熔体溢出，其余部分均为扩孔。扩孔的直径比推杆大 0.5mm（即 $d_1 = d_2 = d + 0.5mm$）。推杆穿过的孔要保证垂直度，保证推杆能顺畅地推出和返回。另外还要注意推杆的底部和推板的表面要打上 "数字码"，防止在装配时出错。

（5）脱模机构的导向　当推杆较细或推杆数量较多时，为了防止因塑件反阻力

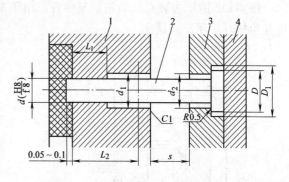

图 4-128 圆形横截面推杆的配合形式
1—动模板　2—推杆　3—推杆固定板　4—推板

不均而导致推杆固定板扭曲或倾斜而折断推杆或发生运动卡滞现象，常在脱模机构中设导向零件，一般包括导柱和导套。导柱一般不少于 2 个，大型模具要 4~8 个。图 4-129 所示为导柱的 6 种安装形式。前 5 种形式的导柱除定位作用外，还能起到支撑作用，以减少注射成型时动模垫板的弯曲。相应的推出系统的导向系统的结构形式、尺寸以及配合精度可参考有关

设计手册。

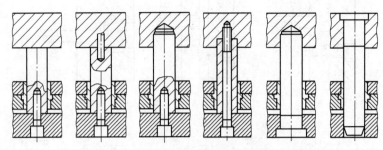

图 4-129　导柱的 6 种安装形式

（6）脱模机构的复位　脱模机构完成塑件推出后，为进行下一个循环必须回复到初始位置。目前常用的复位等形式主要有复位杆复位和弹簧复位等。

1）复位杆复位。复位杆又称为回程杆或反推杆。复位杆通常装在固定推杆的同一固定板上，一般设 2～4 个，且各个复位杆的长度必须一致。图 4-130 所示为复位杆在塑件推出与合模时的状态。

为避免长期对定模板的撞击，可采取两种防止措施，其一是使复位杆端面低于定模板平面 0.02～0.05mm，其二是在复位杆底部增设弹簧缓冲装置，如图 4-131 所示。

图 4-132 所示为装有反向销的复位杆，由于反向销作为磨损件容易替换，所以建议在使用复位杆时采用反向销。

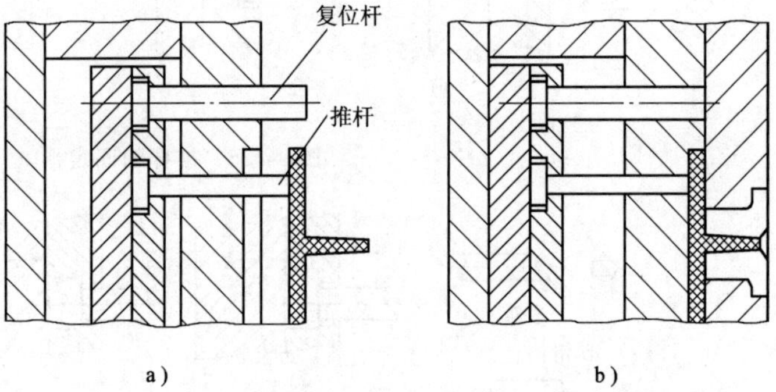

图 4-130　复位杆在塑件推出与合模时的状态

a）　　　　　　　　　　　b）

复位杆

推杆

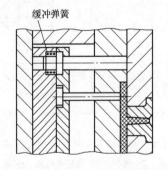

缓冲弹簧

图 4-131　增设缓冲弹簧的复位杆

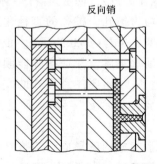

反向销

图 4-132　装有反向销的复位杆

在模具设计中，有时可以用推杆或推管兼作复位杆，起到使脱模机构复位的作用，如图 4-133 所示。

复位杆的相关结构形式和尺寸，可由设计模具时选定的标准模架所对应复位杆的结构形式和尺寸决定。

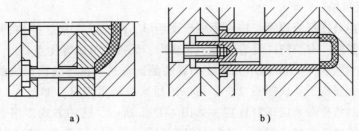

图 4-133 推杆或推管兼作复位杆

a) 推杆兼作　b) 推管兼作

2）弹簧复位。弹簧复位设计简单，还有使推杆预先复位的作用，尤其适用于带侧向抽芯机构的模具。但是弹簧复位容易失效，常用于小型的模具中，如图4-134所示。

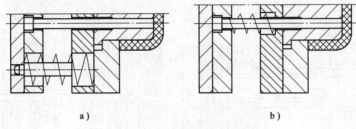

图 4-134　弹簧复位机构形式

3）气缸或液压缸复位。采用弹簧复位时，存在拉伸时产生的力较小，而压缩状态时产生的力较大的缺陷。而气缸或液压缸产生的力在整个推出和复位行程中都很稳定。对于小型模具只需在推板的中心安装一个气缸或液压缸，如图 4-135 所示。而对于大型模具，则需要在推板的四角附近安放四个液压缸，使推板受力平衡，如图 4-136 所示。

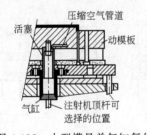

图 4-135　小型模具单气缸复位

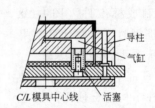

图 4-136　大型模具四气缸复位

在以上两例中，压缩空气可长期连接气缸（没有控制）。气缸相对注射机顶杆力要小得多，因此，不会明显降低有效顶杆力。另外，应当在模具上加一块警告牌告诫：模具作业前应将空气压力释放掉。

与气缸相比，液压缸具有更大的驱动力，其复位过程更加平稳。当前，采用液压缸复位的模具更为普遍，如图 4-137 所示。

图 4-137　液压缸复位机构

2. 推管脱模机构

推管又称为空心推杆或顶管，特别适用于圆环形、圆筒形等中心带孔的塑件脱模。推管整个周边来推顶塑件，有使塑件受力均匀、无变形、无推出痕迹等优点。

（1）普通推管　图4-138a所示为普通推管的装配形式。推管脱模机构的常用方式是将型芯1穿过推板6固定于动模座板7上，可以用压紧块压紧固定，如图4-138b所示。要求不高时也可用内六角平端紧定螺钉固定，如图4-138c所示。这种方式多用于在脱模距离不大的情况下推管的内径与型芯配合，外径与模板配合，其配合一般是间隙配合。对于小直径推管取H8/f8或H7/f7，对于大直径推管取F8/f7。推管与型芯的配合长度为推出距离s加3~5mm，推管与模板的配合长度一般是推管外径的1.5~2倍，其余部分均为扩孔。推管扩孔为$d+1$mm，模板扩孔为$D(D_1)+1$mm。另外，为了不擦伤型腔，推管外径要略小于塑件相应部位的外径。

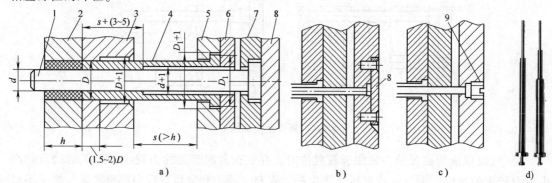

图 4-138　推管脱模机构

1—型芯　2—动模板　3—动模垫板　4—推管　5—推管固定板　6—推板　7—动模座板　8—压紧块　9—紧定螺钉

当前，推管及与之相配套的型芯已经制成标准件（图4-138d），设计推管时要依照计算结果从相应的标准尺寸中选择。

（2）底部有宽台阶结构推管　与这种结构配合使用的型芯固定于动模与型芯固定板之间，其型芯的固定方法不同，如图4-139所示。

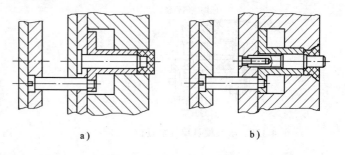

图 4-139　型芯固定于动模与型芯固定板之间的形式

采用这种结构，型芯的长度可大为缩短，但推出行程包含在动模板内，致使动模的厚度增加，推出距离受限。

3. 脱模板脱模机构

脱模板又称为推件板，其特点是推出面积大，推力均匀，塑件不易变形，表面无推出痕迹，结构简单，模具无须设置复位杆，适用于大筒形塑件或薄壁容器及各种透明的塑件。

（1）脱模板的结构形式　脱模板的结构形式如图4-140所示。图4-140a所示为无固定连接形式，但必须通过限位螺钉严格控制推出距离，并要求导柱有足够长度来保证脱模板不脱落。图4-140b，c所示脱模板嵌入模板中，又称为环状脱模板，结构紧凑，脱模板与推杆分别采用螺纹连接和反向螺钉连接。图 4-140d 所示形式适用于两侧带有推杆的注射机。另外，对于脱模板脱模的模具的导柱一定要装在动模侧，便于脱模板的导向。

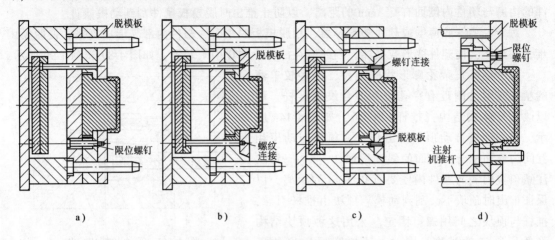

图 4-140　脱模板的结构形式

为减少脱模过程中脱模板与型芯之间的摩擦，根据塑料溢料间隙，两者之间应有 0.2 ~ 0.3mm 的间隙，并采用锥面配合，以防止脱模板偏斜溢料。锥面的斜度约取 5° ~ 10° 左右，如图 4-141 所示。当脱模板厚度足够时，锥面斜度取大一些，当脱模板太薄时，可适当减小锥面斜度。脱模板与型芯的配合精度要求较高，为了提高耐磨性，常常用强度较高的材料制造并进行淬火处理。对于大型或横截面形状复杂的塑件，要注意热处理带来的变形，需要进行必要的磨削加工。

在实际生产中，为了进一步提高脱模板的耐磨性，减小热处理带来的变形，在脱模板上安装镶件（类似组合式脱模板），如图 4-142 所示。模具开模后，复位杆 1 推动脱模板 3 推

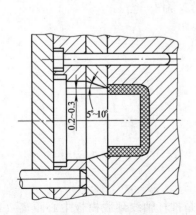

图 4-141　脱模板与型芯的配合形式

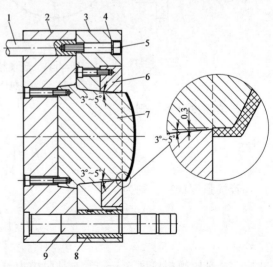

图 4-142　在脱模板上安装镶件

1—复位杆　2—动模板　3—脱模板　4—弹簧垫圈　5—螺钉

6—脱模板镶件　7—动模镶件　8—导套　9—导柱

出塑件，脱模板镶件 6 与动模镶件 7 为锥面配合，推动灵活，不易擦伤镶件，由导柱 9 引导。复位杆 1 与脱模板 3 用螺钉 5 连接，在螺钉下加装弹簧垫圈 4 防止螺钉松动。脱模板镶件的内侧与塑件内侧面有 0.3mm 的距离，以防止推出时脱模板镶件刮到动模镶件。

对于大型深腔薄壁或软质塑料容器，用脱模板脱模时，塑件内部易形成真空，使脱模困难，甚至还会使塑件变形或损坏，因此应在凸模上附设引气装置，如图 4-89 和图 4-90 所示。

对于具有复杂轮廓形状的塑件，一些较单薄的塑件或塑件附近有穿孔位不适合设置推杆，可以改为分体式结构（推杆+顶块），如图 4-143 所示，塑件推杆推动顶块推出塑件，顶块与动模相互间为锥面配合，锥面的斜度约取 3°~5°。另外，注意顶块内侧与塑件内壁要有 0.3mm 的距离，以保证推出时顶块不会刮到动模。顶块由推杆引导，推杆与顶块之间用螺钉固定。采用这种顶块结构降低了制造的难度，同时，顶块磨损后也便于更换。

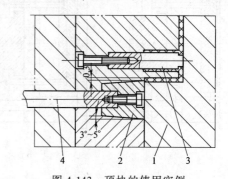

图 4-143　顶块的使用实例
1—定模镶件　2—顶块　3—动模镶件　4—推杆

（2）脱模板的厚度计算

1）对圆筒形塑件，其脱模板一般采用同心圆周分布的推杆来推动，如图 4-144a 所示。

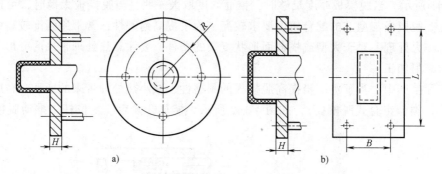

图 4-144　脱模板厚度计算关系图
a）圆筒形塑件　b）矩形塑件

若按刚度计算，则为

$$H \geqslant \left(\frac{k_1 F R^2}{E [\delta]} \right)^{\frac{1}{3}} \tag{4-29}$$

若按强度计算，则为

$$H \geqslant \left(\frac{k_2 F}{[\sigma]} \right)^{\frac{1}{2}} \tag{4-30}$$

式中，H 是脱模板厚度（mm）；F 是脱模力（N）；R 是推杆轴线到脱模板中心距离（mm）；k_1 与 k_2 是与 R/r 相关的系数，按表 4-23 选取，其中 r 为脱模板环形内孔（或型芯）半径；E 是钢材弹性模量（MPa）；$[\delta]$ 是脱模板中心允许的最大变形量（mm），一般取塑件在推出方向上尺寸公差的 1/10~1/5；$[\sigma]$ 是钢材的许用应力（MPa）。

2）对矩形或异环形塑件，其脱模板所用推杆分布如图 4-144b 所示，若按刚度计算，则为

$$H \geqslant 0.54L \left(\frac{F}{BE\left[\delta\right]} \right)^{\frac{1}{3}} \tag{4-31}$$

另外，脱模板的厚度可由设计模具时选定的标准模架所对应的脱模板决定。

表 4-23　系数 k_1、k_2 推荐值

R/r	k_1	k_2	R/r	k_1	k_2
1.25	0.0051	0.227	3.00	0.2099	1.205
1.50	0.0249	0.428	4.00	0.2930	1.514
2.00	0.0877	0.753	5.00	0.3500	1.745

4. 推块脱模机构

推块是推管的一种特殊形式，用于推出非圆形的大面积塑件，其结构如图 4-145 所示。图 4-145a 所示机构无复位杆，推块的复位靠主流道中的熔体压力来实现；图 4-145b 所示复位杆在推块的台肩上，结构简单紧凑，但与图 4-145a 一样，在推出塑件时，凹模 3 与推块 1 的移动空间应足以使推块推出塑件；图 4-145c 所示为非台阶推块推出塑件，推块 1 不得脱离凹模 3 的配合面，复位杆 2 带动推杆 4 使推块 1 复位。当塑件表面不允许有推杆痕迹（如透明塑件）且表面有较高要求时，可以采用这种推块脱模机构。

推块与凹模间的配合为 H7/f6，推块材料用 T8，并经淬火后硬度为 53~55HRC 或 45 钢经调质后硬度为 235HBW。

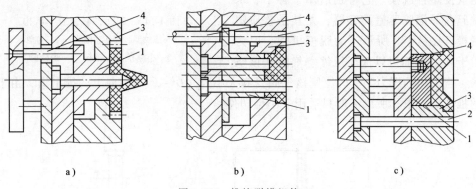

a）　　　　　　　　b）　　　　　　　　c）

图 4-145　推块脱模机构
1—推块　2—复位杆　3—凹模　4—推杆

5. 利用成型零件的脱模机构

某些塑件由于结构形状和所用塑料的缘故，不能采用上述脱模机构。这时可利用成型零件来脱模，如图 4-146 所示。图 4-146a 所示为利用推杆推出螺纹型芯，塑件与螺纹型芯一起取出，在模具外将塑件脱出，然后经人工将螺纹型芯放入模内；图 4-146b 所示为利用推杆推出螺纹型环，经人工取塑件后将螺纹型环放入模内，为便于螺纹型环安放，推杆采用弹簧复位；图 4-146c 所示为将镶块固定于推杆上，脱模时，镶块不与模体分离，人工取出塑件后由推杆带动镶块复位；图 4-146d 所示为利用活动镶块将塑件推出，然后人工取塑件。

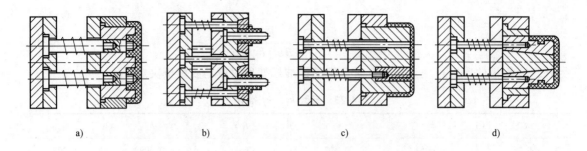

图 4-146　利用成型零件的脱模机构

6. 多元联合脱模机构

对于深腔壳体、薄壁、局部有管状、凸肋、凸台及金属嵌件的复杂塑件，多采用两种或两种以上的简单脱模机构联合推出，以防止塑件脱模时变形，图 4-147 所示为四元联合脱模机构，即推杆、推管、脱模板、活动镶块并用的形式。

7. 气动脱模机构

它是在凸模（型芯）上设置压缩空气推出阀门，在型芯与塑件之间通入 0.5~0.7MPa 的压缩空气使塑件脱模。它特别适用于杯子、水桶和洗脸盆等深腔薄壁类容器，尤其是软质塑料的脱模。图 4-148 所示气动脱模机构，因为 d_1 略大于 d_0，从而可以保证压缩空气能从该空

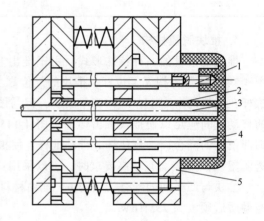

图 4-147　四元件联合脱模机构
1—螺纹型芯（活动镶块）　2—推管
3—小型芯　4—推杆　5—脱模板

隙进入，当气体的压力为 p 时，则该气阀受到大小为 $p(D^2-d^2)\pi/4$ 向上的推出力，由于这种气阀的推出力有限，所以一般只适用于小型塑件。

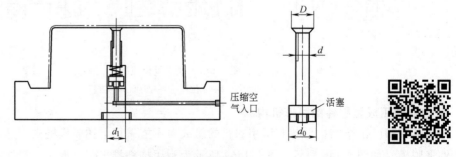

图 4-148　气动脱模机构

有采用压缩空气配合脱模机构将塑件推出的。图 4-149 所示为采用压缩空气配合推杆将塑件推出；图 4-150 所示为采用压缩空气配合脱模板将塑件推出。这两种情况都由于压缩空气的引入，而大大地增加了脱模功能，保证了塑件的质量。

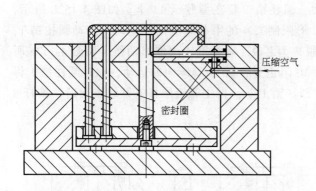

图 4-149　采用压缩空气配合推杆将塑件推出

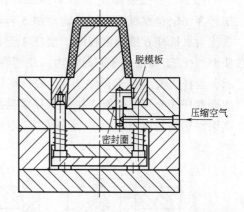

图 4-150　采用压缩空气配合脱模板将塑件推出

4.9.4　二次脱模机构

一般的塑件，其推出动作都是一次完成的。但对某些特殊形状的塑件，一次推出动作难以将塑件从型腔中推出或者塑件不能自动脱落，这时就必须再增加一次推出动作才能使塑件脱落。例如：采用脱模板推出塑件时，若在脱模板上加工有塑件的成型部分，塑件就会附着在脱模板上，仍难以脱出，这时必须采用推杆进行第二次推出，使其完全脱离脱模板。

二次脱模机构的种类很多，运动形式也很巧妙，但都应该遵循一个共同点：两次推出的行程一般都有一定的差值，行程大与行程小者既可以同时动作也可以滞后动作。同时动作时，要求行程小者提前停止动作；若不同时动作时，要求行程大者的零件滞后运动。下面介绍几种实现二次脱模的脱模机构。

1. 单推板二次脱模机构

此类二次脱模机构的特点是仅有一套推出装置，但需完成两次脱模动作。第一次推出往往由开模动作带动拉杆、摆杆、滑块或弹簧等零件实现。这里只介绍常用的几种形式。

（1）弹簧式　图 4-151a 所示为合模状态。开模时，由弹簧 8 推动型腔板（脱模板）7，使塑件离开型芯 6 一段距离 l_1，完成第一次脱模，如图 4-151b 所示；再由推板 2 带动推杆 3 推出一段距离 l_2，使塑件脱离型腔板（脱模板）7 和型芯 6，完成塑件的第二次脱模动作，如图 4-151c 所示。要使塑件能完全脱离，需满足二次推出距离大于塑件嵌入型腔板内的深度 h_2，即 $l_2>h_2$，两次推出的距离之和要大于塑件的孔深 h，即 $l_1+l_2>h$。

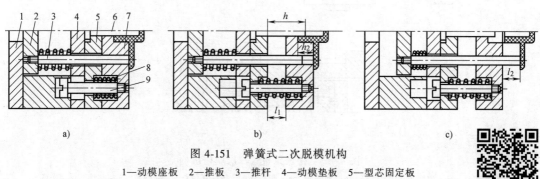

a)　　　　　　　　　　　b)　　　　　　　　　　　c)

图 4-151　弹簧式二次脱模机构

1—动模座板　2—推板　3—推杆　4—动模垫板　5—型芯固定板
6—型芯　7—型腔板（脱模板）　8—弹簧　9—限位钉

（2）U形限制架式　图4-152a所示为合模状态，U形限制架4固定在动模座板7上，摆杆3固定在推板上，可由转动销5转动，圆柱销1装在型腔板11上。如图4-152b所示，当注射机推杆6推动推板时，摆杆3受U形限制架4的限制只能向前运动，推动圆柱销1，使型腔板11和推杆8同时作用，使塑件脱离型芯9，完成第一次推出动作。如图4-152c所示，摆杆3脱离U形限制架4，限位螺钉10阻止型腔板11继续向前运动，此时圆柱销1将两个摆杆3分开，弹簧2拉住摆杆紧靠在圆柱销1上，当注射机推杆6继续推出时，推杆8则推动塑件脱离型腔板11，完成第二次动作。

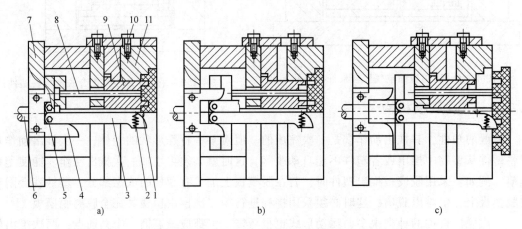

图 4-152　U 形限制架式二次脱模机构

1—圆柱销　2—弹簧　3—摆杆　4—U 形限制架　5—转动销　6—注射机推杆
7—动模座板　8—推杆　9—型芯　10—限位螺钉　11—型腔板

（3）摆块拉板式　图4-153a所示为合模状态，摆块8固定在动模固定板上。当开模到一定距离时，固定在定模板上的拉板1迫使摆块8推动型腔板4前进，使塑件脱离型芯7完

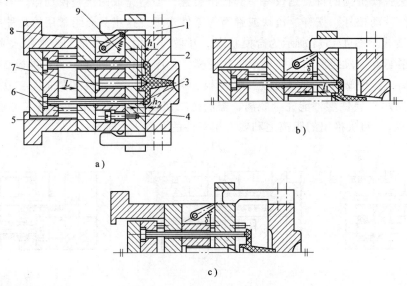

图 4-153　摆块拉板式二次脱模机构

1—拉板　2—定模板　3—推杆　4—型腔板　5—限位螺钉　6—复位杆　7—型芯　8—摆块　9—弹簧

成第一次推出，如图 4-153b 所示。继续开模时，由于限位螺钉 5 的作用，阻止了型腔板 4 继续向前移动，当推出系统与注射机推杆相碰时，通过推杆 3 将塑件从型腔中推出，完成第二次推出，如图 4-153c 所示。另外，弹簧 9 的作用是使摆块 8 始终靠紧型腔板 4。

（4）斜导柱-滑块式　图 4-154a 所示为合模状态。当注射机推杆推动推板时，中心推杆 2 与脱模板 3 一起运动，使塑件脱离型芯 1。与此同时，滑块 7 在斜导柱 6 的作用下向中心方向移动，如图 4-154b 所示；再继续运动时，迫使中心推杆 2 沿滑块 7 的斜面上升的高度大于脱模板 3 的移动高度，塑件则脱离脱模板 3，如图 4-154c 所示，完成第二次脱模。

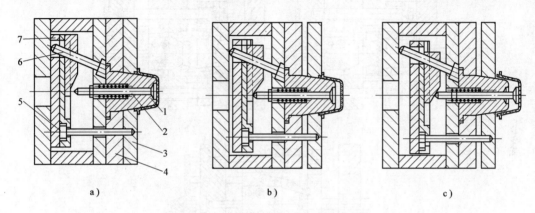

a）　　　　　　　　　b）　　　　　　　　　c）

图 4-154　斜导柱-滑块式二次脱模机构

1—型芯　2—中心推杆　3—脱模板（型腔板）　4—动模板　5—推杆　6—斜导柱　7—滑块

2. 双推板二次脱模机构

此类脱模机构具有两套推出装置，并利用其先后动作完成二次脱模，常见的有以下两种形式。

（1）八字形摆杆式　如图 4-155 所示，利用八字形摆杆来完成二次推出动作。图 4-155a 所示为动、定模分型，未推出状态。当注射机推杆 6 推动一次推板 7 时，连接推杆 2 与脱模板 1 一起以同样速度移动，使塑件脱出型芯，完成第一次推出动作（图 4-155b）。当一次推

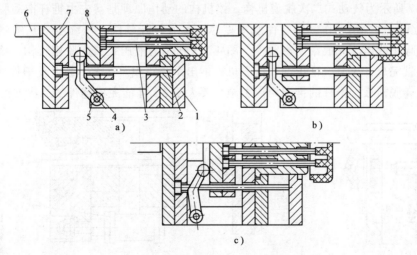

a）　　　　　　　　　b）

c）

图 4-155　八字形摆杆式二次脱模机构

1—脱模板　2—连接推杆　3—推杆　4—八字形摆杆　5—定距块　6—注射机推杆　7——次推板　8—二次推板

板7接触八字形摆杆4时，开始进行二次推出动作，直到把塑件推离脱模板1，完成二次推出动作（图4-155c）。

（2）楔块摆钩式　如图4-156所示，开始推出时，由于摆钩5的连接作用，一次推杆9和二次推杆1同步右移，使塑件脱离型芯12，完成一次脱模。此时摆钩5碰到楔块10，摆钩5的弯钩端绕摆钩固定销8旋转，从而脱离圆柱销7，一次推杆9失去动力而停止，二次推杆1继续右移，使塑件脱离型腔板11，完成二次脱模。

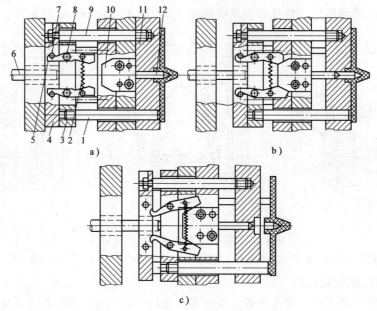

图4-156　楔块摆钩式二次脱模机构

1—二次推杆　2—拉簧　3—二次推板　4——次推板　5—摆钩　6—注射机推杆　7—圆柱销
8—摆钩固定销　9——次推杆　10—楔块　11—型腔板　12—型芯

3. 气动或液压式二次脱模机构

图4-157所示为气动式二次脱模机构。该机构的动作原理是：先由推杆推动脱模板（型腔板）完成第一次脱模动作，使塑件脱离型芯；此后打开气阀，压缩空气从喷嘴喷出，将塑件从脱模板中吹出，完成第二次脱模。图4-158所示为液压式二次脱模机构，第一次推出动作由液压缸完成，第二次推出动作依靠机械推出系统完成。注意：若要使塑件在推杆的作用下完全脱离脱模板，推杆的推出距离 L 至少要大于 $2h_2$ 才能完成塑件的二次推出。

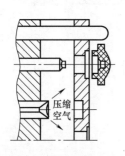

图4-157　气动式二次脱模机构

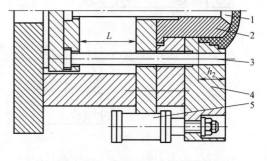

图4-158　液压式二次脱模机构

1—中心推杆　2—型芯　3—复位杆　4—脱模板　5—液压缸

4.9.5 双脱模机构

由于塑件结构或形状特殊,开模时在塑件滞留于动模、定模不确定的情况下,应考虑动模和定模两侧都设置脱模机构,故称为双(向)脱模机构。图 4-159 所示为常见的双脱模机构。图 4-159a 中定模采用弹簧推出,动模采用脱模板推出。这种形式结构紧凑、简单,适用于在定模上所需推出力不大、推出距离不长的塑件,但弹簧容易失效。图 4-159b 所示为杠杆式双脱模机构,利用杠杆的作用实现定模的脱模,开模时固定于动模上的滚轮压动杠杆,使定模推出装置动作,迫使塑件留在动模上,然后再利用动模上的推出机构将塑件推出。

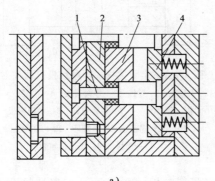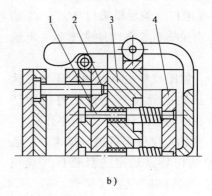

a)　　　　　　　　　　　　　　b)

图 4-159　常见的双脱模机构

a)弹簧式双脱模机构　b)杠杆式双脱模机构

1—型芯　2—脱模板　3—型腔板　4—定模推出板

图 4-160 所示为气动双脱模机构,在动模、定模两侧均有进气口与电磁阀。开模时,首先定模的电磁阀开启,使塑件脱离定模而留在动模型芯上,然后关闭定模电磁阀。开模终止时,打开动模电磁阀,将塑件吹离型芯。

4.9.6 顺序脱模机构

顺序脱模机构又称为顺序分型机构。由于塑件与模具结构的需要,首先需将定模型腔板与定模分开一定距离后,再使动模与定模型腔板分开取出塑件。顺序脱模机构通常要完成两次以上的脱模动作。常用的顺序脱模机构有弹簧顺序脱模机构、拉钩顺序脱模机构、尼龙拉钩式顺序脱模机构。

(1)弹簧顺序脱模机构　弹簧顺序脱模机构的结构特点是在定模一侧两模块之间设置压缩弹簧。开模时弹簧驱动定模型腔板(或脱模板)分开一定距离。限位之后,动模与定模型腔板分开,推出塑件。限位装置可以使用定距拉板或者定距拉杆。

定距拉杆式顺序脱模机构注射模,如图 4-161 所示。开模时,在弹簧顶销 3 的作用下,

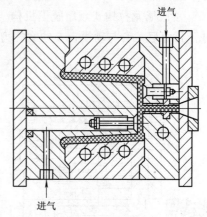

进气

进气

图 4-160　气动双脱模机构

模具首先从 A—A 分开，浇注系统凝料随塑件一起向左移动，当 A—A 分开的距离达到能取出浇注系统凝料时，定距拉杆（兼导向杆）7 的左端与中间板（型腔板）6 相碰，使中间板（型腔板）6 停止移动。当动模部分继续向左移动时，模具必然从 B—B 处打开，此时塑件因包紧在型芯 4 上与动模部分一起继续向左移动。当 B—B 分开到一定距离后，注射机推杆推动脱模板 5，并在推杆（兼脱模机构导柱）11 的作用下，由脱模板 5 将塑件从型芯 4 上脱下来。

其中，定距拉杆也可以用定距导柱代替，即在导柱上开设一定长度的定距凹槽，配合相应的限位钉来实现顺序开模。

（2）拉钩顺序脱模机构　拉钩顺序脱模机构的结构特点是定模型腔板（脱模板）通过一对拉钩与动模连接在一起。开模时定模型腔板（脱模板）首先被拉开作为第一次分型，至一定距离后拉钩脱开，随即限位。然后，动模与定模型腔板分开，完成第二次分型，再推出塑件。

图 4-162 所示为拉钩顺序脱模机构，由于拉钩 8 的连接作用，开模时首先由 A—A 面分型使塑件脱离定模型芯 4，随后压板 6 迫使拉钩 8 转动，并与动模垫板 2 脱钩，同时限位螺钉 7 起作用，模具从 B—B 面分开，再由推管 1 将塑件推出。

（3）尼龙拉钩式顺序脱模机构　如图 4-163 所示，尼龙拉钩 4 固定在脱模板 5 上。开模时，利用尼龙套与动模板 6 的摩擦力迫使模具沿 A—A 分开，使塑件随动模型芯 3 移动而脱

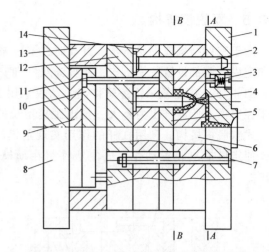

图 4-161　定距拉杆式顺序脱模机构注射模

1—定模座板　2—导柱　3—弹簧顶销　4—型芯　5—脱模板
6—中间板（型腔板）　7—定距拉杆　8—动模座板　9—推杆
10—推杆固定板　11—推杆　12—动模垫板
13—垫块　14—型芯固定板

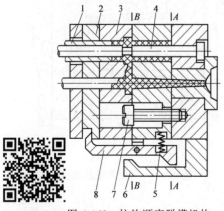

图 4-162　拉钩顺序脱模机构

1—推管　2—动模垫板　3—动模板
4—定模型芯　5—弹簧　6—压板
7—限位螺钉　8—拉钩

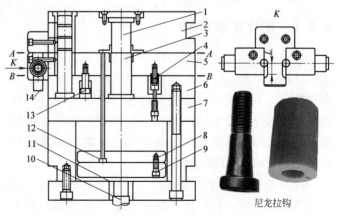

图 4-163　尼龙拉钩式双分型面注射模

1—定模型芯　2—压板槽　3—动模型芯　4—尼龙拉钩　5—脱模板
6—动模板　7—动模垫板　8—推杆固定板　9—推板　10—注射机推杆
11—推杆孔　12—推杆　13—限位螺钉　14—限位拉板

离定模型芯 1。当限位拉板 14 起限位作用时，脱模板 5 停止运动，迫使尼龙套脱离动模板 6，而使模具沿 *B—B* 分开。最后由脱模机构（推杆 12）将塑件脱离动模型芯 3。

4.9.7 浇注系统凝料的脱模机构

一般来说，普通浇注系统多数是单分型面的二板模具，而点浇口多是双分型面的三板模具。

1. 普通浇注系统凝料的脱模机构

通常采用侧浇口、直接浇口及盘环形浇口类型的模具，其浇注系统凝料一般与塑件连在一起。塑件脱出时，先用拉料杆拉住冷料，使浇注系统凝料留在动模一侧，然后用推杆或拉料杆推出，靠其自重而脱落。

2. 点浇口式浇注系统凝料的脱模机构

点浇口式浇注系统凝料，一般可用人工、机械手取出，但生产率低，劳动强度大，为适应自动化生产的需要，可采取以下几种依靠模具结构而使浇注系统凝料自动脱落的方法。

（1）利用推杆拉断浇注系统凝料　如图 4-164 所示，开模时模具首先沿 *A—A* 分开，流道凝料被带出定模座板 8，当限位螺钉 1 对推板 2 限位后，推杆 4 及推杆 5 共同将浇注系统凝料推出。

（2）利用拉料杆拉断浇注系统（图 4-2）凝料

（3）利用定模推板拉断浇注系统凝料　如图 4-165 所示，在定模型腔板 3 内镶一定模推板 5，开模时由定距分型机构保证定模型腔板 3 与定模座板 4 首先沿 *A—A* 分型。拉料杆 2 将主流道凝料从浇口套中拉出，当开模到 *L* 距离时，限位螺钉 1 带动定模推板 5 使主流道凝料与拉料杆 2 脱离，即实现 *B—B* 分型，同时拉断点浇口，浇注系统凝料便自动脱落。最后沿 *C—C* 分型时，利用脱模板将塑件与型芯分离。

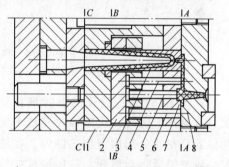

图 4-164　利用推杆拉断浇注系统凝料

1—限位螺钉　2—推板　3—镶件　4、5—推杆
6—复位杆　7—流道板
8—定模座板

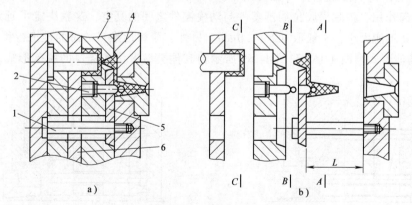

a)　　　　　　　　　　b)

图 4-165　利用定模推板拉断浇注系统凝料

a）合模　b）开模

1—限位螺钉　2—拉料杆　3—定模型腔板（中间板）　4—定模座板　5—定模推板　6—脱模板

3. 潜伏式浇口凝料的脱模机构

采用潜伏式浇口的模具，必须分别设置塑件和浇注系统凝料的脱模机构，在推出过程中，浇口被拉断，塑件与浇注系统凝料各自自动脱落。

（1）利用差动式推杆切断浇口凝料　为了防止潜伏式浇口被切断、脱模后弹出损伤塑件，可以设置延迟推出装置，如图 4-166 所示。图 4-166a 所示为合模状态，在脱模过程中，先由推杆 2 推动塑件，将浇口切断而与塑件分离（图 4-166b）。当推板 5 移动 l 距离后，限位圈 4 即开始被推动，从而由流道推杆 3 推动流道凝料，最终塑件和流道凝料都被推出型腔，如图 4-166c 所示。

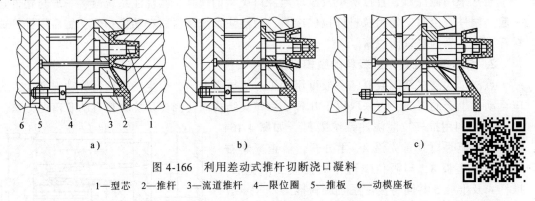

图 4-166　利用差动式推杆切断浇口凝料

1—型芯　2—推杆　3—流道推杆　4—限位圈　5—推板　6—动模座板

在图 4-167 中，胶位的形状细且较深，容易产生困气，从而导致充填不完整。若只在此处加固定型芯镶件，在注射一段时间后也会堵死；若加细推杆推出，过细的推杆会因为受力太大而经常断裂。采用延迟推出的方式就可以解决这个问题，延迟推出推杆 7 起控制阶梯形推杆 4 延迟推出和复位的作用。延迟推出的好处是让其他推出零件（如普通推杆 2）

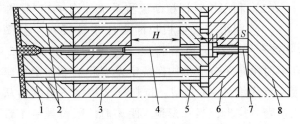

图 4-167　延迟推出行程示意图

1—动模镶件　2—普通推杆　3—动模板　4—阶梯形推杆
5—推杆固定板　6—推板　7—延迟推出推杆　8—动模座板

先起作用，消除深胶位周围塑件与动模镶件之间的真空，这就决定了延迟推出距离 S 不能太大又不能太小，一般取 0.5~1.0mm。另外，阶梯形推杆的总的推出行程为 H。

（2）其他形式　图 4-168 和图 4-169 所示为其他类型潜伏式浇口的脱落形式。在推出过

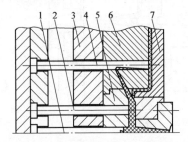

图 4-168　内侧潜伏式浇口的脱落形式

1—拉料杆　2—流道推杆　3—动模垫板　4—塑件推杆
5—型芯固定板　6—型芯　7—定模

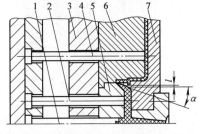

图 4-169　外侧潜伏式浇口的脱落形式

1—拉料杆　2—流道推杆　3—动模垫板　4—塑件推杆
5—型芯固定板　6—型芯　7—定模

程中，流道推杆与塑件推杆分别推动浇口和塑件，并使其分离。最后，浇注系统凝料和塑件分别被推出。

4.9.8 螺纹塑件的脱模机构

塑件的内螺纹由螺纹型芯成型，外螺纹由螺纹型环成型，所以带螺纹塑件的脱出可分为强制脱螺纹、拼合式螺纹型芯和型环以及旋转脱螺纹三大类。

1. 强制脱螺纹

这种模具结构简单，通常用于精度要求不高的塑件。

（1）利用塑件的弹性脱螺纹 对于聚乙烯、聚丙烯等具有弹性的塑件，可以采用脱模板将塑件从螺纹型芯上强制脱出，如图 4-170a、b 所示。但是，要注意不宜使用图 4-170c 所示的带有圆弧形端面作为塑件的推出面。

常见的能够采用强制脱模的塑料的伸长率和弯曲弹性模量见表 4-24。

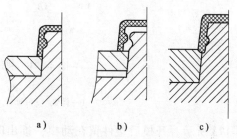

图 4-170 利用塑件的弹性脱螺纹

表 4-24 常见的能够采用强制脱模的塑料的伸长率和弯曲弹性模量

材　　质	相对于侧凹的伸长率 $\delta(\%)$	弯曲弹性模量 E/MPa
PS	<0.5	—
AS（SAN）	<1.0	—
ABS	<1.5	2.3
PC	<1.0	2.4
PA	<2	2.6
POM	<2	2.9
PE（低密度）	<5	—
PE（中密度）	<3	—
PE（高密度）	<3	3.1
PVC（硬质）	<1	—
PVC（软质）	<10	—
PP	<2	1.5

注：1. $\delta = \dfrac{d_0 - d_1}{d_0} \times 100\%$

2. 该数值因成型品取出温度不同而异，以上介绍的是较小的数值

（2）利用硅橡胶螺纹型芯脱螺纹 图 4-171 所示为利用硅橡胶螺纹型芯脱螺纹。开模时，由于弹簧 1 的作用，模具从 A—A 分型，芯杆 3 首先从硅橡胶螺纹型芯 4 中脱出，使硅橡胶螺纹型芯 4 产生收缩，再由推杆 2 将塑件强迫脱出。

2. 拼合式螺纹型芯和型环

对于精度要求不高的外螺纹塑件，可采用两块拼合式螺纹型环成型，如图 4-172 所示。开模时，在斜导柱 4 的作用下型环上下分开，再由脱模板 2 推出塑件。

对于精度要求不高的内螺纹塑件，可设计成间断内螺纹，由拼合式螺纹型芯成型，如图

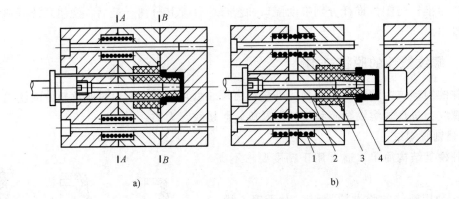

图 4-171　利用硅橡胶螺纹型芯脱螺纹

a）合模　b）开模

1—弹簧　2—推杆　3—芯杆　4—硅橡胶螺纹型芯

4-173 所示。开模后塑件留在动模，推出时推杆 1 带动推板 2，推板 2 带动螺纹型芯 5 和脱模板 3 一起向前运动，同时螺纹型芯 5 向内收缩，使塑件脱模。

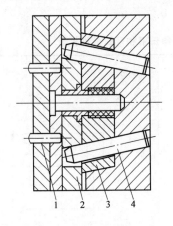

图 4-172　拼合式螺纹型环

1—推杆　2—脱模板　3—活动型环　4—斜导柱

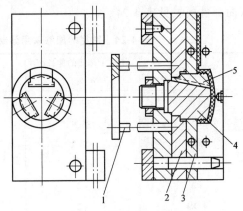

图 4-173　拼合式螺纹型芯

1—推杆　2—推板　3—脱模板　4—型芯　5—螺纹型芯

3. 旋转脱螺纹

（1）螺纹部分的止转、回转方式与推出　当螺纹塑件在模具中冷却凝固需要脱模时，要求塑件或模具中的某一方既能进行回转运动又能进行轴向运动，或者仅一方进行回转运动而另一方进行轴向运动均可实现塑件自动脱螺纹。不管采用哪种运动方式脱螺纹，都要求塑件上必须带有止转结构。止转结构可以设置在塑件外侧表面，也可以设置在塑件内侧表面或端面，如图 4-174 所示。回转机构设置在定模、动模都可以，一般的模具回转机构设在动模一边较多。

1）塑件外部有止转结构。图 4-175 所示为塑件外部有止转结构。图 4-175a 所示为外点浇口的塑件，凹模在定模，螺纹型芯在动模，螺纹型芯回转使塑件脱出的形式。图 4-175b 所示为内点浇口的塑件，凹模在动模，使动模上的塑件回转而脱离螺纹型芯的形式。这两种脱螺纹形式都不使用脱模机构，只使之回转就能达到使塑件不附着凹模或型芯而自动脱出的

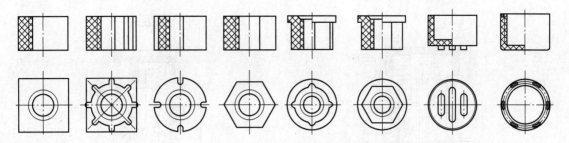

图 4-174　螺纹塑件的止转结构

目的。设计时需注意，使螺纹型芯与塑件保留必要的螺纹时（一般为一扣左右），塑件再脱离凹模。

图 4-176 所示为塑件有止转部分的型腔和螺纹型芯同时处于动模的例子，当止转部分长度 H 和螺纹长度 h 相等时回转终了，即使没有推出装置，塑件也能落下；当 $H>h$ 时，则需要采用推杆将塑件推出型腔。

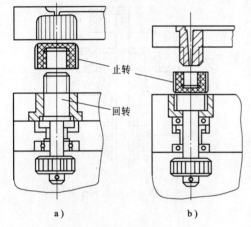

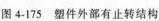

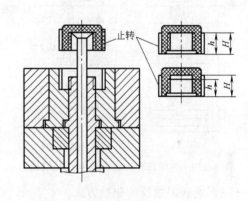

图 4-175　塑件外部有止转结构　　　　　图 4-176　有推出机构的脱螺纹形式

2）塑件内部有止转结构。图 4-177 所示为内螺纹塑件在内顶部平面有止转结构。止转型芯带动塑件一起回转并沿轴向向上移动，使塑件脱离螺纹型芯。设计时需注意，止转型芯上螺纹螺距和塑件上螺纹螺距必须一致，并且塑件脱离螺纹型芯后，顶部平面还和止转型芯连着，还要采用其他方法将塑件从止转型芯上取下。

图 4-178 所示为外螺纹塑件在内侧有止转结构，型芯回转带动塑件回转并沿轴向移动，使塑件脱离螺纹型腔，这时塑件还没有脱离止转型芯，需要用推杆将塑件继续推出，实现最终脱模。

图 4-179 所示为内螺纹塑件在内侧有止转结构，型芯回转使螺纹脱开，当塑件的螺纹部分全部脱出后，塑件的止转部分还没有脱离止转型芯。图 4-179a 所示为以推杆将推板顶起，使塑件最终脱模；图 4-179b 所示为使用弹簧将推板顶起，使塑件最终脱模。

3）塑件的端面有止转结构。图 4-180 所示为塑件的端面有止转结构，通过螺纹型芯的回转，要在推板下设置相应的装置使推板与塑件同步沿轴向运动，保证推板上的止转结构始终与塑件上的止转凹槽不脱开，从而使塑件脱离螺纹型芯，最后，在推杆的作用下使塑件脱离带有止转结构的推板。

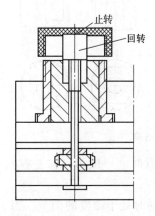

图 4-177　内螺纹塑件在内顶部平面有止转结构

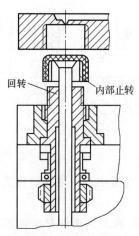

图 4-178　外螺纹塑件在内侧有止转结构

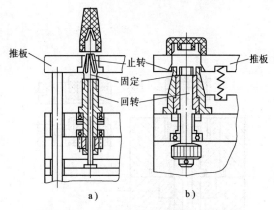

a)　　　　　　　b)

图 4-179　内螺纹塑件在内侧有止转结构

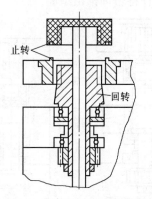

图 4-180　塑件的端面有止转结构

（2）旋转脱螺纹的驱动方式

1）人工驱动。人工驱动脱螺纹，其动力来自人工。虽然人工脱螺纹使得相应模具结构简单，但工人劳动强度大，生产率低，在当今注射生产中已经很少被采用。

2）利用开模运动脱螺纹。

① 使用齿条机构使螺纹型芯或型环旋转。这种机构是利用开模时的直线运动，通过齿条、齿轮或丝杠的传动，带动螺纹型芯或型环做旋转运动而脱出塑件。图 4-181 所示为齿轮、齿条脱螺纹机构。开模时，装在定模座板上的齿条带动小齿轮，并通过一系列齿轮传动，将带螺纹的塑件及浇注系统凝料同时脱出。由于螺纹型芯与拉料杆的转向相反，所以两者的螺纹旋向相反，且螺距应该相等。

图 4-182 所示为侧向脱螺纹的机动脱模机构。开模时，齿条导柱 3 带动螺纹型芯 2 旋转并沿套筒螺母 4 做轴向移动，套筒螺母 4 与螺纹型芯 2 配合处螺纹的螺距应与塑件成型螺距一致，且螺纹型芯 2 上的齿轮宽度应保证在左右移动到两端点时都能与齿条导柱 3 的齿形啮合。由于受齿轮齿条啮合区域的限制，使用这种脱螺纹的机构只适应于塑件上螺纹圈数较少的场合。

② 使用大升角螺杆使螺纹型芯或型环旋转。如图 4-183 所示，在行星齿轮轴上加工出大升角螺杆，与它配合的螺母是固定不动的，开模时动模移动，通过大升角螺杆使齿轮轴回转。采用长导程大升角螺杆脱螺纹在国内外应用较广泛。

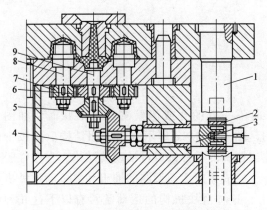

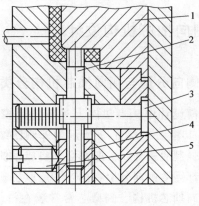

图 4-181　齿轮、齿条脱螺纹机构

1—齿条　2、6、7—齿轮　3—齿轮轴　4、5—锥齿轮
8—螺纹型芯　9—螺纹拉料杆

图 4-182　侧向脱螺纹的机动脱模机构

1—定模型芯　2—螺纹型芯　3—齿条导柱
4—套筒螺母　5—紧定螺钉

3）使用液压缸驱动脱螺纹。如图 4-184 所示，是液压缸驱动齿条往复运动，再带动齿轮使螺纹型芯回转的脱模机构。

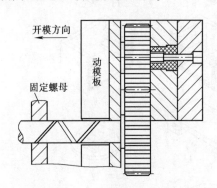

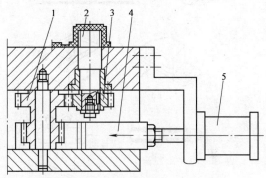

图 4-183　大升角螺杆机构脱螺纹

图 4-184　液压缸驱动方式

1、3—齿轮　2—螺纹型芯　4—齿条　5—液压缸

4）使用液压马达驱动脱螺纹。采用液压马达脱螺纹（图 4-185）时，如可以将其装在模具的水平轴线上，液压马达的转速较慢可以直接驱动螺纹型芯。

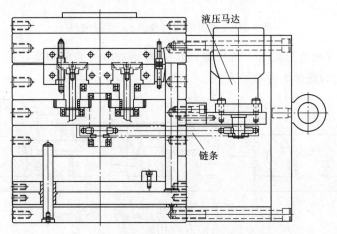

图 4-185　液压马达驱动方式

4.10 侧向抽芯机构设计

4.10.1 侧向分型与侧向抽芯机构分类

在注射模设计中，当塑件上具有与开模方向不一致的孔或侧壁有凹凸形状时，如图 4-186所示。其中图 4-186a~g 所示为外侧凹结构，图 4-186h~o 所示为内侧凹结构。除极少数情况可以强制脱模外，一般都必须将成型侧孔或侧凹的零件做成可活动的结构，在塑件脱模前，一般都需要侧向分型和抽芯才能取出塑件，完成侧向活动型芯的抽出和复位的这种机构就称为侧向抽芯机构。侧型芯常常装在滑块上，这种滑块机构的运动常常有以下这几种方式。

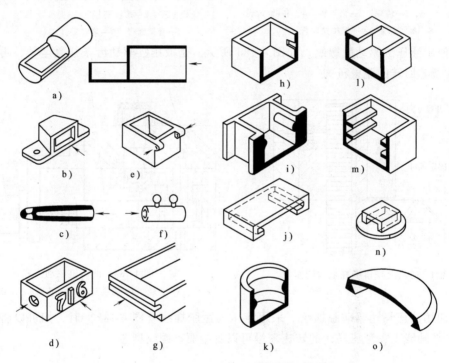

图 4-186 常见的侧壁有凹、凸形状塑件

1) 模具打开或闭合的同时，滑块也同步完成侧型芯的抽出和复位的动作，如图 4-187 所示，这是最常用的侧滑块运动的方式。

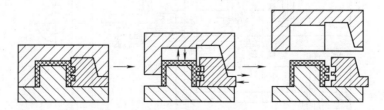

图 4-187 模具动、定模打开与侧型芯同步运动过程

2）模具打开后，滑块借助外力驱动完成侧型芯的抽出和复位的动作，如图 4-188 所示，这种侧滑块运动常常用于大型的滑块或侧抽芯距较长的场合。

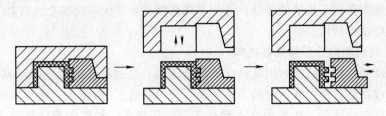

图 4-188　模具动、定模打开与侧型芯不同步运动过程

3）与前两种所不同，如图 4-189 所示，将滑块设在定模，在模具打开前，借助其他动力将侧型芯抽出。

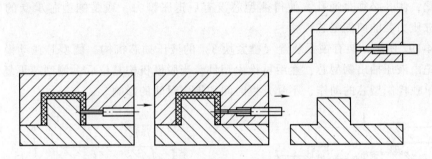

图 4-189　侧型芯在定模上滑动的过程

按照侧向抽芯机构的驱动形式有如图 4-190 所示的分类。

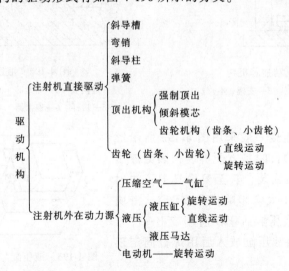

图 4-190　侧向抽芯机构分类

下面按侧向抽芯机构的动力来源将其分为手动、液压、气动和机动四种类型。

1. 手动侧向分型与抽芯机构

在推出塑件前或脱模后用手工方法或手工工具将活动型芯或侧向成型镶块取出的方法，

称为手动抽芯方法。手动抽芯机构的结构简单，但劳动强度大，生产率低，故仅适用于下列几种场合：①小型多用型芯、螺纹型芯、成型镶块的抽出距离较长；②因为塑件的形状特殊不适合采用其他侧向抽芯机构的场合；③为了降低模具生产成本的场合。当前，手动侧向分型和抽芯机构已很少使用。

2. 液压、气动侧向分型与抽芯机构

液压或气动侧向抽芯机构利用液体或气体的压力，通过液压缸或气缸活塞及控制系统，实现侧向分型或抽芯动作。液压缸抽芯距离长（可以自选），力量大，还可以由电路控制与其他开模动作的先后顺序，比较适合有动作先后顺序要求、抽芯距离较长或者较大型的滑块。它的缺点是外形较大，有可能会影响模具在注射机上的安装；注射要求有电路及油路控制，较为复杂；价格较昂贵等。图 4-191 所示为气动抽芯机构，侧型芯和气缸都设在定模一边，在开模之前利用气缸使侧型芯移动，然后再开模，塑件由推杆推出。这种结构没有锁紧装置，因此，侧孔必须是通孔，使得侧型芯没有后退胀型力，或是侧型芯承受的侧压力很小，靠气缸压力就能使侧型芯锁紧。

如图 4-192 所示，装有锁紧装置（楔紧块 3）的液压抽芯机构，侧型芯在动模一边。开模后，首先由液压抽出侧型芯，然后再推出塑件，当脱模机构复位后，侧型芯再复位。液压抽芯可以单独控制型芯的动作，不受开模时间和推出时间的影响。

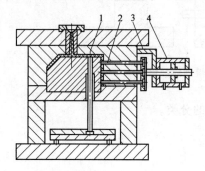

图 4-191　气动抽芯机构

1—定模板　2—侧型芯　3—支架　4—气缸

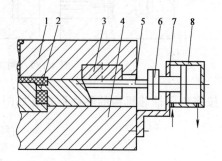

图 4-192　液压抽芯机构

1—定模板　2—侧型芯　3—楔紧块　4—动模板
5—拉杆　6—连接器　7—支架　8—液压缸

液压缸与滑块的连接一般采用图 4-193 所示形式。采用 T 形槽连接的目的是方便拆装，因为液压缸外形较大，常常最后安装，甚至要模具上了注射机才安装（液压缸凸出太多影响模具安装）。滑块上的 T 形槽为通槽，液压缸活塞杆前端旋上一个 T 形连接件，安装时，将液压缸放入后用螺钉固定于支架上即可。

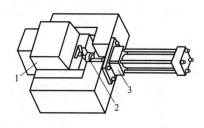

图 4-193　液压缸与滑块的常用连接形式

1—滑块　2—连接件　3—液压缸

模具上方的液压缸常常会影响模具的吊装，所以用设计大型框架的方法来避开；模具下方液压缸又会影响模具的摆放，可将模脚加高以撑起模具。总之，在设计模具的外围零件时，要考虑到模具的摆放、吊装、运输以及在注射机上装配的情况。

3. 机动侧向分型与抽芯机构

机动侧向分型与抽芯是利用注射机的开模力，通过传动机构改变运动方向，将侧向的活动型芯抽出。机动侧向抽芯机构的结构比较复杂，但抽芯不需人工操作，抽芯力较大，具有灵活、方便、生产率高、容易实现全自动操作、无须另外添置设备等优点，在生产中被广泛采用。

机动抽芯按结构可分为斜导柱、弯销、斜导槽、斜滑块、楔块、齿轮齿条、弹簧等多种抽芯形式。

4.10.2 斜导柱侧向分型与抽芯机构

斜导柱抽芯机构是最常用的一种侧向抽芯机构。它具有结构简单、制造方便、安全可靠等特点。斜导柱抽芯机构动作原理图如图 4-194 所示。图 4-194a 所示为合模状态；图 4-194b 所示为开模后的状态；图 4-194c 所示为推出塑件后的状态。侧向抽芯机构的工作过程是：开模时斜导柱 2 作用于滑块和侧型芯 3，迫使滑块和侧型芯 3 一起在动模板中的导滑槽内向外移动，完成侧抽芯动作，塑件 6 由推杆 7 推出型腔。限位钉 5、弹簧 4 使滑块和侧型芯 3 保持抽芯后最终位置，以保证合模时斜导柱 2 能准确地进入滑块的斜孔，使滑块回到成型位置。在合模注射时，为了防止侧型芯受到成型压力的作用而使滑块产生位移，用楔紧块 1 来锁紧滑块和侧型芯 3。

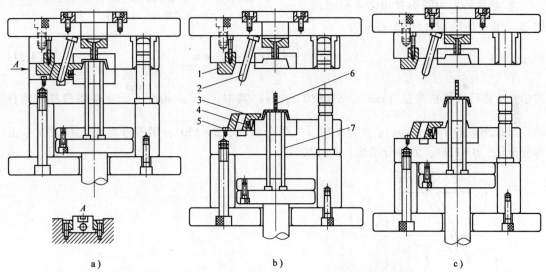

a)　　　　　　　　　　　b)　　　　　　　　　　　c)

图 4-194　斜导柱抽芯机构动作原理图

1—楔紧块　2—斜导柱　3—滑块和侧型芯　4—弹簧　5—限位钉　6—塑件　7—推杆

1. 斜导柱侧向分型与抽芯机构抽芯距和抽芯力的计算

（1）抽芯距的计算　将侧型芯从成型位置抽至不妨碍塑件的脱模位置所移动的距离，称为抽芯距，用 $S_{抽}$ 表示，如图 4-195 所示。抽芯距的计算方式要分以下两种情况。

1）在一般情况下，侧向抽芯距通常比塑件上的侧孔、侧凹的深度或侧向凸台的高度大 2~3mm，即

$$S_{抽} = h + (2 \sim 3) \text{ mm} \tag{4-32}$$

式中，$S_抽$ 是抽芯距（mm）；h 是塑件上的侧孔深度或侧向凸台高度（mm）。

2）在某些特殊的情况下，当侧型芯或侧凹模从塑件中虽已脱出，但仍阻碍塑件脱模时，就不能简单地使用这种方法来确定抽芯距。如图 4-196 所示，其抽芯距不是 s_2+k，而是 s_1+k，可见塑件的形状不同、等分滑块的数目不同，抽芯距的计算方法也不同。下面分别就几种常见的典型等分滑块结构的抽芯距的计算公式进行推导。

① 塑件外形为圆形并用二等分滑块抽芯时，则抽芯距为

$$S_抽 = \sqrt{R^2 - r^2} + k \qquad (4-33)$$

式中，R 是外形最大圆的半径（mm）；r 是阻碍推出塑件的外形最小圆的半径（mm）；k 是安全值（2~3mm）。

② 塑件外形为圆形并用多等分滑块抽芯（图 4-197）时，则抽芯距为

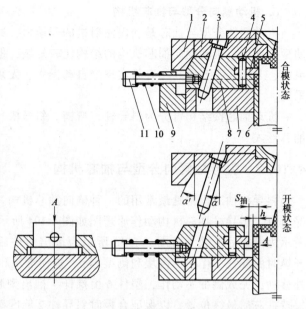

图 4-195　斜导柱侧向分型与抽芯机构

1—楔紧块　2—定模板　3—斜导柱　4—销　5—侧型芯
6—推杆或推管　7—动模板　8—滑块　9—限位块
10—压紧弹簧　11—螺钉

$$S_抽 = h + k = \frac{R\sin\alpha}{\sin\beta} + (2~3) \quad \text{mm} \qquad (4-34)$$

式中，R 是最大圆角半径（mm）；$\alpha = 180° - \beta - \gamma$，其中，$\gamma = \arcsin\dfrac{r\sin\beta}{R}$，$r$ 是阻碍推出塑件的外形最小圆的半径（mm）；β 为夹角（三等分滑块，$\beta = 150°$；四等分滑块，$\beta = 135°$；五等分滑块，$\beta = 126°$；六等分滑块，$\beta = 120°$）。

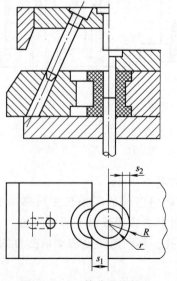

图 4-196　二等分滑块抽芯

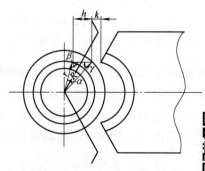

图 4-197　多等分滑块抽芯

③ 塑件外形为矩形并用二等分滑块抽芯（图 4-198）时，则抽芯距为

$$S_{抽} = h/2 + k \tag{4-35}$$

式中，h 是矩形塑件的外形最大尺寸（mm）；k 是安全值（2~3mm）。

④ 塑件外形为矩形并用四等分滑块抽芯（图 4-199）时，则抽芯距为

$$S_{抽} = h + k \tag{4-36}$$

式中，h 是外形内凹深度（mm）；k 是安全值（2~3mm）。

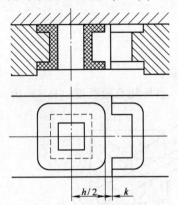

图 4-198　矩形用二等分滑块抽芯

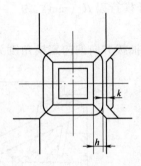

图 4-199　矩形用四等分滑块抽芯

（2）抽芯力的计算　抽芯力是指塑件处于脱模状态，需要从与开模方向有一交角的方位抽出型芯所克服的阻力。当原材料确定时，抽芯力的大小与模具结构和塑件形状有密切关系，因此计算抽芯力的方法与本章脱模力的计算相同，可参阅脱模力计算式（4-23）~式（4-26）。上面叙述了斜导柱抽芯机构的抽芯距和抽芯力的计算方法，采用其他侧向分型和抽芯机构时，其抽芯距和抽芯力的计算方法和斜导柱抽芯机构一样。

2. 斜导柱的设计

（1）斜导柱长度及开模行程计算　斜导柱的长度主要根据抽芯距、斜导柱直径及倾斜角的大小而确定，如图 4-200 所示。

其长度 L 的计算公式为

$$
\begin{aligned}
L &= L_1 + L_2 + L_3 + L_4 + L_5 \\
&= \frac{D}{2}\tan\alpha + \frac{h}{\cos\alpha} + \frac{d}{2}\tan\alpha + \frac{S_{抽}}{\sin\alpha} + (8 \sim 15) \quad \text{mm}
\end{aligned}
$$

$$\tag{4-37}$$

式中，L 是斜导柱总长度（mm）；D 是斜导柱固定部分大端直径（mm）；h 是斜导柱固定板厚度（mm）；d 是斜导柱直径（mm）；α 是斜导柱的倾角（°）；$L_4 = \dfrac{S_{抽}}{\sin\alpha}$ 称为斜导柱的有效长度；$L_3 + L_4$ 称为斜导柱的伸出长度；L_5 称为斜导柱头部长度，常取 8~15mm。

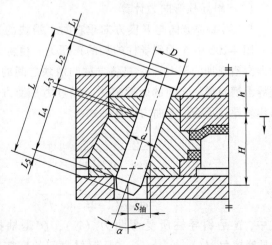

图 4-200　斜导柱长度与开模行程

1）当抽拔方向与开模方向垂直时（图 4-200），斜导柱的有效长度（mm）为

$$L_4 = \frac{S_{抽}}{\sin\alpha} \qquad (4\text{-}38)$$

完成抽芯距所需最小开模行程 H（mm）为

$$H = S_{抽}\cot\alpha \qquad (4\text{-}39)$$

2）当抽拔方向偏向动模角度为 β 时（图 4-201a），斜导柱的有效长度（mm）为

$$L_4 = \frac{S_{抽}}{\sin\alpha}\cos\beta \qquad (4\text{-}40)$$

最小开模行程 H（mm）为

$$H = S_{抽}\left(\cot\alpha\cos\beta - \sin\beta\right) \qquad (4\text{-}41)$$

3）当抽拔方向偏向定模角度为 β 时（图 4-201b），斜导柱有效长度（mm）为

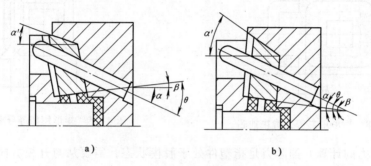

a)   b)

图 4-201 滑块倾斜时的斜导柱抽芯机构

$$L_4 = \frac{S_{抽}}{\sin\alpha}\cos\beta \qquad (4\text{-}42)$$

最小开模行程 H（mm）为

$$H = S_{抽}\left(\cot\alpha\cos\beta + \sin\beta\right) \qquad (4\text{-}43)$$

值得说明的是，上述计算较烦琐，在实际生产中常用查表法求得。

（2）斜导柱弯曲力计算

1）当抽拔方向与开模方向垂直时，滑块的受力如图 4-202 所示。

图 4-202 中 N 为斜导柱施加的正压力，也称为斜导柱所承受的弯曲力，Q' 为抽拔阻力，p 为导滑槽施加的压力，F_1 是斜导柱与滑块之间的摩擦阻力，F_2 是导滑槽与滑块之间的摩擦阻力。经过力平衡方程的推导，可得出斜导柱承受的弯曲力计算公式为

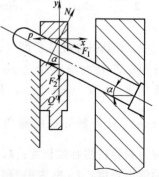

$$N = \frac{Q'\cos^2\varphi}{\cos\left(\alpha + 2\varphi\right)} \qquad (4\text{-}44)$$

或

$$N = \frac{Q'}{\cos\alpha\left(1 - 2f\tan\alpha - f^2\right)} \qquad (4\text{-}45)$$

式中，N 是斜导柱所受弯曲力（N）；Q' 是抽拔阻力（N）；φ 是摩擦角（°），$\tan\varphi = f$；f 是钢材之间的摩擦因数，一般取 $f = 0.15$。

图 4-202 滑块受力示意图

2）当抽拔方向偏向动模角度为 β 时，斜导柱承受的弯曲力为

$$N=\frac{Q'}{\cos(\alpha+\beta)\left[1-2f\tan(\alpha+\beta)-f^2\right]} \tag{4-46}$$

3）当抽拔方向偏向定模角度为 β 时，斜导柱承受的弯曲力为

$$N=\frac{Q'}{\cos(\alpha-\beta)\left[1-2f\tan(\alpha-\beta)-f^2\right]} \tag{4-47}$$

（3）斜导柱横截面尺寸确定　常用的斜导柱结构，如图 4-203 所示。

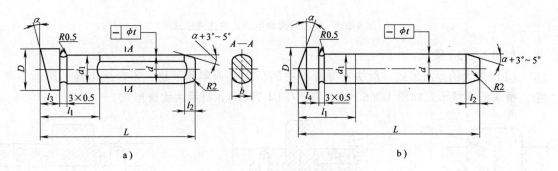

图 4-203　常用的斜导柱的结构

对圆形横截面的斜导柱，其直径 d（mm）为

$$d=\sqrt[3]{\frac{NL_4}{0.1\,[\sigma]}} \tag{4-48}$$

对矩形横截面的斜导柱，设横截面高为 h（mm），横截面宽为 b（mm），且 $b=2h/3$，则

$$h=\sqrt[3]{\frac{9NL_4}{[\sigma]}} \tag{4-49}$$

式中，$[\sigma]$ 是许用弯曲应力（MPa），对于碳钢 $[\sigma]=137.2$MPa；L_4 是斜导柱有效长度（mm）；N 是斜导柱最大弯曲力（N）。附录 D 列出了斜导柱的结构形式和尺寸。

（4）斜导柱与滑块的组合形式　保证在开模瞬间有一很小空程，使塑件在活动型芯未抽出之前从凹模内或型芯上获得松动，并使楔紧块先脱开滑块，以免干涉抽芯动作。斜导柱与滑块的组合形式如图 4-204 所示。

3. 滑块、导滑槽及定位装置的设计

（1）活动型芯与滑块的连接形式　滑块分为整体式和组合式，组合式的连接形式如图 4-205 所示。

当型芯直径较小时，可用螺钉顶紧的形式，如图 4-205a 所示；对较大的型芯，可用燕尾槽连接，如图 4-205b 所示；如果型芯为薄片状时，可用通槽固定如图 4-205c 所示；对于多个型芯，可加压板固

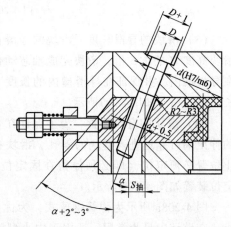

图 4-204　斜导柱与滑块的组合形式

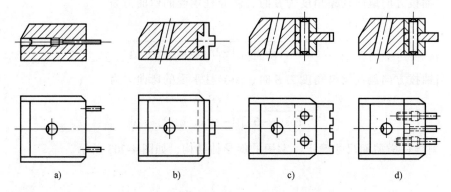

图 4-205　型芯与滑块组合式的连接形式

定，如图 4-205d 所示。

（2）滑块的导滑形式　滑块在导滑槽中的活动必须顺利平稳，不发生卡滞、跳动等现象。滑块的导滑形式如图 4-206 所示，其中图 4-206b～d 所示为优选形式。

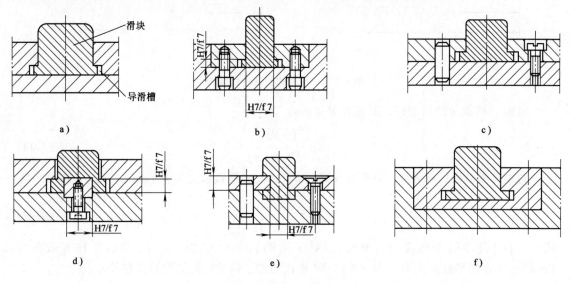

图 4-206　滑块的导滑形式

（3）滑块的导滑长度　滑块的导滑长度 L 应大于滑块高度 H 的 1.5 倍，滑块完成抽芯动作后应继续留在导滑槽内，并保证在导滑槽内的长度 l 大于滑块全长 L 的 2/3，如图4-207所示。

（4）滑块的定位装置　为了保证在合模时斜导柱的伸出端可靠地进入滑块的斜孔，滑块在抽芯后的终止位置必须定位（即必须停留在固定位置），其各种定位装置如图 4-208 所示。

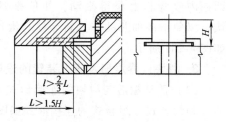

图 4-207　滑块导滑长度

图 4-208a 所示为弹簧钢球式，为优先选择的定位装置，其加工简单，安装方便，占位小，在设计中最为常用，适用于中小型滑块。一般滑块上使用1～2 个，使用两个时应注意

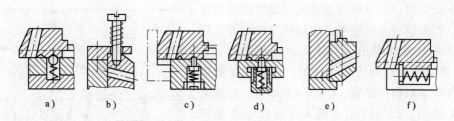

图4-208　滑块的各种定位装置

均衡排位，使滑块受力平均。

图4-208b所示为外置弹簧式，利用外置弹簧弹力使滑块停靠在挡板上。这种定位装置简单，安装调试方便，可安装于模具外部，开模时在弹簧的作用下拉动滑块，最适用于在模具上方的滑块。弹簧弹力应该是滑块自重力的1.5倍以上。

图4-208c、d所示为弹簧球头销定位，与弹簧钢球式类似。

图4-208e所示为滑块自重式，只适用于滑块向下抽芯时使用，它靠滑块的自重和挡块定位。

图4-208f所示为内置弹簧式，利用埋在模板槽内的弹簧及挡板与滑块上的沟槽配合来定位。这种装置结构简单，开模时能推动滑块，适用于中小型滑块。若滑块行程较远，弹簧较长，中心要穿销以防止弹簧弯曲。但是，由于滑块前端面不一定有足够位置放弹簧，加上弹簧工作一段时间后可能会断裂在模具内部，因此这种设计的使用受到一定限制。

4. 楔紧块的设计

（1）滑块的锁紧形式　为了防止活动型芯和滑块在成型过程中受力而移动，滑块应采用楔紧块锁紧，滑块的锁紧形式如图4-209所示。图4-209a所示滑块采用整体式楔紧块锁紧，适用于大型塑件和锁紧面积较大的场合；图4-209b所示滑块采用镶拼式楔紧块锁紧，结构简单，但刚性差，易松动，适用于小型模具；图4-209c所示滑块采用嵌入式楔紧块锁紧，适用于较宽的滑块；图4-209d所示滑块采用嵌入式楔紧块锁紧，楔紧块采用平面支承，强度增高，适用于锁紧力较大的场合。

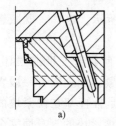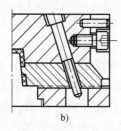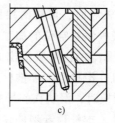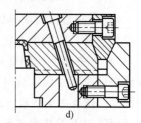

图4-209　滑块的锁紧形式

在实际生产中，根据所成型塑件和模具的特点，楔紧块的结构也会适当地做一些变化。

（2）楔紧块的几种变形结构

1）在图4-210中，开模时由安装于定模的斜导柱带动滑块做侧向滑动，从而从塑件侧壁上的孔中抽出，然后塑件就可以顺利被脱出。

滑块的行程S应足够滑块滑出侧向的凸、凹部位，并且加一定的余量，以保证塑件推出时完全不会受阻。斜导柱的直径应根据滑块的重量来确定。若滑块较大，应考虑增加斜导柱的数量以保证能够带动滑块滑出。斜导柱的倾斜角度 $A \leqslant 25°$；楔紧块的斜面角度 $B = A + 2°$；楔紧块尾部突出定模部分应做斜面锁紧，$C = 3° \sim 5°$ 即可。应注意的是，A 越大，斜导柱受力越大，所以应尽量减小 A。

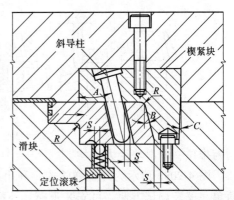

图 4-210 实例 1

2）当定模不允许楔紧块做大时，可直接将斜导柱安装于定模镶件或定模板上，如图 4-211 所示。与图 4-210 相比，斜导柱较长，且在定模镶件或定模板上加工斜孔较麻烦，但节省了定模位置，在一些情况下可采用这种楔紧块方式。楔紧块的倾斜角度应尽可能地小，以减小滑块和楔紧块所受的力。滑块斜槽各处应加圆角，以便楔紧块的插入及增加强度。由于结构所限，此种滑块一般行程较小，适用于侧型芯滑动行程很小的情况。

3）若模具位置非常有限时，滑块必须做得很小，如图 4-212 所示，采用这种方式最节省位置，也比较简单。楔紧块既起锁紧滑块的作用，在开模时又起到斜导柱的作用。但是由于滑块很小，上面的斜槽为通槽，使滑块的强度大大降低（容易爆裂）。

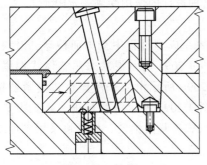

图 4-211 实例 2

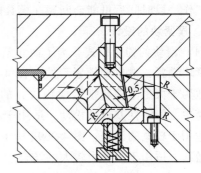

图 4-212 实例 3

4）有些塑件滑块厚度较厚时，可将滑块的外侧减薄，如图 4-213 所示，这样，既减轻了滑块重量，又减少了定模楔紧块空位的加工量。

5）有些塑件的侧壁是悬空的，滑块滑出时可能会黏塑件侧壁，而使侧壁变形或损坏，导致塑件脱不了模，这时可在滑块上增加推杆来解决问题。在楔紧块锁紧斜面上设计一段直身面，如图 4-214 所示。开模时，滑块在斜导柱的作用下向外滑动，但是推杆却在楔紧块的直身面限制下保持静止不动，推杆顶着塑件，使其不会被滑块带出。当楔紧块的直身面完全离开推杆尾部的球头后，推杆便会随滑块一起运动了。直身面只能限制推杆比滑块迟动一点距离，但只要滑块一离开塑件，不会再黏滑块就可以了。推杆由弹簧推动保持复位，并由限位螺钉限位。滑块滑动行程结束后，斜导柱离开滑块，此时滑块需要定位装置定位，以保证在合模时斜导柱能够顺利进入滑块。根据滑块结构、重量及模具生产时滑块所处位置，有不同的定位方法。

6）内缩滑块仅适用于塑件内侧壁凹下部位的成型脱模，结构较简单，但是由于滑块占位较大，往往会影响冷却水道和推杆的布局。图 4-215 中的滑块即为内缩滑块，开模时滑块

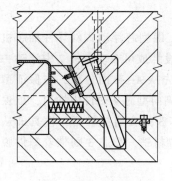

图 4-213 实例 4

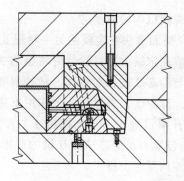

图 4-214 实例 5

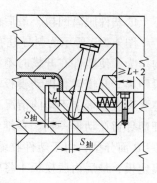

图 4-215 实例 6

由斜导柱带动向内滑动，S 为滑块行程，开模后由弹簧顶住滑块，使其保持相对位置。合模时，斜导柱带回滑块，并由定模一边的斜面压紧滑块。应注意的是，滑块后部要设计一块镶件，其底部与滑块底部平齐，宽度与滑块一致，长度 $\geq L+2\mathrm{mm}$，以便滑块的安装与拆卸。

5. 斜导柱抽芯机构的常见形式

（1）斜导柱在定模，滑块在动模 如图 4-216 所示为广泛应用的一种斜导柱在定模、滑块在动模的侧向抽芯机构。开模时滑块一边随动模部分左移，同时还在斜导柱的作用下移动，从而完成侧向抽芯的动作。

图 4-217 所示为斜导柱在定模、滑块在动模的侧向延迟抽芯机构，其特点是避免塑件抽芯后留在定模型芯上，故在滑块斜孔与斜导柱之间留有一定的延时抽芯间隙。开模时，动模、定模分开，滑块 2 不动，定模型芯 1 松动，解除塑件对型芯的包紧力。当延时结束后，滑块 2 在斜导柱 3 的作用下做侧向抽芯动作，并使塑件脱离定模型芯 1 并留在动模上。另外，斜导柱在定模，滑块在动模还可以实现内侧抽芯，如图 4-215 所示。

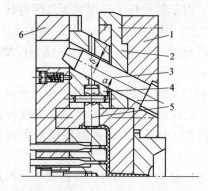

图 4-216 斜导柱在定模、滑块在动模的侧向抽芯机构

1—定模板 2—锁紧块 3—斜导柱
4—滑块 5—侧型芯 6—动模板

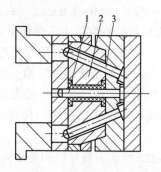

图 4-217 斜导柱在定模、滑块在动模的侧向
延迟抽芯机构

1—定模型芯 2—滑块 3—斜导柱

（2）斜导柱在动模，滑块在定模 图 4-218 所示为斜导柱在动模、滑块在定模的结构。开模时，在弹簧 3 的作用下模具首先从 A—A 面分型，此时斜导柱 1 带动滑块 2 进行侧向抽芯。当侧型芯完全抽出后，由于限位钉 4 的作用迫使模具沿 B—B 面分型，从而使包覆在型

芯上的塑件脱离凹模，最后由脱模机构脱离型芯。

图 4-219 所示为斜导柱在动模而滑块在定模的另一种形式，即型芯浮动式斜导柱抽芯机构。为了使塑件在开模时不滞留在定模上，在设计时将型芯 3 设计成可在动模板 2 中浮动一段距离。开模时，因动模板 2 与型芯 3 做相对运动，故模具首先从 $A—A$ 面分型，在保证型芯 3 和脱模板 1 不动的情况下，滑块 5 在斜导柱 4 的作用下将侧向型芯从塑件中抽出，以保证塑件留在动模一侧。在继续开模过程中，当动模板 2 与型芯 3 的台肩接触后，模具即从 $B—B$ 面分型，由于塑件收缩的包紧力及型芯顶部开设的锥形拉料销，型芯 3 则带着塑件脱离定模，最后由脱模板 1 将塑件从型芯上推出。

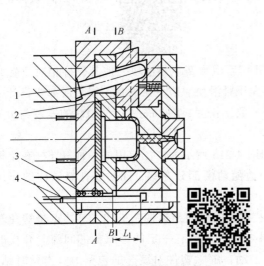

图 4-218　斜导柱在动模、滑块在定模的结构

1—斜导柱　2—滑块　3—弹簧　4—限位钉

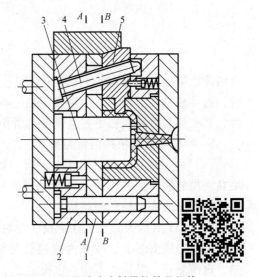

图 4-219　型芯浮动式斜导柱抽芯机构

1—脱模板　2—动模板　3—型芯　4—斜导柱　5—滑块

图 4-220 所示为无须脱模机构的斜导柱抽芯机构。由于斜导柱 1 与滑块 2 之间有较大的间隙 C（一般 $C=1.6\sim3.6\mathrm{mm}$），因此在滑块未分开之前，模具就能分开一段距离 D（$D=C/\sin\alpha$），这样便可将型芯 3 从塑件中抽出 D 距离，从而使塑件松动，然后斜导柱 1 使滑块 2 上下脱开，附在型芯 3 上的塑件即可由人工将其取下。

（3）斜导柱和滑块同在定模　图 4-221 所示为斜导柱和滑块同在定模的结构。开模时由于摆钩 6 的连接作用，使模具首先沿 $A—A$ 面分型，与此同时斜导柱驱动滑块 2 完成外侧向抽芯。当压板 8 压动摆钩时，使摆钩脱开，模具沿着 $B—B$ 面分型，再由脱模板 1 将塑件推出。

图 4-222 所示为斜导柱和滑块同在定模抽内侧型芯的结构。开模时，在弹簧 2 的作用下模具首先沿 $A—A$ 面分型，此时斜导柱 3 带动滑块 4 完成内侧抽芯；继续开模时，由于限位钉 1 作用使模具沿 $B—B$ 面分开，塑件被带到动模，最后由推杆推出。

（4）斜导柱和滑块同在动模　图 4-223 所示为斜导柱和滑块同在动模的结构，滑块 3 装在脱模板 4 的导滑槽内，开模后，脱模板 4 在推杆 7 的作用下，使塑件脱离型芯 5 的同时，滑块 3 受斜导柱 2 的驱使沿脱模板 4 上的导滑槽向外运动，完成外侧抽芯，即塑件脱模与滑块抽芯同步进行。

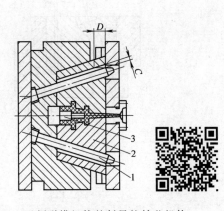

图 4-220　无须脱模机构的斜导柱抽芯机构

1—斜导柱　2—滑块　3—型芯

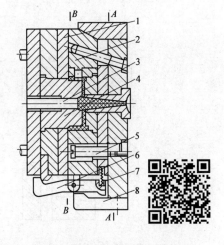

图 4-221　斜导柱和滑块同在定模的结构

1—脱模板　2—滑块　3—推杆　4—型芯　5—螺钉

6—摆钩　7—弹簧　8—压板

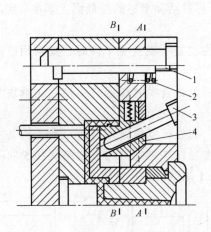

图 4-222　斜导柱和滑块同在定模抽内侧型芯的结构

1—限位钉　2—弹簧　3—斜导柱　4—滑块

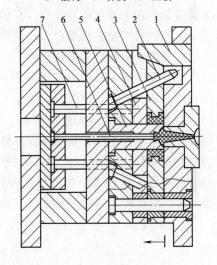

图 4-223　斜导柱和滑块同在动模的结构

1—楔紧块　2—斜导柱　3—滑块　4—脱模板

5—型芯　6—拉料杆　7—推杆

6. 干涉现象及先复位机构

对于斜导柱在定模，滑块在动模的侧向抽芯机构来说，由于滑块的复位是在合模过程中实现的，而脱模机构的复位一般也是在合模过程中实现的（通过复位杆的作用），如果滑块先复位，而推杆等后复位，则可能要发生侧型芯与推杆相撞击的现象，就称为干涉现象，如图 4-224 所示。因为这种形式往往是滑块先于推杆复位，致使活动型芯或推杆损坏。

滑块与推杆不发生干涉现象的条件是

$$h'\tan\alpha > s' \tag{4-50}$$

式中，h' 是推杆端面至活动型芯的最近距离；s' 是活动型芯与推杆在水平方向上的重合距离，一般情况下，$h'\tan\alpha$ 比 s' 大 0.5mm 以上，如图 4-225 所示。

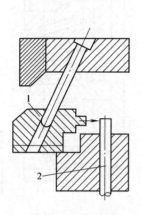

图 4-224　干涉现象
1—滑块　2—推杆

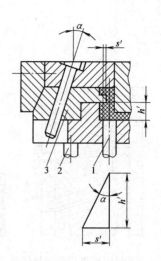

图 4-225　h' 与 s' 的关系
1—推杆　2—复位杆　3—滑块

为了避免上述干涉现象的发生，在模具结构允许的情况下，可采取如下措施：①避免推杆与活动型芯的水平投影相重合。②使推杆的推出不超过活动型芯的最低面。③在一定的条件下采用推杆先于活动型芯复位机构。

通常可以用增大 α 角的方法避免干涉。当 α 角的改变不能避免干涉时，要采用推杆预先复位机构，常见的先复位机构有以下几种形式。

（1）楔形-三角滑块式先复位机构　如图 4-226 所示，合模时楔形杆 1 使三角滑块 2 向右移动时，带动推板 3 向下移动而使推杆 4 复位。

（2）楔形-摆杆式先复位机构　如图 4-227 所示，其先行复位原理与前一种机构基本相同，只是用摆杆 5 代替了三角滑块的作用。合模时楔形杆 7 推动滚轮 6 迫使摆杆 5 向下转动，并同时压迫推板 4 带动推杆 1 向下移动，从而先于侧型芯进行复位。

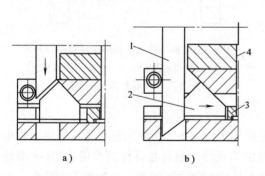

图 4-226　楔形-三角滑块式先复位机构
a）开模　b）合模
1—楔形杆　2—三角滑块　3—推板　4—推杆

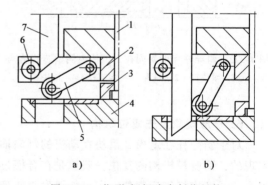

图 4-227　楔形-摆杆式先复位机构
a）开模　b）合模
1—推杆　2—支承板　3—推杆固定板　4—推板
5—摆杆　6—滚轮　7—楔形杆

（3）楔形-杠杆式先复位机构　如图 4-228 所示，楔形杆 1 端部的 45°斜面推动杠杆 2 的外端，当杠杆的内端转动而顶住动模垫板 5 时，则推动推杆固定板 4 并连同推杆 3 向下移动而先复位。

（4）楔形-铰链式先复位机构　如图 4-229 所示，合模时，在侧型芯 1 移至推杆 5 的部位之前，楔形杆 2 已推动铰链杆 4 使推板 6 后退，迫使推杆 5 先复位，避免了侧型芯 1 与推杆 5 发生干涉。

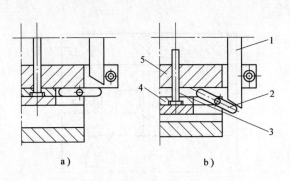

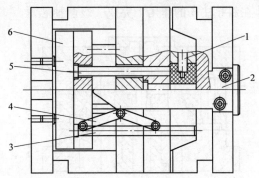

图 4-228　楔形-杠杆式先复位机构

a）开模　b）合模

1—楔形杆　2—杠杆　3—推杆

4—推杆固定板　5—动模垫板

图 4-229　楔形-铰链式先复位机构

1—侧型芯　2—楔形杆　3—复位杆

4—铰链杆　5—推杆　6—推板

（5）弹簧先复位机构　该机构结构简单，装配和更换都较方便，在生产中有一定应用，结构如图 4-134 所示，但弹簧在使用过程中容易失效，故要慎用。

4.10.3　弯销侧向抽芯机构

弯销侧向抽芯机构实际上是斜导柱的变异形式。该结构的优点是斜角 α 最大可达 $30°$，即在同一个开模距离中，能得到比斜导柱更大的抽芯距。弯销抽芯还可以在弯销的不同段设置不同的斜角，如图 4-230 所示。

如图 4-230 所示，$\alpha' > \alpha$ 可以改变侧抽芯的速度和抽芯距。此种机构常适用于侧抽芯距及抽拔力比较大的情况。另外，在设计弯销侧向抽芯机构时，必须注意弯销与滑块孔之间的间隙要大些，一般在 0.5mm 左右，否则合模时可能发生卡死现象。

（1）弯销在模内侧向抽芯机构　图 4-231 所示为弯销在模内侧向抽芯机构，开模时，塑件首先脱离定模型芯，然后在弯销的作用下使滑块向外移动而完成塑件外侧抽芯。

（2）弯销在模内延时分型侧向抽芯机构　图 4-232 所示为弯销在模内延时分型侧向抽芯机构，开模时滑块 4 带着塑件随动模板 6 移动而脱离定模型芯 3，然后弯销 5 带动滑块 4 分开，塑件自动脱落。

（3）弯销、滑块的内侧抽芯机构　图 4-233 所示的是弯销还可以用于滑块的内侧抽芯，塑件内侧壁有凹槽，开模时首先沿 A—A 面分开，弯销 2 带动滑块 4 向中心移动，完成内侧抽芯动作，弹簧 3 使滑块 4 保持终止位置。

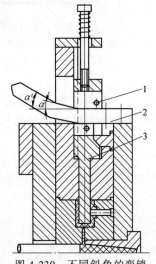

图 4-230　不同斜角的弯销

1—滚轮　2—弯销　3—滑块

图 4-234 所示为弯销、斜导柱分级侧向抽芯机构。由于塑件的 *A* 处较薄，为避免此处被损坏，采用分级抽芯。其原理是，滑块 2 可在滑块 3 上滑动，而滑块 3 又可在脱模板 5 上滑动，开模时，在弯销 1 作用下完成滑块 2 的侧抽芯，当推出系统作用时，脱模板 5 推动滑块 3 在斜导柱 4 的作用下完成二级侧抽芯。

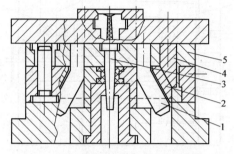

图 4-231　弯销在模内侧向抽芯机构

1—弯销　2—滑块　3—型芯　4—楔紧块　5—定模板

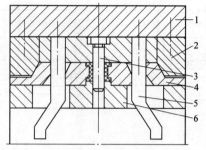

图 4-232　弯销在模内延时分型侧向抽芯机构

1—定模板　2—楔紧块　3—型芯　4—滑块

5—弯销　6—动模板

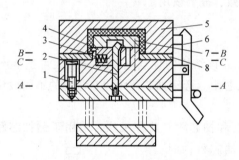

图 4-233　弯销、滑块的内侧抽芯机构

1—限位螺钉　2—弯销　3—弹簧　4—滑块　5—凹模

6—摆钩　7—型芯　8—脱模板

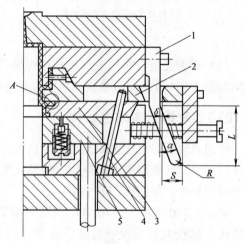

图 4-234　弯销、斜导柱分级侧向抽芯机构

1—弯销　2、3—滑块　4—斜导柱

5—脱模板

也可以用改变分型面的位置来防止塑件外侧凹的变形或损坏，如将图 4-235a 所示的结构改为图 4-235b 所示的结构，也能起到与上面分级抽芯相类似的效果。

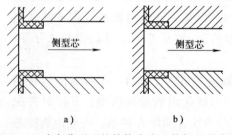

a)　　　　　　　　b)

图 4-235　改变分型面的结构来防止外侧凹的变形

4.10.4 斜导槽侧向抽芯机构

这种机构实际上是斜导柱的一种变异形式，如图4-236所示。它是在侧型芯滑块的外侧用斜导槽代替斜导柱，开模时滚轮7沿斜导槽4的直槽部分运动，该部分的斜角$\alpha=0°$，可以起到延时抽芯的作用，目的是使滑块5先脱离楔紧块6。当运动到斜导槽4的斜槽位置（$\alpha\neq0°$）便带动滑块5完成侧抽芯动作。一般斜槽起抽芯作用的斜角α在25°以下较好，如果抽芯距很大需超过此角度时，可将斜槽分两段，第一段α_1为25°左右，第二段α_2也不应超过40°，如图4-237所示。这种机构可用于抽芯距较大的场合（100mm左右）。

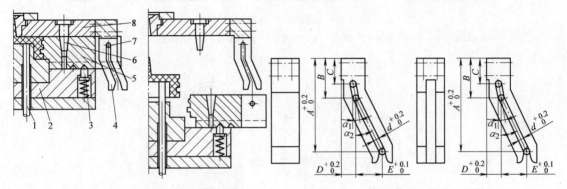

图4-236　斜导槽侧向抽芯机构　　　　图4-237　斜导槽侧向抽芯机构的尺寸

1—推杆　2—动模板　3—弹簧顶销　4—斜导槽

5—滑块　6—楔紧块　7—滚轮　8—定模座板

4.10.5 斜滑块侧向抽芯机构

该侧向抽芯机构是利用成型塑件侧孔或侧凹的斜滑块，在模具脱模机构的作用下沿斜导槽滑动，从而使分型抽芯以及推出塑件同时进行的一种侧向脱模抽芯机构。这种机构结构简单，运动平稳、可靠，因此应用广泛。根据导滑部分的结构不同，常见的是滑块导滑的斜滑块侧向抽芯机构。

1. 滑块导滑的斜滑块侧向抽芯机构

按斜滑块所处的位置不同，又可分为斜滑块外侧抽芯和内侧抽芯两种形式。

（1）斜滑块外侧向抽芯机构　如图4-238所示，凹模由两块斜滑块2组成，斜滑块2在推杆3的作用下，沿斜滑槽移动的同时向两侧分开，并完成塑件脱离主型芯的动作。

对于这种结构，通常将斜滑块2和锥形模套1都设计在动模一边，以便在利用推出力的同时，达到推出塑件和完成侧向抽芯的目的。

（2）斜滑块内侧向抽芯机构　图4-239所示为成型带直槽内螺纹（即螺纹分成几段）塑件的斜滑块内侧向抽芯机构。开模后在推杆4的作用下，斜滑块1沿型芯2的导滑槽移动，塑件的推出与内侧抽芯同时进行，使塑件脱出型芯和斜滑块。

2. 斜滑块侧向抽芯机构设计要点

1）斜滑块的组合形式。根据塑件成型要求，常由几块滑块组合成型。图4-240所示为斜滑块常用组合形式，设计时应根据塑件外形、分型与抽芯方向合理组合，以满足最佳的外观质量要求，避免塑件有明显的拼合痕迹。同时，还应使组合部分有足够的强度，使模具结

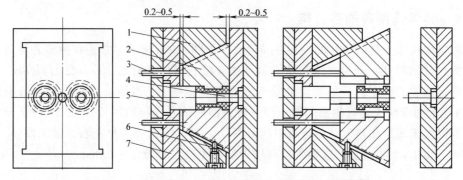

图 4-238　斜滑块外侧向抽芯机构

1—锥形模套　2—斜滑块　3—推杆　4—型芯　5—动模型芯　6—限位钉　7—型芯固定板

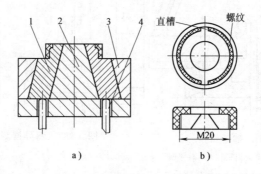

a)　　　　　　　　　b)

图 4-239　成型带直槽内螺纹（即螺纹分成几段）塑件的斜滑块内侧向抽芯机构

a) 模具示意图　b) 带直槽内螺纹的塑件图

1—斜滑块　2—型芯　3—型芯固定板　4—推杆

构简单，制造方便，工作可靠。

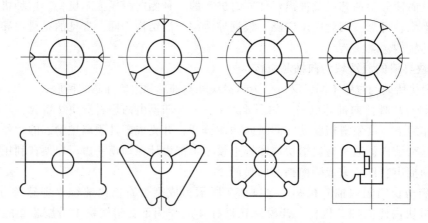

图 4-240　斜滑块常用组合形式

2）斜滑块的导滑形式。按导滑部分的形状可分为矩形、半圆形和燕尾槽共 3 种形式，分别如图 4-241a、b 和图 4-241c、图 4-241d 所示。

3）为保证斜滑块的分型面密合，成型时不致发生溢料，斜滑块底部与模套之间应留有

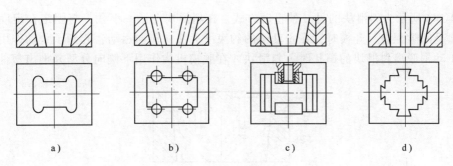

图 4-241　斜滑块的导滑形式

$0.2 \sim 0.5 \text{mm}$ 的间隙，同时斜滑块顶面应高出模套 $0.2 \sim 0.5 \text{mm}$，其装配要求如图 4-238 所示。

4）斜滑块的导向斜角 α 可比斜导柱的大些，但也不应大于 30°，一般取 $10° \sim 25°$，斜滑块的推出长度 l 必须小于导滑总长 L 的 $1/3$，如图 4-242 所示。

5）斜滑块与导滑槽的双面配合间隙 z 见表 4-25。

表 4-25　斜滑块与导滑槽的双面配合间隙 z　　　　　（单位：mm）

斜滑块宽度 b				
$0 \sim 20$	$>20 \sim 40$	$>40 \sim 60$	$>60 \sim 80$	$>80 \sim 100$
$0.02 \sim 0.03$	$0.03 \sim 0.05$	$0.04 \sim 0.06$	$0.05 \sim 0.07$	$0.07 \sim 0.09$
斜滑块宽度 b				
$>100 \sim 120$	$>120 \sim 140$	$>140 \sim 160$	$>160 \sim 180$	$>180 \sim 200$
$0.08 \sim 0.11$	$0.09 \sim 0.12$	$0.11 \sim 0.13$	$0.13 \sim 0.15$	$0.14 \sim 0.17$

3. 主型芯位置的选择

为了使塑件顺利脱模，必须合理选择主型芯的位置，如图 4-238 所示。当主型芯位置设在动模一侧，在塑件脱模过程中主型芯起了导向作用，塑件不至于黏附在斜滑块一侧。因此，一般使主型芯尽可能位于动模一侧。

若主型芯设在定模侧，如图 4-243a 所示，由于塑件对定模型芯 5 包紧力较大，开模时定模有可能将斜滑块带出而损伤塑件。为了防止这种情况发生，可以在定模部分设计如图 4-243b 所示止动销 6，开模时，在弹簧的作用下止动销 6 强迫塑件留在动模一侧。

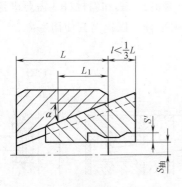

图 4-242　斜滑块的推出长度

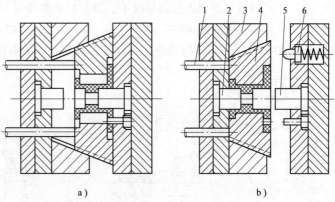

图 4-243　斜滑块的止动方式

1—推杆　2—动模型芯　3—模套　4—斜滑块　5—定模型芯　6—止动销

图 4-244 所示为斜滑块的另一种止动方式。在斜滑块上钻一小孔，与固定在定模板上的止动销 2 呈间隙配合，开模时，在止动销的约束下无法向侧向运动，起到了止动作用。只有开模至止动销脱离斜滑块的销孔时，斜滑块才在脱模机构作用下侧向分型并推出塑件。

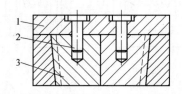

图 4-244　斜滑块的另一种止动方式

1—定模板　2—止动销　3—斜滑块

4.10.6　斜推杆侧向抽芯机构

1. 斜推杆导滑的两种基本形式

图 4-245 所示为斜推杆应用的常见结构形式，在推出塑件的同时也可完成内侧抽芯动作。

斜推杆还可以通过改变倾斜方向实现外侧抽芯的功能。

2. 斜推杆设计要点

1）当内侧抽芯时，斜推杆的顶端面应低于型芯顶端面 0.05 ~ 0.1mm，以免推出时阻碍斜滑块的径向移动，如图 4-246 所示。另外，在斜推杆顶端面的径向移动范围内（$L > L_1$），塑件内表面上不应有任何台阶，以免阻碍斜滑块运动。

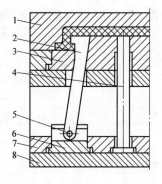
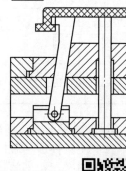

图 4-245　斜推杆应用的常见结构形式

1—定模板　2—斜推杆　3—型芯　4—推杆
5—销　6—滑块座　7—推杆固定板　8—推板

2）在可以满足侧向出模的情况下，斜推杆的斜角 α 尽量选用较小角度，斜角 α 一般不大于 20°，并且将斜推杆的侧向受力点下移，如增加图 4-247 中的镶块 5，其和斜推杆 3 需要进行热处理增加硬度。另外，斜推杆底部在推杆固定板上的滑动要求平顺，以提高其使用寿命。

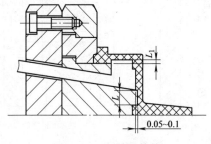

图 4-246　顶端面结构

0.05~0.1

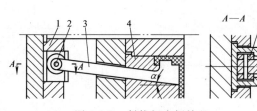

图 4-247　斜推杆内侧抽芯

1—推杆固定板　2—滚轮　3—斜推杆　4—型芯　5—镶块

3）斜推杆在开模方向的复位。为了保证合模后斜推杆回复到预定的位置，一般采用图4-248所示结构形式。在图4-248a中，通常利用平行于开模方向的平面或柱面"A"对斜推杆进行限位，保证斜推杆回复到预定的位置。

在图4-248b中，通常利用垂直于开模方向的平面"A"对斜推杆进行限位，保证斜推杆回复到预定的位置。台阶平面也可设计于斜推杆的另两个侧面。

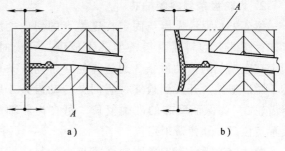

图4-248　斜推杆限位装置

4）在结构允许的情况下，尽量加大斜推杆横截面尺寸。当斜推杆较长且单薄或斜角较大的情况下，通常采用图4-249所示的缩短斜推杆的方法，来增加斜推杆的刚度以提高寿命。在斜推杆可向塑件外侧加厚的情况下，向外加厚，以增加强度，并使 B_1 有足够的位置，作为回位装置。加限位块，$H_2 = H_1 + 0.5mm$，同样，斜推杆要低于型芯表面 $0.05 \sim 0.1mm$，以免推出时斜推杆刮伤塑件，斜推杆及下面垫块表面应进行渗氮处理，以增强耐磨性。另外，也可采用图4-249b所示的复位机构来取代图4-249a所示的宽度为 B_1 的复位台阶。

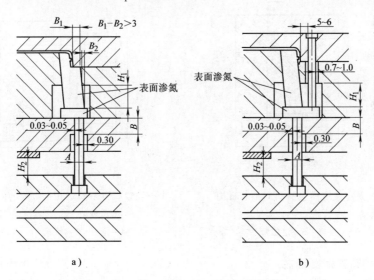

图4-249　缩短斜推杆的两种方法

4.10.7　齿轮齿条侧向抽芯机构

使用齿轮齿条机构，并且借助于模具开模提供动力，将直线运动转换为回转运动，再将回转运动转换为直线或圆弧运动，以完成侧型芯的抽出与复位。按照侧型芯的运动轨迹不同可分为侧型芯水平运动、倾斜运动和圆弧运动三种情况。

1. 齿轮齿条水平侧抽芯

图4-250中大齿条装在定模上，开模时，当同轴齿轮3上的大齿轮移动一段距离后会与静止的大齿条4上的轮齿啮合，并在其作用下做逆时针旋转，同方向旋转的小齿轮则带动小

齿条 5 向右运动，从而完成侧抽芯运动。

2. 齿轮齿条倾斜侧抽芯

图 4-251 所示为齿条固定在定模上的斜向抽芯
机构，塑件上的斜孔由齿条型芯 1 成型。开模时，
固定在定模上的传动齿条 3 通过齿轮 2 带动齿条型
芯 1 脱出塑件。开模到最终位置时，传动齿条 3 脱
离齿轮 2。为保证型芯的准确复位，可在齿轮轴上
设置定位钉 6 和弹簧来定位。

图 4-252 所示为齿条固定在推板上的斜向抽芯
机构。开模后，在注射机推杆的作用下，传动齿条
3 带动齿轮 2 逆时针方向旋转并驱动型芯齿条 1 从
塑件中脱出。继续开模时，齿条推板 6 和推板 5 相
接触并同时动作将塑件推出。由于传动齿条 3 与齿
轮 2 始终啮合，所以在齿轮轴上不需设定位装置。

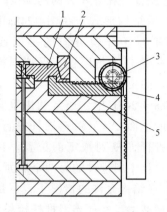

图 4-250　大齿条在定模传动水平侧抽芯
1—滑块　2—楔紧块　3—同轴齿轮
4—大齿条　5—小齿条

当前，在生产实践中常常采用倾斜安装的液压缸来实现斜向抽芯功能。

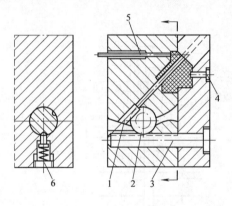

图 4-251　齿条固定在定模上的斜向抽芯机构
1—齿条型芯　2—齿轮　3—传动齿条
4—型芯　5—推杆　6—定位钉

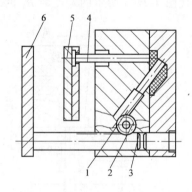

图 4-252　齿条固定在推板上的斜向抽芯机构
1—型芯齿条　2—齿轮　3—传动齿条
4—推杆　5—推板　6—齿条推板

3. 齿轮齿条圆弧形侧抽芯

图 4-253 所示为齿轮齿条圆弧形侧向抽芯机构，塑件为电话听筒，利用开模力使固定在
定模板上的齿条 1 拖动动模边的齿轮 2，通过互成 90°的斜齿轮转向后，由齿轮 3 带动弧形
齿条型芯 4 沿弧线抽出，同时装在定模板上的斜导柱使滑块 5 抽芯，塑件由推杆推出模外。

4.10.8　弹性元件侧向抽芯机构

当塑件的侧凹比较浅，而抽芯力和抽芯距都不大的情况下，可以采用弹簧或硬橡皮实现
侧抽芯动作。如图 4-254 所示，合模时锁紧楔 3 迫使侧型芯 1 至成型位置。开模后，锁紧楔
3 脱离侧型芯 1，此时侧型芯 1 即在弹簧 2 的作用下脱出塑件。该图中弹簧是内置式，也可
以将弹簧改为外置式。

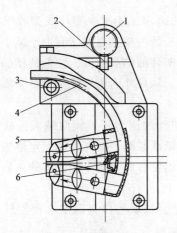

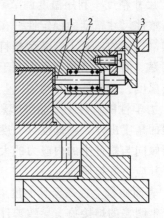

图 4-253　齿轮齿条圆弧形侧向抽芯机构
1—齿条　2，3—齿轮　4—弧形齿条型芯
5—滑块　6—型芯

图 4-254　弹簧侧向抽芯机构
1—侧型芯　2—弹簧　3—锁紧楔

4.11　温度调节系统设计

4.11.1　温度调节的必要性

1. 温度调节的几种方式

在注射成型中，模具的温度直接影响到塑件的质量和生产率。由于各种塑料的性能和成型工艺要求不同，对模具温度的要求也不同。通常温度调节系统分为冷却系统和加热系统两种。

（1）设置冷却系统的模具　一般注射到模具内的塑料熔体的温度为 200℃ 左右，熔体固化成为塑件后从 60℃ 左右的模具中脱模，温度的降低是依靠在模具内通入冷却水，将热量带走。对于要求较低模具温度（一般低于 80℃）的塑料，如聚乙烯、聚丙烯、聚苯乙烯、ABS 等，仅需要设置冷却系统即可，主要采用循环水冷却方式，因为通过调节水的流量就可以调节模具的温度。

（2）设置加热系统的模具　对于要求较高模具温度（80～120℃）的塑料，如聚碳酸酯、聚砜、聚苯醚等，若模具较大，模具散热面积大，有时仅靠注入高温塑料来加热模具是不够的，因此需要设置加热装置。模具通过通入热水、蒸汽或热油的方式或安放电阻丝进行加热。

注意有些塑件的物理性能、外观和尺寸精度的要求很高，对模具的温度要求十分严格，为此要设计专门的模具温度调节器，对模具冷却或加热的温度进行严格的控制。

2. 温度调节对塑件质量的影响

温度调节对塑件质量的影响表现在以下几个方面。

（1）变形　模具温度稳定，冷却速度均衡，可以减小塑件的变形。对于壁厚不一致和形状复杂的塑件，经常会出现因收缩不均匀而产生翘曲变形的情况。因此，必须采用合适的冷却系统，使模具凹模与型芯的各个部位的温度基本上保持均匀，以便型腔里的塑料熔体能同时凝固。

（2）尺寸精度　利用温度调节系统保持模具温度的恒定，能减少塑件成型收缩率的波动，提高塑件尺寸精度的稳定性。在可能的情况下采用较低的模具温度能有助于减小塑件的成型收缩率。例如：对于结晶型塑料，因为模温较低，塑件的结晶度低，较低的结晶度可以降低收缩率。但是，结晶度低不利于塑件尺寸的稳定性，从尺寸的稳定性出发，又需要适当提高模具温度，使塑件结晶均匀。

（3）力学性能　对于结晶型塑料，结晶度越高，塑件的应力开裂倾向越大，故从减小应力开裂的角度出发，降低模具温度是有利的。但对于聚碳酸酯一类高黏度无定形塑料，其应力开裂倾向与塑件中的内应力的大小有关，提高模具温度有利于减小塑件中的内应力，也就减小了其应力开裂倾向。

（4）表面质量　提高模具温度能改善塑件表面质量，过低的模具温度会使塑件轮廓不清晰并产生明显的熔接痕，导致塑件表面粗糙度值提高。

以上几个方面对模具温度的要求有互相矛盾的地方，在选择模具温度时，应根据使用情况着重满足塑件的主要性能要求。

3. 温度调节对生产率的影响

在注射模中熔体从200℃左右降低到60℃左右，所释放的热量中约有5%以辐射、对流的方式散发到大气中，其余95%由冷却介质（一般是水）带走，因此注射模的冷却时间主要取决于冷却系统的冷却效果。据统计，模具的冷却时间约占整个注射循环周期的2/3，因而缩短注射循环周期的冷却时间是提高生产率的关键。常用塑料的成型温度（T_S）、模具温度（T_M）与脱模温度（T_E）见表4-26。

表4-26　常用塑料的成型温度（T_S）、模具温度（T_M）与脱模温度（T_E）

塑料名称（代号）	T_S/℃	T_M/℃	T_E/℃	塑料名称（代号）	T_S/℃	T_M/℃	T_E/℃
聚苯乙烯（PS）	200~250	40~60	60~100	醋酸纤维素（CA）	160~250	90~120	90~140
AS 树脂（AS）	200~260	40~60	60~100	硬聚氯乙烯（RPVC）	180~210	40~60	100~150
ABS 树脂（ABS）	200~260	40~60	60~100	软聚氯乙烯（SPVC）	170~190	45~60	60~100
丙烯酸树脂	180~250	40~60	60~100	有机玻璃（PMMA）	220~270	40~60	60~100
聚乙烯（PE）	150~250	50~70	70~110	氯化聚醚（CPE）	190~240	40~60	60~100
聚丙烯（PP）	160~260	40~60	60~100	聚苯醚（PP）	280~340	110~150	120~160
聚酰胺（PA）	200~300	55~65	70~110	聚砜（PSF）	300~340	100~150	110~160
聚甲醛（PM）	180~220	80~120	90~150	聚对苯二甲酸丁二醇酯（PBT）	250~270	60~80	70~120
聚碳酸酯（PC）	280~320	80~110	90~150				

在注射模中，冷却系统是通过冷却水的循环将塑料熔体的热量带出模具的。冷却通道中冷却水是处于层流状态还是湍流状态，对于冷却效果有显著影响。湍流的冷却效果比层流的好得多，据资料表明，水在湍流的情况下，热传递比层流下的高10~20倍。这是因为在层流中冷却水做平行于冷却通道壁的诸同心层运动，每一个热同心层都如一个绝热体，妨碍了模具通过冷却水进行散热过程。一旦冷却水的流动达到了湍流状态，冷却水便在通道内呈无规则的运动，层流状态下的"同心层绝热体"不复存在，从而使热效果明显增强。为了使冷却水处于湍流状态，希望水的雷诺数 Re 达到6000以上，表4-27列出当温度在10℃、Re 为 10^4 时，产生稳定湍流状态时冷却水应达到的流速与流量。

表 4-27 冷却水的稳定湍流速度与流量

冷却水道直径 d/mm	最低流速 v/m·s^{-1}	流量 q_V/m^3·min^{-1}	冷却水道直径 d/mm	最低流速 v/m·s^{-1}	流量 q_V/m^3·min^{-1}
8	1.66	5.0×10^{-3}	20	0.66	12.4×10^{-3}
10	1.32	6.2×10^{-3}	25	0.53	15.5×10^{-3}
12	1.10	7.4×10^{-3}	30	0.44	18.7×10^{-3}
15	0.87	9.2×10^{-3}			

根据牛顿冷却定律，冷却系统从模具中带走的热量（kJ）为

$$Q = hA\Delta\theta t/3600 \tag{4-51}$$

式中，Q 是模具与冷却系统之间所传递的热量（kJ）；h 是冷却通道孔壁与冷却介质之间膜的传热系数 [kJ/(m^2·h·℃)]；A 是冷却介质的传热面积（m^2）；$\Delta\theta$ 是模具温度与冷却介质温度之间的差值（℃）；t 是冷却时间（s）。

由式（4-51）可知，当所需传递的热量 Q 不变时，可以通过如下三条途径来缩短冷却时间。

（1）提高传热系数　当冷却介质在圆管内呈湍流流动状态时，冷却通道孔壁与冷却介质之间膜的传热系数 h [kJ/(m^2·h·℃)] 为

$$h = \frac{4.187f(\rho v)^{0.8}}{d^{0.2}} \tag{4-52}$$

式中，ρ 是冷却介质在一定温度下的密度（kg/m^3）；v 是冷却介质在圆管中的流速（m/s）；d 是水孔直径（m）；f 是与冷却介质温度有关的物理系数，可查表 4-28。

表 4-28 平均水温与 f 的关系

平均水温/℃	0	5	10	15	20	25	30	35	40	45	50	55	60	65	70	75
f	4.91	5.30	5.68	6.07	6.45	6.84	7.22	7.60	7.98	8.31	8.64	8.97	9.3	9.6	9.9	10.20

由式（4-52）可知，当冷却介质温度和冷却通道直径不变时，增加冷却介质的流速 v，可以提高传热系数 h。

（2）提高模具与冷却介质之间的温度差　当模具温度一定时，适当降低冷却介质的温度，有利于缩短模具的冷却时间 t。一般注射模所用的冷却介质是常温水，若改用低温水，便可提高模具与冷却介质之间的温度差 $\Delta\theta$，从而可提高注射成型的生产率。但是，当采用低温水冷却模具时，大气中的水分有可能在型腔表面凝聚而导致塑件的质量下降。

（3）增大冷却介质的传热面积　增大冷却介质的传热面积 A，就需在模具上开设尺寸尽可能大和数量尽可能多的冷却通道，但是，由于受在模具上有各种孔（如推杆孔、型芯孔）和缝隙（如镶块接缝）的限制，只能在满足模具结构设计的情况下尽量多开设冷却水通道。

4.11.2　冷却系统设计原则及注意事项

1. 冷却系统的设计原则

1）动、定模要分别冷却，保持冷却平衡。

2）一般塑件的壁厚越厚，孔径越大。塑件的壁厚、孔径的大小以及孔的位置的关系可参考表 4-29 选取。

表 4-29　塑件的壁厚、孔径的大小以及孔的位置的关系　　（单位：mm）

壁厚 W	孔径 d
2	8~10
4	10~12
6	12~15
$D = (2~3)d$	
$P = (3~5)d$	

d 为孔径，D 为孔道深度，P 为孔道间距

一般来说，大中型模具的水道和塑件面的间距要求在 20~25mm 之间，小型模具的水道和塑件面的间距要求在 10~15mm 之间。

3）冷却水孔的数量越多，模具内温度梯度越小，塑件冷却越均匀，图 4-255a 的冷却效果比图 4-255b 要好。

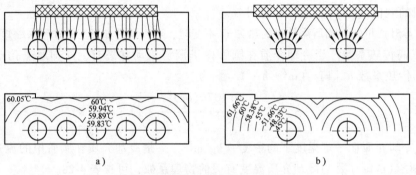

图 4-255　热传导与水孔数目的关系

4）冷却通道可以穿过模板与镶件的交界面，但是不能穿过镶件与镶件的交界面，以免漏水。

5）尽可能使冷却水孔至型腔表面的距离相等。当塑件壁厚均匀时，冷却水孔与型腔表面的距离应处处相等，如图 4-256a 所示。当塑件壁厚不均匀时，壁厚处应强化冷却、水孔应靠近型腔，距离要小，如图 4-256b 所示。

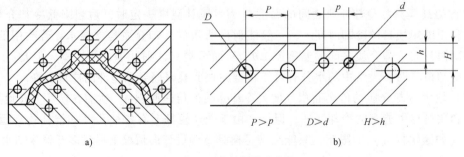

图 4-256　冷却水孔的位置

6）浇口处加强冷却。一般在注射成型时，浇口附近温度最高，距浇口越远温度越低，因此要加强浇口处的冷却，即冷却水从浇口附近流入。图 4-257a 所示为侧浇口的循环冷却通道，图 4-257b 所示为多浇口的循环冷却通道。必要时，在浇口附近单独设置冷却通道。

7）应降低进水与出水的温差。如果进水与出水温差过大，将会使模具的温度分布不均

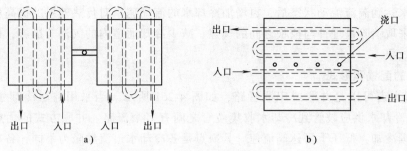

图 4-257 浇口处加强冷却的形式

匀。一般情况下，进水与出水温度差不大于 5℃。图 4-258a 所示的一组进、出口改成图 4-258b 所示的三组进、出口，即可降低进、出口水温，使模具温度均匀。

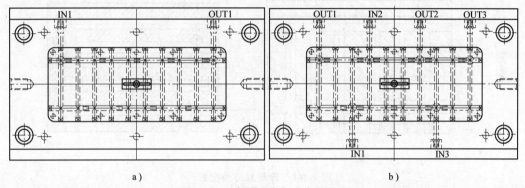

图 4-258 降低进水与出水的温差

8）标记出冷却通道的水流方向。如图 4-258 所示。在图样上标记进水口（IN1、IN2 和 IN3）和出水口（OUT1、OUT2 和 OUT3）。另外，当水道穿过模板与镶件的交界面时，应用 UP 和 DOWN 标记下水流的方向。

9）合理确定冷却水管接头的位置。水管接头应设在不影响操作的地方，接头应根据用户的要求选用。

10）冷却系统的水道尽量避免与模具上其他机构（如推杆孔、小型芯孔等）发生干涉现象，设计时要通盘考虑。

2. 流动速率与传热

当冷却水的流动从层流转变为湍流时，传热效率提高。因为在冷却水层流时，层与层之间仅以热传导传热；而湍流则是热传导和热对流两种方式传热，从而使传热效率显著增加，如图 4-259 和图 4-260 所示。应注意确保冷却通道各部分的冷却水都是湍流。

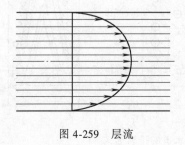

图 4-259 层流

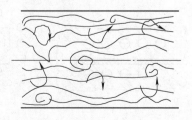

图 4-260 湍流

当冷却水达到湍流流动状态后，再增加冷却水的流动速率对传热效果的提高就不太明显了。另外，采取消除镶埋件与模板之间的气隙、减少冷却通道内的气泡等措施，也能提高冷却水的冷却效果。

3. 水道的配置和形式

1）冷却水道可以是并联或串联管路，如图 4-261 所示。当采用并联冷却水道时（图 4-261a），从冷却水供应歧管到冷却水收集歧管之间有多个流路。并联方式的优点是适用于型芯镶件周围冷却，低压下可达高流速，其缺点是各冷却水道流动阻力不同，各冷却水道的冷却水流动速率也不同，造成各冷却水道不同传热效率（有些水道甚至有堵塞的危险），可能会导致冷却水道之间不均匀的冷却效应。所以，采用并联冷却水道时，通常模具的凹模与凸模分别有并联冷却系统，各系统冷却水道数目则取决于模具的尺寸和复杂性。

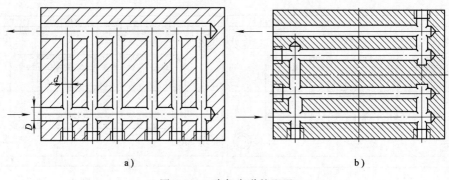

图 4-261　冷却水道的配置
a）并联　b）串联

图 4-261b 所示为串联冷却水道，在串联冷却水道中从冷却水供应歧管到冷却水收集歧管之间连接成单一流路，这是最常采用的冷却水道配置。假如冷却水道具有均匀的管径，可以将通过整个冷却系统的冷却水设计成所需的湍流获得最佳的传热效率。串联冷却水道的特点是冷却水流速均匀，传热均匀，但水压下降快。另外，还必须注意将串联冷却水道的冷却水上升温度的幅度控制在一定的范围内，通常出口与入口冷却水的温差在 5℃ 以内，精密模具则控制在 3℃ 以内。大型模具可能不只有一组串联冷却水道，以确保均匀的冷却水温度和模具的均匀冷却。

2）合理选择冷却水道的形式，对于不同形状的塑件，冷却水道的排列形式也有所不同，图 4-262a 所示为薄壁扁平的冷却形式；图 4-262b 所示为中等深度壳形塑件的冷却形式；

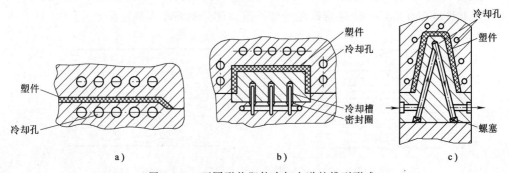

图 4-262　不同形状塑件冷却水道的排列形式

图4-262c所示为深腔塑件的冷却形式。

4.11.3 冷却系统的结构形式

1. 凹模的冷却方式

常用的凹模冷却方式如图 4-263 所示。它是沿凹模边缘设置若干并联或串联的循环水道。这是最简单的冷却方式。当凹模采用整体组合式的结构形式时，在其组合面上设置冷却水道，如图 4-264 所示。在凹模镶件外部开环形水道，进水分两路绕行。这种结构也比较简单，冷却效果较好。但是要注意水道两端设置密封圈，防止漏水。

塑件精度要求较高时，为使凹模各部冷却均匀，采用图 4-265 所示多层冷却方式，每层冷却水道都围绕凹模一周，用串联或并联的连接方式进水或出水，多在大型模具中应用。

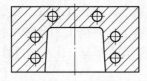

图 4-263　常用的凹模冷却方式

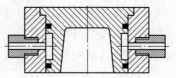

图 4-264　组合式凹模的冷却方式

如图 4-266 所示，在凹模底部采用平面盘肠形的冷却水道。冷却水从主流道附近流入，沿平面的同心圆水道旋转流出，使塑件底面冷却均匀，不易变形，保证塑件底部的平整要求，同时也起到浇口冷却的作用。它多用于凹模较浅、底部平面度要求较高的塑件。

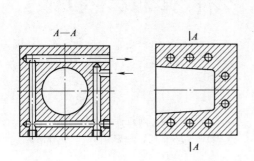

图 4-265　凹模的多层冷却

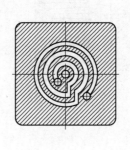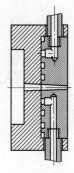

图 4-266　凹模的平面盘肠形冷却水道

当凹模较深而整体采用组合的结构形式时，可采用如图 4-267 所示的螺旋水道冷却的方式。它们都是从凹模底部位于浇口附近进水，由螺旋水道绕凹模周边流过，从下方流出，其

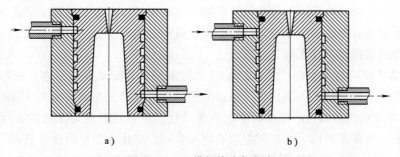

a)　　　　　　　　　　　　　b)

图 4-267　凹模螺旋冷却方式

冷却效果极佳。但图中两种结构略有不同。第一是螺旋水道设置的部位不同，图4-267a是将螺旋水道开在凹模镶件的外侧，水道的三个侧面都参与了冷却；图4-267b是将螺旋水道开在定模的内腔表面上，实际上水道只有一个侧面起凹模的冷却作用。由于前者散热面积比后者大得多，所以它的冷却效果也相对好得多。第二是密封环设置的部位不同，图4-267a的配合面是采用阶梯式的，即在凹模端部有一段直径较小，而密封环放置在这个小径上，这样做的好处是，当凹模镶件由上而下装入定模镶孔时，可避免因端部的密封环与定模镶孔的内壁长距离的接触摩擦而损坏；图4-267b中采用同一直径的结构，就容易出现密封环与定模镶孔的内壁接触摩擦而损坏的现象。

在多凹模的注射模中，为有效地利用模具空间，往往采用串联方式、并联方式或串并联相结合的冷却方式。图4-268所示为串并联相结合的凹模冷却方式。

冷却水从定模一侧流入后，以并联的形式分成几股相同形式的分支水道，各支流以串联的形式分别流过各型腔外壁边缘后，流出并汇入出水主干道上一并流出。当冷却水道与塑件的推杆相交时，又可以在推杆的外部采用类似如图4-269所示的镶套，让水绕过推杆通过。

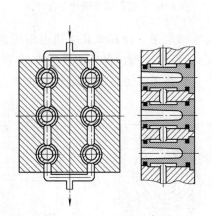

图 4-268　串并联相结合的凹模冷却方式

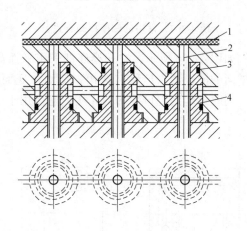

图 4-269　通过推杆镶套引水

1—塑件　2—推杆　3—密封圈　4—推杆镶套

2. 型芯的冷却方式

在一般情况下，对型芯的冷却比对凹模的冷却更重要。塑件在注射、成型、固化时，由于冷却收缩，塑件对型芯的包紧力比凹模大，因此型芯的温度对塑件冷却的影响比凹模大得多，所以对型芯的冷却，在整个冷却过程中是十分重要的。

然而，对型芯的冷却受到一些条件的限制。一般来说，型芯总是设在动模一侧，而脱模机构的设置总会占有有限的利用空间。在解决矛盾的过程中，必须统筹安排。在冷却和脱模系统互不干扰的前提下，相互满足要求。

（1）型芯冷却的基本方式　图4-270a所示为采用斜孔交叉贯通的方式冷却型芯。这种方式比较简单，但冷却效果不理想。长条形的塑件也可采用多组斜孔交叉贯通的方式。

图4-270b所示的方式在小型模具中应用很广泛。应该注意的是水道的密封，特别是穿过型芯的横孔，既要密封好，又要顺应型芯侧面修复，防止在塑件内壁出现相应的疤痕。

图4-270c所示为在型芯内部设置环形通道。由于通道较深，为增加型芯的强度，应在

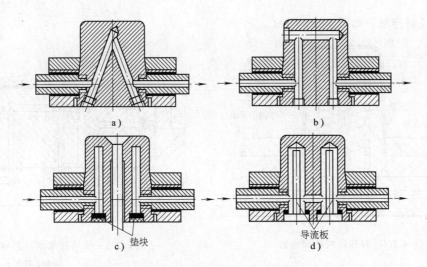

a)　　　　　　　　b)

c) 垫块　　　　　　导流板　d)

图 4-270　型芯冷却的基本方式

型芯底部设置起支承作用的垫块，并密封水道。

图 4-270d 所示为采用导流板方式，使冷却水以串联的形式流过各个冷却水道的。这种冷却方式多在矩形型芯中采用。

（2）型芯直径较大、高度不高时的冷却　当型芯直径较大而高度不高时，可采用图 4-271 所示平面盘肠形冷却水道，冷却水道是从一侧进水，另一侧出水的结构形式。

（3）型芯高度较大时的冷却　采用图 4-272 所示的螺旋式冷却方式，其特点是使冷却水在模具中产生螺旋状回路，冷却效果较好，但制造比较麻烦。如图 4-272 所示，在细长型芯内部嵌入螺旋形铜管，并用低熔点合金浇注固定。

另外，也可以在镶件表面车削出横截面为半圆形或矩形的螺旋槽。图 4-273 所示为横截面为矩形的螺旋槽水道。

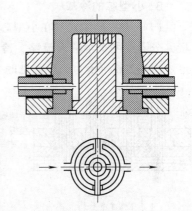

图 4-271　采用平面盘肠形冷却水道

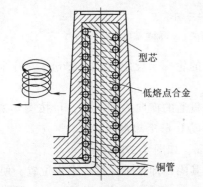

型芯

低熔点合金

铜管

图 4-272　嵌入铜管的螺旋式冷却方式

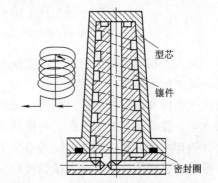

型芯

镶件

密封圈

图 4-273　横截面为矩形的螺旋槽水道

当这种较高的型芯中间有孔、其他镶件或顶出机构，而不能在型芯的中心再开设冷却水道时，可以采用双螺旋式冷却水道，如图 274 所示。

（4）冷却水道连通　当两个镶件的冷却水道需要连通时，可以在模板上钻斜孔或采用过渡镶件进行连通，如图 4-275 所示。

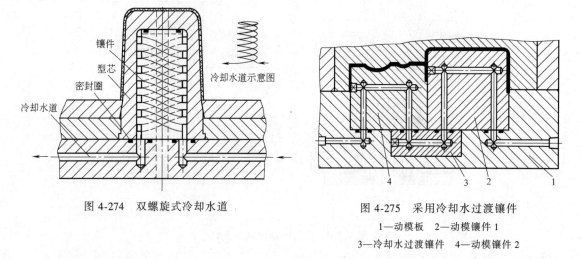

图 4-274　双螺旋式冷却水道

图 4-275　采用冷却水过渡镶件
1—动模板　2—动模镶件 1
3—冷却水过渡镶件　4—动模镶件 2

3. 小型芯的冷却

（1）隔片导流式　在小型芯上垂直钻出主要冷却水道，并且在冷却孔中加入一片隔片将其分隔成两个半圆形流路，冷却水从主要冷却水道的一侧流到片一侧，再回流到主要水道。图 4-276 所示为比较常见的一种多型芯的隔片导流式冷却系统。

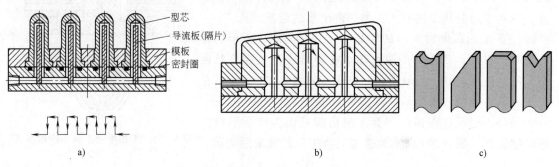

a)　　　　　　　　　　　　　　b)　　　　　　　　　　　　　c)

图 4-276　隔片导流式冷却系统
a）普通隔片冷却水道　b）隔片高度　c）隔片端面形状

其中，隔片及相应冷却水道的高度要依据塑件的轮廓来设定（图 4-276b）。另外，常见隔片端面形状，如图 4-276c 所示。

有时由于推杆和斜导杆干涉的原因，无法加工贯通的横向冷却水道，可按图 4-277 所示纵向设计水道，在隔片上加工水孔，在模具同侧形成 U 形冷却水道。

另外，冷却水道与塑件的内壁距离不小于 15mm，如图 4-278 所示。

隔片导流式可提供冷却水最大接触面积，但是其隔片却很难保持在中央位置，使凸模两侧的冷却效果及温度分布可能不同。如果将金属隔片改成螺线隔片，如图 4-279 所示，螺线隔片让冷却水呈螺旋式地流到末端，再螺旋式地回流，可以改善克服上述缺点，同时，也符合制造上的经济性。

另一种设计采用单螺旋式或者双螺旋式隔片，如图 4-280 所示，其管径大约在 12～50mm，也可以获得均匀的冷却效果。相应的螺旋式隔片组件如图 4-281 所示。

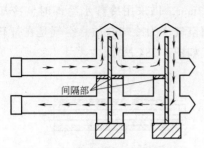

图 4-277 受限空间隔片冷却水道

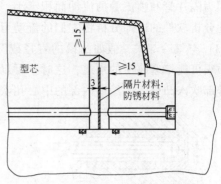

图 4-278 冷却水道与塑件的内壁距离

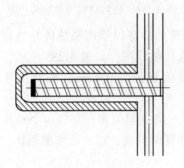

图 4-279 螺线隔片

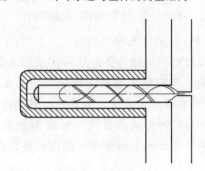

图 4-280 螺旋式隔片

（2）喷流式 喷流管以小口径的内管取代隔片管的隔片。如图 4-282 所示，用于长型芯的冷却形式是在型芯中间装一个喷流管，冷却水从喷流管的顶端喷出，向四周分流冷却型芯壁。

图 4-281 螺旋式隔片组件

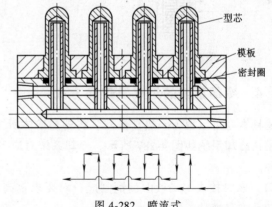

图 4-282 喷流式

细长的凸模最有效的冷却方式是采用喷流管，其内、外管直径必须调整到具有相同的流动阻力，即

$$内管直径/外管直径 = 0.707$$

目前，喷流管已经标准化，可以用螺纹旋入凸模。外管直径 $d<4\mathrm{mm}$ 的喷流管应该将内管末端加工成斜边，以增加喷流出口的横截面积，如图 4-283 所示。喷流管除了应用于凸模，也可以应用于无法钻铣冷却孔道的平面模板。

因为隔片管和喷流管的流动面积窄小，流动阻力大，所以应该细心地设计其尺寸。可采用流动分析软件的冷却分析将它们的流动行为和传热行为模式化，并且进行分析仿真。

（3）空气冷却式　假如凸模的直径或宽度小于 3mm，仍采用冷却水冷却时，冷却水中的杂质很可能堵塞狭窄的水道，这时，可以采用压缩空气作为冷却介质。空气是在打开模具后从外部吹入凸模，或经由内部的中心孔吹入凸模，如图 4-284 所示。

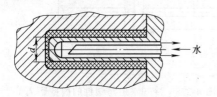
图 4-283　内管末端加工成斜边

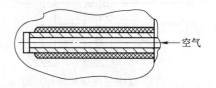
图 4-284　使用空气冷却细长凸模

（4）导热杆及导热型芯式　尺寸小于 5mm 细长凸模的冷却以采用高热传导性材料作为镶埋件较好。此镶埋件应尽可能采用大横截面积以提高传热效率。如图 4-285 所示，在型芯内部插入与其配合紧密的导热杆（孔的直径比导热杆的直径大 0.1mm，间隙用导热剂填充），并在底部由水冷却导热杆，达到冷却型芯的效果。

还有一种形式是直接用铍青铜合金制作型芯，以加强冷却效果，如图 4-286 所示。但是，由于铍青铜的强度和耐磨性较差，型芯应有较大的脱模斜度，以防止摩擦损伤。

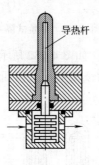
图 4-285　导热杆

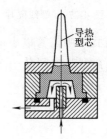
图 4-286　导热型芯

4.11.4　冷却系统的组成及连通方式

模具本身可以视为一热交换器，将塑料熔体所含的热量经由冷却系统的冷却水带走。典型的模具冷却系统如图 4-287 所示。冷却系统对应不同的冷却装置有不同的零件，主要有以下几种。

（1）水管接头　一般由黄铜制成，对要求不高的模具也可用一般结构钢制成，用于连接冷却水管和模具。

（2）螺塞和铜堵　主要用来构造水道，起到截流作用。在模具外观面严禁使用铜堵，一定要用螺塞。在模具的镶件内可以使用铜堵。

（3）密封圈　主要用来使冷却回路不泄漏。

（4）密封胶带　主要用来使螺塞或水管接头与冷却水道连接处不泄漏。

（5）软管　主要作用是连接并构制模外冷却回路。

（6）喷管件　主要用在喷流式冷却系统上，最好用铜管。

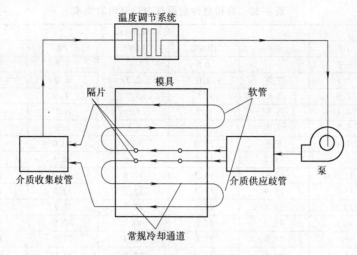

图 4-287　典型的模具冷却系统

（7）隔片　主要用在隔片导流式冷却系统上，最好用黄铜片。

（8）导热杆　主要用在导热式冷却系统上，主要由铍青铜制成。

另外还有模温控制单元、冷却水供应歧管、冷却水收集歧管、水泵。

模具冷却水道分布的合理性直接影响模具的生产效益和产品质量。因此，在模具设计时就应考虑冷却水的分布及模具机构的协调，应注意以下这些方面。

1）不同的模具有不同的要求，对于大批量生产的普通模具，可采用快速冷却方式，以获得较短的循环注射周期，而精密塑件因需要精确的尺寸和良好的力学性能，应采用缓冷方式。对于尺寸较大的斜顶和侧向抽芯机构有时也要设置冷却系统，以减少模具冷却时间和塑件的局部变形。

2）冷却水道长度不宜过长，一般采用路路通的方法，尽量减少多路循回连接方式。冷却水道的直径在条件允许的情况下尽量设置大一些，以满足水流的快速畅通。

3）水道尽可能从模具的反操作者侧与地侧进出水，以免给安放镶件、取塑件和浇注系统凝料或模具清理的操作带来不便。冷却水道连接处一定要达到稳定的密封效果。模具安装好后，必须在 0.4MPa 的水压下进行严格试验，在保证绝对密封的情况下方可出厂。

4）对于较复杂、冷却效果要求较高的塑件，设计者不能凭经验，一定要经过计算结合计算机模拟冷却效果分析并根据经验获得合理的冷却系统设计，以达到理想的冷却效果，进而获得更加完美的产品质量。

4.11.5　冷却系统的计算

冷却介质有冷却水和压缩空气，但用冷却水较为普遍，这是因为水的热容量大，传热系数大，成本低。

1. 冷却时间的确定

在注射过程中，塑件的冷却时间通常是指塑料熔体从充满模具型腔起到可以开模取出塑件止的这一段时间。这一时间标准常以塑件已充分固化定型而且具有一定强度和刚度为准，这段冷却时间一般约占整个注射生产周期的 80%。常用塑件壁厚与冷却时间的关系见表 4-30，计算时可以参考。

表 4-30　常用塑件壁厚与冷却时间的关系

塑件壁厚/mm	冷却时间 t/s						
	ABS	PA	HDPE	LDPE	PP	PS	PVC
0.5	—	—	1.8		1.8	1.0	
0.8	1.8	2.5	3.0	2.3	3.0	1.0	2.1
1.0	2.9	3.8	4.5	3.5	4.5	2.9	3.3
1.3	4.1	5.3	6.2	4.9	6.2	4.1	4.6
1.5	5.7	7.0	8.0	6.6	8.0	5.7	6.3
1.8	7.4	8.9	10.0	8.4	10.0	7.4	8.1
2.0	9.3	11.2	12.5	10.6	12.5	9.3	10.1
2.3	11.5	13.4	14.7	12.8	14.7	11.5	12.3
2.5	13.7	15.9	17.5	15.2	17.5	13.7	14.7
3.2	20.5	23.4	25.5	22.5	25.5	20.5	21.7
4.4	38.0	42.0	45.0	40.8	45.0	38.0	39.8
5.0	49.0	53.9	57.0	52.4	57.0	49.0	51.1
5.7	61.0	66.8	71.0	65.0	71.0	61.0	63.5
6.4	75.0	80.0	85.0	79.0	85.0	75.0	77.5

2. 冷却水道传热面积及管道数目的简易计算

通常对于中小型模具以及对塑件要求不太严格时，一般可忽略空气对流、辐射以及与注射机接触传走的热量，同时也忽略高温喷嘴与模具的接触传给型腔的热。

（1）单位时间内注入模具中的塑料熔体的总质量 W（kg/h）　可由下面两种方法求得。

方法 I

1）计算每次需要的注射量（kg）

$$m = nm_{件} + m_{浇} \qquad (4-53)$$

式中，n 是型腔数目；$m_{件}$ 是单个塑件质量；$m_{浇}$ 是浇注系统质量。

2）确定生产周期（s）

$$t = t_{注} + t_{冷} + t_{脱} \qquad (4-54)$$

式中，t 是生产周期（s）；$t_{注}$ 是注射时间（s），可参考所选用的注射机的注射时间来确定；$t_{冷}$ 是冷却时间（s），可查表 4-30；$t_{脱}$ 是脱模时间（s），根据塑件取出的难易程度确定，一般 8s 左右。

3）求每小时可以注射的次数

$$N = 3600/t \qquad (4-55)$$

4）求每小时的注射量（kg/h）

$$W = Nm \qquad (4-56)$$

方法 II

1）计算每次的注射量 $m = nm_{件} + m_{浇}$。

2）已知需要的生产数量 N（件）。

3）估算总的生产时间 t（h），以每月 x 天，每天 y 小时估算。

4）求每小时的注射量（kg/h），$W = mN/t$。

（2）确定单位质量的塑件在凝固时所放出的热量 Q_s（kJ/kg）

$$Q_s = [c_s(\theta_3 - \theta_4) + u]$$

式中，c_s 是塑料的比热容 [kJ/(kg·℃)]；θ_3 是塑料熔体的温度（℃）；θ_4 是塑件在脱模前的温度（℃）；u 是结晶型塑料结晶时放出的熔化潜热。常用塑料熔体的单位热流量 Q_s 可以由表4-31直接查出。

表 4-31 常用塑料熔体的单位热流量 Q_s

塑料名称	$Q_s/\text{kJ} \cdot \text{kg}^{-1}$	塑料名称	$Q_s/\text{kJ} \cdot \text{kg}^{-1}$
ABS	310~400	低密度聚乙烯（LDPE）	590~690
聚甲醛（POM）	420	高密度聚乙烯（HDPE）	690~810
丙烯酸树脂（PAA）	290	聚丙烯（PP）	590
醋酸纤维素（CA）	390	聚碳酸酯（PC）	270
聚酰胺（PA）	65~76	聚氯乙烯（PVC）	160~360
有机玻璃（PMMA）	286	聚苯乙烯（PS）	280~350

（3）计算冷却水的体积流量 q_V　这里假定塑料熔体凝固和冷却过程中放出的热量全部被冷却水带走，则

$$q_V = \frac{WQ_s}{60\rho c(\theta_1 - \theta_2)} \tag{4-57}$$

式中，q_V 是冷却水的体积流量（m^3/min）；ρ 是冷却水密度（kg/m^3）；c 是冷却水比热容 $[\text{kJ}/(\text{kg} \cdot \text{℃})]$；$\theta_1$ 是水管出口设定温度（℃）；θ_2 是水管进口设定温度（℃）。

（4）确定冷却水道的直径 d　计算出冷却水的体积流量 q_V 后，可根据表 4-27 中所示的冷却水处于湍流状态下的流速与水道直径的关系，确定模具冷却水道的直径 d。

（5）冷却水在管内的流速 v（m/s）

$$v = \frac{4q_V}{60 \times \pi d^2} \tag{4-58}$$

（6）求冷却管壁与水交界面的膜传热系数 h

$$h = \frac{4.187f(\rho v)^{0.8}}{d^{0.2}} \tag{4-59}$$

式中，ρ 是冷却介质在一定温度下的密度（kg/m^3）；v 是冷却介质在圆管中的流速（m/s）；d 是水孔直径（m）；f 是与冷却介质温度有关的物理系数，可查表 4-28。

（7）计算冷却水道的传热总面积 A

$$A = \frac{WQ_s}{h\Delta\theta} \tag{4-60}$$

式中，h 是冷却管壁与水交界面的膜传热系数；$\Delta\theta$ 是模具平均温度 θ_m 与冷却水平均温度之间差值（℃），即

$$\Delta\theta = \theta_m - (\theta_1 + \theta_2)/2 \tag{4-61}$$

（8）计算模具所需冷却水道的总长度 L

$$L = \frac{A}{\pi d} \tag{4-62}$$

（9）冷却水道的管道数目 x　由于受模具尺寸限制，每条水道的长度由模具的尺寸决定。设每条水道的长度为 l（m），则冷却水道的管道数目为

$$x = \frac{L}{l} \tag{4-63}$$

具体计算实例请见 4.14 节内容。

4.11.6　加热系统设计

在一般情况下，对热固性塑件成型模具需要设计加热系统，而对于热塑性塑料注射成型时，在以下这四种情况也需要加热。

1）对要求模具温度在80℃以上的塑料成型。某些熔融黏度高、流动性差的热塑性塑料，如聚碳酸酯、聚甲醛、氯化聚醚、聚砜、聚苯醚等，要求有较高的模具温度，需要对模具进行加热。如果这些塑料在成型时模具温度过低，则会影响塑料熔体的流动性，从而加大流动的剪切力，使塑件的内应力增大，甚至还会出现冷流痕、银丝、轮廓不清等缺陷。

2）对于大型模具的预热。大型模具在初始成型时其模具温度是室温，仅靠熔融塑料的热量使其达到相应的温度是十分困难的，这时就需要在成型前对模具进行预热，才能使成型顺利进行。

3）模具有需要加热的局部区域。在远离浇口的模具型腔，由于模具温度过低可能会影响塑料熔体的流动，这时可以对该处进行局部加热。

4）热流道模具的局部加热。热流道模具有的需要对浇注系统部分进行局部加热。

1. 模具加热方式

根据加热的热源不同，模具加热常常分为介质加热和电阻加热两大类。

（1）介质加热　利用冷却水道通入热水、热油、热空气及蒸汽等加热介质进行模具加热。它的装置和调节方法与冷却水道基本相同，结构比较简单实用。但是，对于持续维持80℃以上高温的模具，如用于PP、PC、尼龙（PA66、PA6、PA46）、POM等加玻璃纤维GF后成型的模具要求其温度达到120℃，PET、PPS成型温度可达130~150℃，这时最好不要用热水加热，因为，高温易使未经软化的水产生水垢而影响传热效率，甚至堵塞通道。这种情况下可以用油来加热，必须使用油温机来控温。

（2）电阻加热　用电热棒等作为加热元件进行模具加热。由于电阻加热具有清洁、简便、可随时调节温度等优点，在大型模具和热流道模具中逐渐得到广泛的应用。

2. 电阻加热的常用元件的结构、基本要求及计算

（1）电阻加热的常用元件的结构　电阻加热的常见形式是电热棒，如图4-288所示。根据模具体积，靠改变电热元件的功率、安装数目和输入电压来调节加热速度和温度。

电热棒一般装在通用电热板内，通常用于热固性塑料模具的加热。图4-289所示为常用的电热板结构。

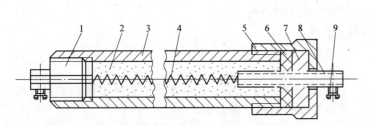

图 4-288　电热棒元件结构

1—螺纹堵头　2—耐火材料　3—套管　4—电阻丝　5—螺母　6—绝缘垫
7—垫圈　8—接线柱　9—螺钉

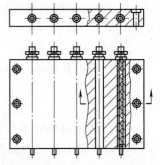

图 4-289　常用的电热板结构

除了采用电热棒外，也可以根据模具结构的不同采用其他形式的加热元件，如电热圈和电热板等，如图 4-290 所示。

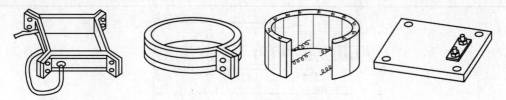

图 4-290　电热圈和电热板

（2）电阻加热的基本要求

1）正确合理布置加热元件，保证电热元件的加热功率。如电热元件的功率不足，就不能达到模具要求的温度；如电热元件的功率过大，会使模具加热过快，从而出现局部过热现象。

2）对大型模具的电热板，应安装两套控温仪表，用来分别控制和调节电热板中央和边缘部位的温度。

3）电热板的中央和边缘部位要分别采用不同功率的电热元件，一般在模具中央部位电热元件功率稍小，边缘部位的电热元件功率稍大。

4）加强模具的保温措施，减少热量的传导和热辐射的损失，特别是尼龙、PBT、PET等结晶型塑料，模具型腔表面温度变化对塑件的结晶度、尺寸、外观品质影响很大，这时必须要在模具与压力机的上、下压板之间以及模具四周设置石棉隔热板，厚度为 4~6mm。

（3）电阻加热的计算　电阻加热计算的任务是根据模具工作的实际需要计算出所需的电功率，并选用电热元件或设计电阻丝的规格。

要得到所需电功率的数值，须进行热平衡计算，即通过单位时间内供应模具的热量与模具所消耗的热量平衡，从而求出所需电功率。但这种计算方法太复杂，计算选用的参数不一定符合实际，所以计算结果也并不精确。在实际生产中广泛采用简化的计算方法求得所需的电功率，并有意适当增大计算结果，通过电控装置加以控制与调节。

加热模具所需电功率可按模具质量按经验公式计算，即

$$P = qm \tag{4-64}$$

式中，P 是电功率（W）；m 是模具质量（kg）；q 是每千克模具维持成型温度所需要的电功率（W/kg），其值可查表 4-32。

表 4-32　电功率 q 值　　　　　　　　　　（单位：W/kg）

模具类型	采用电热棒	采用电热圈
小型	35	40
中型	30	50
大型	20~25	60

总的电功率算出之后，即可根据电热板的尺寸确定电热棒的数量，进而计算每个电热棒的电功率，设电热棒采用并联接法，则

$$P_{每} = P/n \tag{4-65}$$

式中，$P_{每}$ 是每个电热棒的电功率（W）；n 是电热棒根数。

根据 $P_{每}$ 按表 4-33 可查得电热棒尺寸。

表 4-33 电热棒外形尺寸与电功率

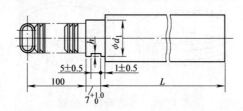

公称直径 d_1/mm	13	16	18	20	25	32	40	50
允许误差/mm	±0.10		±0.12			±0.20		±0.30
盖板 d_2/mm	8	11.5	13.5	14.5	18	26	34	44
槽深 h/mm	1.5	2	3			5		
长度 L/mm	电功率 P/W							
$60_{-3}^{\ 0}$	60	80	80	100	120			
$80_{-3}^{\ 0}$	80	110	110	125	160			
$100_{-4}^{\ 0}$	100	125	140	160	200	250		
$125_{-4}^{\ 0}$	125	160	175	200	250	320		
$160_{-4}^{\ 0}$	160	200	225	250	320	400	500	
$200_{-4}^{\ 0}$	200	250	280	320	400	500	600	800
$250_{-5}^{\ 0}$	250	320	350	400	500	600	800	1000
$300_{-5}^{\ 0}$	300	375	420	480	600	750	1000	1250
$400_{-5}^{\ 0}$		500	550	630	800	1000	1250	1600
$500_{-5}^{\ 0}$		700	800	1000	1250	1600	2000	
$650_{-5}^{\ 0}$			900	1250	1600	2000	2500	
$800_{-5}^{\ 0}$				1600	2000	2500	3200	
$1000_{-10}^{\ \ 0}$				2000	2500	3200	4000	
$1200_{-10}^{\ \ 0}$					3000	3300	4750	

4.12 模架设计

4.12.1 注射模模架的结构

模架也称为模体，是注射模的骨架和基体，模具的每一部分都寄生其中，通过它将模具的各个部分有机地联系在一起。我国市场上销售的标准模架如图 4-291 所示。它一般由定模座板（或称为定模底板）、定模固定板（或称为定模板）、动模固定板（或称为型芯固定板）、动模垫板、垫块（或称为垫脚、模脚）、动模座板、推板（或称为推出底板、推料板）、推杆

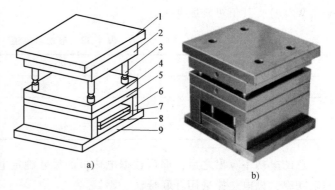

图 4-291 我国市场上销售的标准模架

1—定模座板　2—定模固定板　3—导柱及导套　4—动模固定板
5—动模垫板　6—垫块　7—推杆固定板　8—推板　9—动模座板

固定板、导柱、导套、复位杆等组成。另外，根据需要还有特殊结构的模架，如点浇口模架、带脱模板的模架等。

4.12.2　标准模架的结构与形式

GB/T 12555—2006《塑料注射模模架》规定了塑料注射模模架的组合形式、尺寸标记等。塑料注射模按结构特征可以分为 36 种主要结构，其中直浇口模架 12 种、点浇口模架16 种和简化点浇口模架 8 种。

1. 直浇口模架（两板模）

在直浇口模架的 12 种中，其中直浇口基本型（两板工字模）有 4 种，直身基本型有 4种，直身无定模座板型有 4 种。直浇口基本型又分为 A、B、C 和 D 型，见表 4-34。

表 4-34　4 种直浇口基本型模架（两板工字模）

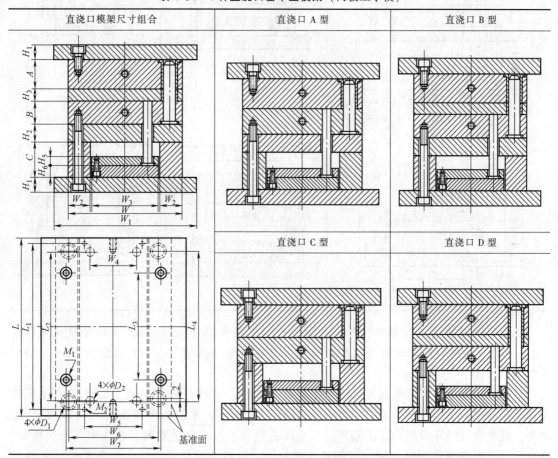

直浇口模架除了 4 种基本型外，还有 4 种直身基本型模架，分别为 ZA、ZB、ZC 和 ZD型，与相应的 4 种直浇口基本型模架相比，除了无凸出的模脚外（$W=W_1$），其他结构与直浇口基本型模架一样。另外，直浇口还有 4 种直浇口直身无定模座板型模架，分别为 ZAZ、ZBZ、ZCZ 和 ZDZ 型，与相应的 4 种直浇口直身基本型模架相比，除了无定模座板外，其余结构相同。这两类直身型模架将在相应的动、定模板上开设凹槽，以便于固定到注射机上的动、定模固定板上。

2. 点浇口模架

在点浇口模架的 24 种中，其中点浇口基本型（三板工字模）有 4 种，分别为 DA、DB、DC 和 DD 型，见表 4-35。

表 4-35　4 种点浇口基本型模架（三板工字模）

点浇口模架尺寸组合	点浇口 DA 型	点浇口 DB 型
	点浇口 DC 型	点浇口 DD 型

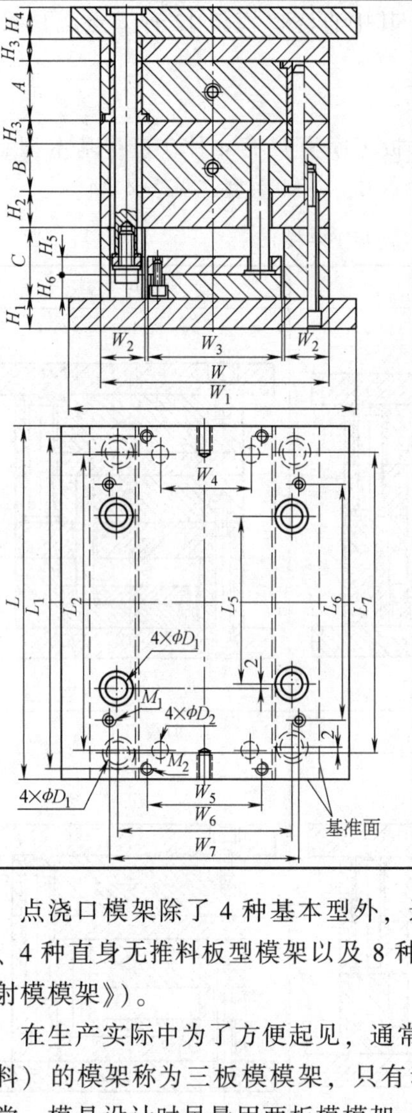

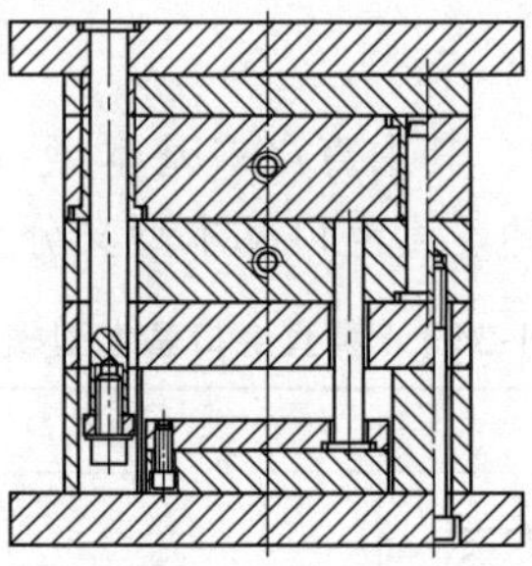

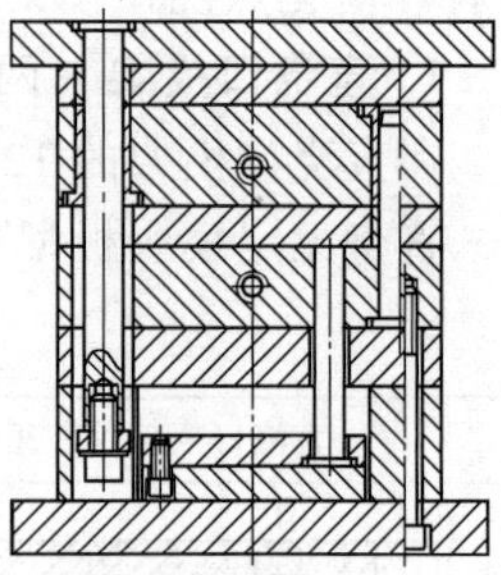

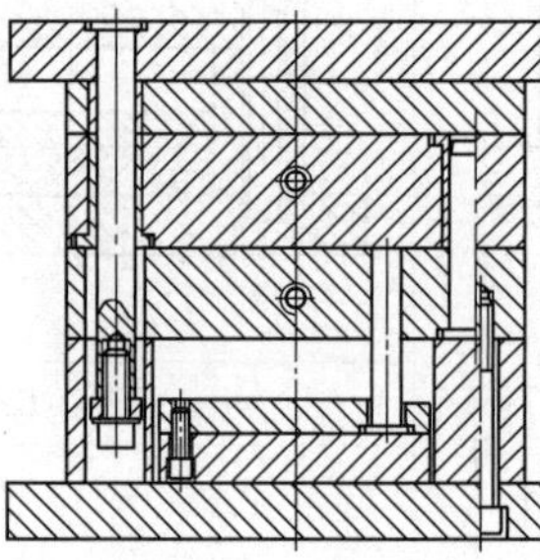

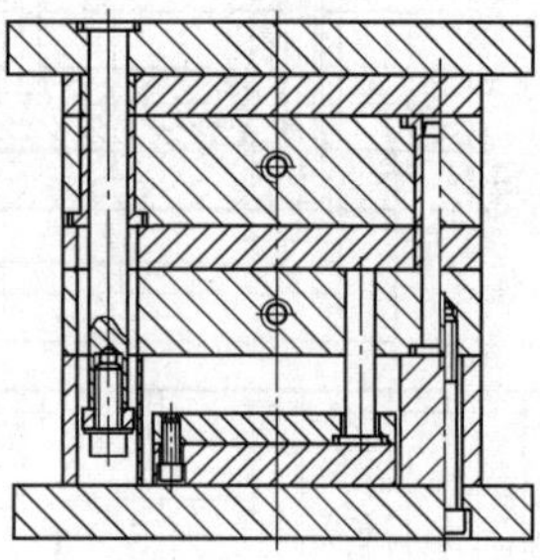

点浇口模架除了 4 种基本型外，还有 4 种无推料板型点浇口模架、4 种直身点浇口模架、4 种直身无推料板型模架以及 8 种简化点浇口模架（具体见 GB/T 12555—2006《塑料注射模模架》）。

在生产实际中为了方便起见，通常把具有动模板、定模板和推料板（用于脱浇注系统凝料）的模架称为三板模模架，只有动模板和定模板而无推料板的模架称为两板模模架。通常，模具设计时尽量用两板模模架，当塑件必须选用点浇口进料时，才选用三板模模架；并且，当三板模模具两侧有较大的侧抽芯滑块时，应考虑简化点浇口无推料板型三板模模架。另外，当两板模模架宽度小于 300mm 时，一般选用直浇口基本型模架（两板工字模）；当两板模模架宽度大于 300mm 时，宜选用直身模模架，以减小模架所占用的空间。

4.12.3　基本型模架组合尺寸

在不同规格的模架组合系列中，模板的宽度尺寸为系列的主参数，并各配有一组尺寸要素。基本型模架尺寸组合表（部分）见表 4-36。

表 4-36　基本型模架尺寸组合表（部分）

（单位：mm）

序号	系列 $W{\times}L$	L	W_1	W_2	W_3	模板 A,B 尺寸	垫块高度 C	H_1	H_2	H_3	H_4	H_5	H_6	W_4	L_2
1	$150{\times}L$	150,180,200,230,250	200	28	90	20,25,30,35,40, 45,50,55,60,70,80	50,60,70	20	30	20	25	13	15	48	114,144,164,194,214
2	$180{\times}L$	180,200,230,250, 300,350	230	33	110	20,25,30,35,40,45, 50,55,60,70,80	60,70,80	20	30	20	30	15	20	68	138,158,188,208, 258,308
3	$200{\times}L$	200	250	38	120	25,30,35,40,45,50 60,70,80,90,100	60,70,80	25	30	20	30	15	20	84	150
3	$200{\times}L$	230,250,300,350,400	250	38	120	25,30,35,40,45,50 60,70,80,90,100	60,70,80	25	30	20	30	15	20	80	180,200,250,300,350
4	$230{\times}L$	230,250,270,300, 350,400	280	43	140	25,30,35,40,45,50,60 70,80,90,100	70,80,90	25	35	20	30	15	20	106	180,200,220,250, 300,350
5	$250{\times}L$	250,270,300,350, 400,450,500	300	48	150	30,35,40,45,50,60,70 80,90,100,110,120	70,80,90	25	35	25	35	15	20	110	200,230,250,298,348, 398,448
6	$270{\times}L$	270,300,350, 400,450,500	320	53	160	30,35,40,45,50,60,70, 80,90,100,110,120	70,80,90	25	40	25	35	15	20	110	210,240,290,340, 390,440
7	$300{\times}L$	300,350,400	350	58	180	35,40,45,50,60,70,80 90,100,110,120,130	80,90,100	25	45	30	45	20	25	134	240,290,340,390
7	$300{\times}L$	450,500,550,600	350	58	180	35,40,45,50,60,70,80 90,100,110,120,130	80,90,100	30	45	30	45	20	25	128	440,490,540
8	$350{\times}L$	350,400,450	450	63	220	40,45,50,60,70,80,90 100,110,120,130	90,100,110	30	45	35	45	20	25	164	290,340,390
8	$350{\times}L$	500,550,600	450	63	220	40,45,50,60,70,80,90 100,110,120,130	90,100,110	30	45	35	50	20	25	152	440,490,540
9	$400{\times}L$	400	450	68	260	40,45,50,60,70,80,90 100,110,120,130, 140,150	100,110 120,130	30	50	35	50	25	30	198	340
9	$400{\times}L$	400	450	68	260	40,45,50,60,70,80,90 100,110,120,130, 140,150	100,110 120,130	35	50	35	50	25	30	198	390,440,490,540,640
10	$450{\times}L$	450,500,550,600,700	550	78	290	40,50,60,70, 80,90,100,110 120,130,140,150, 160,180	100,110 120,130	35	60	40	60	25	30	226	384,434,484,534,634

（续）

序号	系列 W×L	L	W₅	L₁	W₆	L₄(L₇)	L₅	W₇	L₃	L₆	D₁	D₂	M₁	M₂
1	150×L	150,180,200,230,250	72	132,162,182,212,232	114	114(L₄),144,164,194,214	—,52,72,102,122	120	56,86,106,136,156	—,96,116,146,166	16	12	4×M10	4×M6
2	180×L	180,200,230,250 300,350	90	160,180,210,230 280,330	134	134(L₄),154,184,204,254,304	—,46,76,96,146,196	145	64,84,114,124,174,224	—,98,129,148,198,248	20	12	4×M12 6×M12	4×M8
3	200×L	200,230,250 300,350,400	100	180,210,230 280,330,380	154	154,184,204,254,304,354	46,76,96,146,196,246	160	80,110,130,180,230,280	98,129,148,198,298,248	20	15	4×M12 6×M12	4×M8
4	230×L	230,250 270,300 350,400	120	210,230,250,280,330,380	184	184,204,224,254,304,354	74,94,112,142,192,242	185	106,126,144,174,224,274	128,148,166,196,246,296	20	15	4×M12 4×M14 6×M14	4×M8
5	250×L	250,270,300,350 400,450,500	130	230,250,280,330,380,430,480	194	194,214,244,294,344,394,444	70,90,120,170,220,270,320	200	108,124,154,204,254,304,354	130,150,180,230,280,330,380	25	20	4×M14 6×M14	4×M8
6	270×L	270,300,350 400,450,500	136	246,276,326,376,426,476	214	214,244,294,344,394,444	90,120,170,220,270,320	215	124,154,204,254,304,350	150,180,230,280,330,380	25	20	4×M14 6×M14	4×M10
7	300×L	300 350,400 450,500,550,600	156	276 326,376 426,476,526,576	234	234,284,334,384,434,484,534	98,148,198,244,294,344,394	240	138,188,238,288,338,388,438	164,214,264,312,362,412,462	30	20 25	4×M14 6×M14 6×M16	4×M10
8	350×L	350 400,450 500,550,600	196	326 376,426 476,526,576	284 274	284,334,384,424,474,524	144,194,244,268,318,368	285	178,224,274,308,358,408	212,262,312,344,394,444	30 35	25	4×M14 6×M16	4×M10
9	400×L	400,450,500,550,600,700	234	374,424,474,524,574,674	324	324,374,424,474,524,624	168,218,268,318,368,468	330	208,254,304,354,404,504	244,294,344,394,444,544	35	25	6×M16	4×M12
10	450×L	450,500,550,600,700	264	424,474,524,574,674	364	364,414,464,514,614	194,244,294,344,444	370	236,286,336,386,486	276,326,376,426,526	40	30	6×M16	4×M12

上述表格是根据 GB/T 12555—2006《塑料注射模模架》总结的部分模架规格和尺寸。为了更好地使用表格，下面通过一个例题进行说明。

例题 4.1 模架标号为 A4050-80×45×110 GB/T 12555—2006 表示的含义是什么？

解 根据表 4-34 中各部分尺寸代号以及表 4-36 中所列的数据来确定。它的含义为：直浇口 A 型模架，4050 表示模板宽 $W=400$mm、长 $L=500$mm，80×45×110 分别代表 A、B 和 C 板的厚度，$A=80$mm、$B=45$mm、$C=110$mm，其他尺寸可以根据长度 500mm 来确定，相应可以获得：$W_1=450$mm、$W_2=68$mm、$W_3=260$mm、$W_4=198$mm、$L_2=440$mm、$H_1=35$mm、$H_2=50$mm、$H_3=35$mm、$H_4=50$mm、$H_5=25$mm、$H_6=30$mm。

4.12.4 模架的选择方法（经验法）

模具的大小主要取决于塑件的尺寸和形状、型腔数目和排列以及模具结构。对于模具而言，在保证足够强度和刚度的条件下，结构越紧凑越好。

可以以塑件布置在推杆推出的范围之内及复位杆与型腔保持一定距离为原则来确定模架大小，可以大致按下列经验公式来计算。

塑件在分型面上的投影宽度 W' 须满足

$$W' \leqslant W_3 - 10\text{mm} \tag{4-66}$$

式中，W_3 是推板宽度（mm）；10 是推杆边缘与垫块之间的双边距离。

塑件在分型面上的投影长度 L' 须满足

$$L' \leqslant L_2 - D_2 - 30\text{mm} \tag{4-67}$$

式中，L_2 是复位杆在长度方向的间距（mm）；D_2 是复位杆直径（mm）；30 是复位杆与型腔或型芯边缘之间的双边距离。

根据式（4-66）和式（4-67）可求得 W_3 和 L_2 这两个参数，再对照中小型标准模架尺寸系列中相应的参数就可以确定模架大小和型号了。

例题 4.2 有一矩形扁平塑件，尺寸为 100mm×150mm×3mm，决定使用直浇口，采用脱模板推出塑件，并且选择带动模垫板的标准模架，试选择该标准模架的类型规格及模架上的相应尺寸。

解 根据式（4-66）可得 100mm$\leqslant W_3-10$mm，即推板宽度 $W_3 \geqslant 110$mm，查表 4-36 可得 $W_3=110$mm 对应的标准模架的宽度 $W=180$mm。复位杆直径 $D_2=12$mm。

根据式（4-67）可得 150mm$\leqslant L_2-12$mm-30mm，即复位杆在长度方向的间距 $L_2 \geqslant$ 192mm，查表 4-36 可得 $L_2=208$mm 对应的标准模架的长度 $L=250$mm。故所选模架为直浇口 A 型标准模架，其规格为 $W \times L = 180$mm×250mm。查表还可以确定模架的其他长度和宽度方向的尺寸。

关于模架高度方向的尺寸可以根据塑件的外形尺寸（投影面积与高度）以及塑件本身结构，参考图 4-292 和表 4-37，由塑件确定型芯和型腔镶件的尺寸进而确定模架各相应尺寸。其中垫块的高度要大于塑件的推出行程与推板及推杆固定板的和，然后在表 4-36 中垫块 C 给出的参数中选择，当表中给出的参数不够时，可采用加高的垫块。

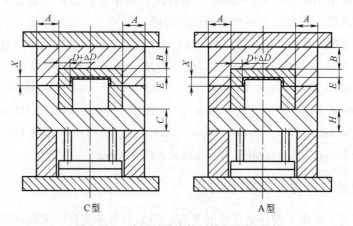

C型　　　　　　　　　　　A型

图 4-292　采用型腔镶件的模架结构尺寸

表 4-37　带型芯和型腔镶件的模架结构尺寸　　　　　　（单位：mm）

塑件投影面积 A/mm^2	A	B	C	H	D	E
100~900	40	20	30	30	20	20
900~2500	40~45	20~24	30~40	30~40	20~24	20~24
2500~6400	45~50	24~30	40~50	40~50	24~28	24~30
6400~14400	50~55	30~36	50~65	50~65	28~32	30~36
14400~25600	55~65	36~42	65~80	65~80	32~36	36~42
25600~40000	65~75	42~48	80~95	80~95	36~40	42~48
40000~62500	75~85	48~56	95~115	95~115	40~44	48~54
62500~90000	85~95	56~64	115~135	115~135	44~48	54~60
90000~122500	95~105	64~72	135~155	135~155	48~52	60~66
122500~160000	105~115	72~80	155~175	155~175	52~56	66~72
160000~202500	115~120	80~88	175~195	175~195	56~60	72~78
202500~250000	120~130	88~96	195~205	195~205	60~64	78~84

注：以上数据，仅作为一般性结构塑件的模架参考，对于特殊的塑件，应注意以下几点。

1）当产品高度过高时（产品高度 $X \geqslant D$），应适当加大"D"，加大值 $\Delta D = (X-D)/2$。

2）有时为了冷却水道的需要，也要对镶件的尺寸做适当调整，以达到较好的冷却效果。

3）结构复杂需做特殊分型或顶出机构或有侧向分型结构需做滑块时，应根据不同情况适当调整镶件和模架的大小以及各模板的厚度，以保证模架的强度和刚度。

另外，在模架装配时，定模（或定模座板）与动模（或动模座板）安装平面的平行度以及导柱、导套对定、动模安装面（或定、动模座板安装面）的垂直度均按 GB/T 12556—2006 中的规定来确定。

4.13　注射模材料的选用

4.13.1　模具零件的失效形式

（1）表面磨损失效

1）模具型腔表面粗糙度恶化。如酚醛树脂对模具的磨损作用，导致模具表面拉毛，使被压缩塑件的外观不合要求，因此，模具应定期卸下抛光。经多次抛光后，由于型腔尺寸超差而失效。如用工具钢制成的酚醛树脂塑件模具，连续压制 20000 次左右，模具表面磨损约 0.01mm。同时，表面粗糙度明显增大而需重新抛光。

2）模具尺寸磨损失效。当压制的塑料中含有无机填料如云母粉、硅砂、玻璃纤维等硬度较大的固体物质时，将明显加剧模具磨损，不仅模具表面粗糙度迅速恶化，而且尺寸也由于磨损而急剧变化，最终导致尺寸超差。

3）模具表面腐蚀失效。由于塑料中存在氯、氟等元素，受热分解析出 HCl、HF 等强腐蚀性气体，侵蚀模具表面，加剧其磨损失效。

（2）塑性变形失效　模具在持续受热、周期受压的作用下，发生局部塑性变形而失效。生产中常用的渗碳钢或碳素工具钢制作酚醛树脂塑件模具，在棱角处易产生塑性变形，表面出现桔皮、凹陷、麻点、棱角堆塌等缺陷。当小型模具在大吨位压力机上超载使用时，这种失效形式更为常见。产生这种失效，主要是由于模具表面硬化层过薄，变形抗力不足，或是模具回火不足，在使用过程中工作温度高于回火温度，使模具发生组织转变所致。

（3）断裂失效　断裂失效是危害性最大的一种失效形式。塑料模具形状复杂，存在许多凹角、薄边应力集中，因而塑料模必须具有足够的韧性。为此，对于大型、中型、复杂型腔塑料模，应优先采用高韧性钢（渗碳钢或热作模具钢），尽量避免采用高碳工具钢。

4.13.2　成型零件材料选用的要求

（1）材料高度纯洁　组织均匀致密，无网状及带状碳化物，无孔洞、疏松及白点等缺陷。

（2）良好的冷、热加工性能　要选用易于冷加工，且在加工后得到高精度零件的钢种，因此，以中碳钢和中碳合金钢最常用，这对大型模架尤为重要；应具有良好的热加工工艺性能，热处理变形少，尺寸稳定性好。另外，对需要电火花加工的零件，还要求该钢种的烧伤硬化层较浅。

（3）抛光性能优良　注射模成型零件工作表面，多需抛光达到镜面，$Ra \leqslant 0.05\mu m$，要求钢材硬度 35~40HRC 为宜，过硬表面会使抛光困难。这种特性主要取决于钢的硬度、纯净度、晶粒度、夹杂物形态、组织致密性和均匀性等因素。其中高的硬度及细的晶粒，均有利于镜面抛光。

（4）淬透性高　热处理后应具有高的强韧性、高的硬度和好的等向性能。

（5）耐磨性和抗疲劳性能好　注射模型腔不仅受高压塑料熔体冲刷，而且还受冷热交变的热应力作用。一般的高碳合金钢，可经热处理获得高硬度，但韧性差易形成表面裂纹，不宜采用。所选钢种应使注射模能减少抛光修模的次数，能长期保持型腔的尺寸精度，达到批量生产的使用寿命期限。这对注射次数 30 万次以上和纤维增强塑料的注射成型生产尤其重要。

（6）具有耐蚀性　对有些塑料品种，如聚氯乙烯和阻燃型塑料，必须考虑选用有耐蚀性的钢种。

4.13.3　注射模材料的种类与选用

国产塑料模具钢的分类基本特征和应用见表 4-38。

表 4-38　国产塑料模具钢的分类基本特征和应用

钢　种		基 本 特 征	应　用
优质碳素结构钢	20	经渗碳、淬火可获得高的表面硬度	适用于冷挤法制造形状复杂的型腔模
	45	具有较高的温度,经调质处理后有较好的综合力学性能,可进行表面淬火以提高硬度	用于制造塑料和压铸模型腔
碳素工具钢	T7、T8、T10	T7、T8 比 T10 有较好的韧性,经淬火后有一定的硬度,但淬透性较差,淬火变形较大	用于制造各种形状简单的模具型芯和型腔
合金结构钢	20Cr、12CrNi3	具有良好塑性、焊接性和切削性,渗碳、淬火后有高硬度和耐磨性	用于制造冷挤压模具型腔
	40Cr	调质后有良好的综合力学性能,淬透性好,淬火后有较好的疲劳强度和耐磨性	用于制造大批量压缩成型时的塑料模型腔
低合金工具钢	9Mn2V、CrWMn、9CrWMn	淬透性、耐磨性、淬火变形均比碳素工具钢好。CrWMn 钢为典型的低合金钢,它除易形成网状碳化物而使钢的韧性变坏外,基本具备了其低合金工具钢的独特优点,严格控制锻造和热处理工艺,则可改善钢的韧性	用于制造形状复杂的中等尺寸型腔和型芯
高合金工具钢	Cr12、Cr12MoV	有高的淬透性、耐磨性,热处理变形小。但由于碳化物分布不均匀而降低强度,合理的热加工工艺可改善碳化物的不均匀性;Cr12MoV 较 Cr12 有所改善,强度和韧性都比较好	用于制造形状复杂的各种模具型腔
新型模具钢种	8Cr2MnMoVS、4Cr5MoSiVS、25CrNi3MoAl	加工性能和镜面研磨性能好,8Cr2MnMoVS 和 4Cr5MoSiVS 为预硬化钢,在预硬化硬度 43～46HRC 的状态下能顺利地进行切削加工。25CrNi3MoAl 为时效硬化钢,经调质处理至 30HRC 左右进行加工,然后经 520℃ 时效处理 10h,硬度即可升到 40HRC 以上	用于有镜面要求的精密塑料模成型零件
	SM1 （55CrNiMnMoVS） SM2 5NiSCa （55CrNiMnMoVSCa）	在预硬化硬度 35～42HRC 的状态下能顺利地进行切削加工,抛光性能甚佳,表面粗糙度 $Ra \leqslant 0.05\mu m$,还具有一定的耐蚀性,模具寿命可达 120 万次	用于热塑性塑料和热固性塑料模的成型零件

部分钢种制造的型腔的寿命见表 4-39。

表 4-39　部分钢种制造的型腔的寿命

塑料与塑件	型腔注射次数(寿命)	成型零件钢种
PP、HDPE 等一般塑料	10 万次左右	50、55 正火
	20 万次左右	50、55 调质
	30 万次左右	P20
	50 万次左右	SM1、5NiSCa
工程塑料	10 万次左右	P20
精密塑件	20 万次左右	PMS、SM1、5NiSCa
玻璃纤维增强塑料	10 万次左右	PMS、SM2
	20 万次左右	25CrNi3MoAl、H13

4.14　注射模设计实例

本设计实例为一塑料端盖，如图 4-293 所示。塑件比较简单，借此以阐明注射模的设计过程。塑件的质量要求是不允许有裂纹和变形缺陷；脱模斜度 30′~1°；塑件材料 ABS，生产批量为大批量，塑件公差按模具设计要求进行转换。

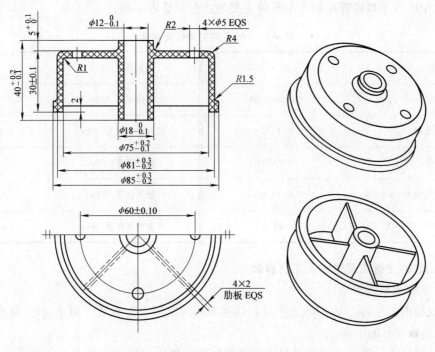

图 4-293　塑料端盖

4.14.1　塑件成型工艺性分析

1. 塑件的分析

（1）外形尺寸　该塑件壁厚为 3mm，塑件外形尺寸不大，塑料熔体流程不太长，适合于注射成型，如图 4-293 所示。

（2）公差等级　每个尺寸的公差不一样，有的属于一般精度，有的属于高精度，就按实际公差进行计算。

（3）脱模斜度　ABS 属无定型塑料，成型收缩率较小，参考表 2-6 选择该塑件上型芯和凹模的统一脱模斜度为 1°。

2. ABS 的性能分析

（1）使用性能　综合性能好，冲击强度、力学强度较高，尺寸稳定，耐化学性，电气性能良好；易于成型和机械加工，其表面可镀铬，适合制作一般机械零件、减摩零件、传动零件和结构零件。

（2）成型性能

1）无定型塑料。它的品种很多，各品种的机电性能及成型特性也各有差异，应按品种来确定成型方法及成型条件。

2）吸湿性强。含水量应小于 0.3%（质量分数），必须充分干燥，要求表面光泽的塑件应要求长时间预热干燥。

3）流动性中等。溢边料 0.04mm 左右。

4）模具设计时要注意浇注系统，选择好进料口位置、形式。推出力过大或机械加工时塑件表面呈现白色痕迹。

（3）ABS 的主要性能指标　ABS 的主要性能指标见表 4-40。

表 4-40　ABS 的主要性能指标

密度/g·cm^{-3}	1.02~1.08	屈服强度/MPa	50
比体积/cm^3·g^{-1}	0.86~0.98	拉伸强度/MPa	38
吸水率(%)	0.2~0.4	拉伸弹性模量/MPa	$1.4×10^3$
熔点/℃	130~160	抗弯强度/MPa	80
计算收缩率(%)	0.4~0.7	抗压强度/MPa	53
比热容/J·(kg·℃)$^{-1}$	1470	弯曲弹性模量/MPa	$1.4×10^3$

3. ABS 的注射成型过程及工艺参数

（1）注射成型过程

1）成型前的准备。对 ABS 的色泽、粒度和均匀度等进行检验，由于 ABS 吸水性较大，成型前应进行充分的干燥。

2）注射过程。塑料在注射机料筒内经过加热、塑化达到流动状态后，由模具的浇注系统进入模具型腔成型，其过程可分为充模、压实、保压、倒流和冷却五个阶段。

3）塑件的后处理。处理的介质为空气和水，处理温度为 60~75℃，处理时间为 16~20s。

（2）注射工艺参数

1）注射机：螺杆式，螺杆转数为 30r/min。

2）料筒温度：后段 150~170℃；中段 165~180℃；前段 180~200℃。

3）喷嘴温度：170~180℃。

4）模具温度：50~80℃。

5）注射压力：60~100MPa。

6）成型时间：30s（注射时间取 1.6s，冷却时间 20.4s，脱模时间 8s）。

4.14.2　拟定模具的结构形式

1. 分型面位置的确定

通过对塑件结构形式的分析，分型面应选在端盖截面积最大且利于开模取出塑件的底平面上，其位置如图 4-294 所示。

2．型腔数量和排列形式的确定

（1）型腔数量的确定 该塑件采用的公差一般在 2~3 级之间，且为大批量生产，可采取一模多腔的结构形式。同时，考虑到塑件尺寸、模具结构尺寸的大小关系，以及制造费用和各种成本费等因素，初步定为一模两腔结构形式。

（2）型腔排列形式的确定 多型腔模具尽可能采用平衡式排列布置，且要力求紧凑，并与浇口开设的部位对称。由于该设计选择的是一模两腔，故采用直线对称排列，如图 4-295 所示。

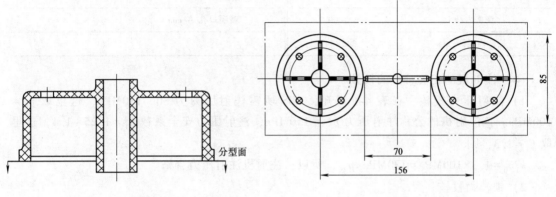

图 4-294 分型面的选择　　　　　　　　图 4-295 型腔的排列布置

（3）模具结构形式的确定 从上面的分析可知，本模具设计为一模两腔，直线对称排列，根据塑件结构形状，脱模机构拟采用脱模板推出的推出形式。浇注系统设计时，流道采用对称平衡式，浇口采用侧浇口，且开设在分型面上。因此，定模部分不需要单独开设分型面取出凝料，动模部分需要添加型芯固定板、支承板和脱模板。由以上综合分析可确定选用带脱模板的单分型面注射模。

3．注射机型号的确定

（1）注射量的计算 通过三维软件建模设计分析计算得

塑件体积：
$$V_{塑} = 47.755 \text{cm}^3$$

塑件质量：
$$m_{塑} = \rho V_{塑} = 47.76 \times 1.02 \text{g} = 48.7 \text{g}$$

式中，ρ 参考表 4-40 可取 1.02g/cm^3。

（2）浇注系统凝料体积的初步估算 浇注系统的凝料在设计之前是不能确定准确的数值，但是可以根据经验按照塑件体积的 0.2~1 倍来估算。由于本次采用流道简单并且较短，因此浇注系统的凝料按塑件体积的 0.2 倍来估算，故一次注入模具型腔塑料熔体的总体积（即浇注系统的凝料和 2 个塑件体积之和）为

$$V_{总} = V_{塑}(1+0.2) \times 2 = 47.755 \times 1.2 \times 2 \text{cm}^3 = 114.66 \text{cm}^3$$

（3）选择注射机 根据第二步计算得出一次注入模具型腔的塑料总质量 $V_{总} = 114.66 \text{cm}^3$，并结合式（4-18）则有 $V_{总}/0.8 = 114.66/0.8 \text{cm}^3 = 143.325 \text{cm}^3$。根据以上的计算，初步选定公称注射量为 160cm^3，注射机型号为 SZ-160/100 卧式注射机，其主要技术参数见表 4-41。

表 4-41　注射机主要技术参数

理论注射容量/cm³	160	开模行程/mm	325
螺杆柱塞直径/mm	40	最大模具厚度/mm	300
注射压力/MPa	150	最小模具厚度/mm	200
注射速率/g·s⁻¹	105	锁模形式	双曲肘
塑化能力/g·s⁻¹	45	模具定位孔直径/mm	125
螺杆转速/r·min⁻¹	0~200	喷嘴球半径/mm	12
锁模力/kN	1000	喷嘴口孔径/mm	3
拉杆内间距/mm	345×345		

（4）注射机的相关参数的校核

1）注射压力校核。查表 4-1 可知，ABS 所需注射压力为 80~110MPa，这里取 $p_0 =$ 100MPa。该注射机的公称注射压力 $p_公 = 150MPa$，注射压力安全系数 $k_1 = 1.25~1.4$，这里取 $k_1 = 1.3$，则

$k_1 p_0 = 1.3 \times 100MPa = 130MPa < p_公$，所以，注射机注射压力合格。

2）锁模力校核。

① 塑件在分型面上的投影面积 $A_塑$，则

$$A_塑 = \frac{\pi}{4}(85^2 - 12^2 - 4 \times 5^2)\ mm^2 = 5480mm^2$$

② 浇注系统在分型面上的投影面积 $A_浇$，即流道凝料（包括浇口）在分型面上的投影面积 $A_浇$ 数值，可以按照多型腔模的统计分析来确定。$A_浇$ 是每个塑件在分型面上的投影面积 $A_塑$ 的 0.2~0.5 倍。由于本例流道设计简单，分流道相对较短，因此流道凝料投影面积可以适当取小一些。这里取 $A_浇 = 0.2A_塑$。

③ 塑件和浇注系统在分型面上总的投影面积 $A_总$ 为

$$A_总 = n(A_塑 + A_浇) = n(A_塑 + 0.2A_塑) = 2 \times 1.2A_塑 = 2 \times 1.2 \times 5480mm^2 = 13152mm^2$$

④ 模具型腔内的胀型力 $F_胀$ 为

$$F_胀 = A_总 p_模 = 13152 \times 35N = 460320N = 460.32kN$$

式中，$p_模$ 是型腔的平均计算压力值。$p_模$ 是模具型腔内的压力，通常取注射压力的20%~40%，大致范围为 25~40MPa。对于黏度较大的精度较高的塑件应取较大值。ABS 属中等黏度塑料及有精度要求的塑件，故 $p_模$ 取 35MPa。

查表 4-41 可得该注射机的公称锁模力 $F_锁 = 1000kN$，锁模力安全系数为 $k_2 = 1.1~1.2$，这里取 $k_2 = 1.2$，则 $k_2 F_胀 = 1.2 F_胀 = 1.2 \times 460.32kN = 552.384 < F_锁$，所以注射机锁模力合格。

对于其他安装尺寸的校核要等到模架选定，结构尺寸确定后方可进行。

4.14.3　浇注系统的设计

1. 主流道的设计

主流道通常位于模具中心塑料熔体的入口处，其将注射机喷嘴注射出的熔体导入分流道

或型腔中。主流道的形状为圆锥形，以便熔体的流动和开模时主流道凝料的顺利拔出。主流道的尺寸直接影响到熔体的流动速度和充模时间。另外，由于其与高温塑料熔体及注射机喷嘴反复接触，因此设计中常设计成可拆卸更换的浇口套。

（1）主流道尺寸

1）主流道的长度：小型模具 $L_\text{主}$ 应尽量小于 60mm，本次设计中初取 50mm 进行设计。

2）主流道小端直径：d = 注射机喷嘴尺寸 +（0.5~1）mm =（3+0.5）mm = 3.5mm。

3）主流道大端直径：$d' = d + 2L_\text{主}\tan(\alpha/2) \approx 7$mm，式中 $\alpha = 4°$。

4）主流道球面半径：SR = 注射机喷嘴球半径 +（1~2）mm =（12+2）mm = 14mm。

5）球面的配合高度：$h = 3$mm。

（2）主流道的凝料体积

$$V_\text{主} = \frac{\pi}{3}L_\text{主}(R_\text{主}^2 + r_\text{主}^2 + R_\text{主}\, r_\text{主}) = \frac{3.14}{3} \times 50 \times (3.5^2 + 1.75^2 + 3.5 \times 1.75)\ \text{mm}^3$$

$$= 1121.9\text{mm}^3 = 1.12\text{cm}^3$$

（3）主流道当量半径

$$R_n = \frac{1.75 + 3.5}{2}\text{mm} = 2.625\text{mm}$$

（4）主流道浇口套的形式　主流道浇口套为标准件可选购。主流道小端入口处与注射机喷嘴反复接触，易磨损，对材料的要求较严格，因而尽管小型注射模可以将主流道浇口套与定位圈设计成一个整体，但考虑上述因素通常仍然将其分开来设计，以便于拆卸更换，同时也便于选用优质钢材进行单独加工和热处理。设计中常采用碳素工具钢（T8A 或 T10A），热处理淬火表面硬度为 50~55HRC，如图 4-296 所示。

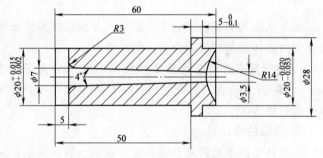

图 4-296　主流道浇口套的结构形式

2．分流道的设计

（1）分流道的布置形式　在设计时应考虑尽量减少在流道内的压力损失和尽可能避免熔体温度降低，同时还要考虑减小分流道的容积和压力平衡，因此采用平衡式分流道。

（2）分流道的长度　由于流道设计简单，根据两个型腔的结构设计，分流道较短，故设计时可适当选小一些。单边分流道长度 $L_\text{分}$ 取 35mm，如图 4-295 所示。

（3）分流道的当量直径　因为该塑件的质量 $m_\text{塑} = \rho V_\text{塑} = 47.76 \times 1.02\text{g} = 48.7\text{g} < 200\text{g}$，根据式（4-16），分流道的当量直径为

$$D_\text{分} = 0.2654\sqrt{m_\text{塑}}\sqrt[4]{L_\text{分}} = 0.2654 \times \sqrt{48.7} \times \sqrt[4]{35}\ \text{mm} = 4.5\text{mm}$$

（4）分流道截面形状　常用的分流道截面形状有圆形、梯形、U 形、六角形等，为了便于加工和凝料的脱模，分流道大多设计在分型面上。本设计采用梯形截面，其加工工艺性好，且塑料熔体的热量散失、流动阻力均不大。

（5）分流道截面尺寸　设梯形的下底宽度为 x，底面圆角半径 $r = 1$mm，并根据表 4-6 设置梯形的高 $H = 3.5$mm，则该梯形的截面积为

$$A_\text{分} = \frac{(x+x+2\times 3.5\tan 8°)\ H}{2} = (x+3.5\tan 8°)\times 3.5$$

再根据该面积与当量直径为 4.5mm 的圆面积相等，可得

$(x+3.5\tan 8°)\times 3.5 = \dfrac{\pi D_\text{分}^2}{4} = \dfrac{3.14\times 4.5^2}{4}$，即可得：$x\approx 4\text{mm}$，

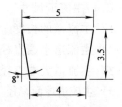

则梯形的上底约为 5mm，如图 4-297 所示。

（6）凝料体积

1）分流道的长度 $L_\text{分} = 35\times 2\text{mm} = 70\text{mm}$。

2）分流道截面积 $A_\text{分} = \dfrac{5+4}{2}\times 3.5\text{mm}^2 = 15.75\text{mm}^2$。

图 4-297　分流道截面形状

3）凝料体积 $V_\text{分} = L_\text{分}\ A_\text{分} = 70\times 15.75\text{mm}^3 = 1102.5\text{mm}^3\approx 1.1\text{cm}^3$。

（7）校核剪切速率

1）确定注射时间：查表 4-7，可取 $t = 1.6\text{s}$。

2）计算分流道体积流量：$q_\text{分} = \dfrac{V_\text{分} + V_\text{塑}}{t} = \dfrac{1.1+47.755}{1.6}\text{cm}^3/\text{s} = 30.53\text{cm}^3/\text{s}$。

3）由式（4-20）可得剪切速率

$$\dot{\gamma}_\text{分} = \frac{3.3 q_\text{分}}{\pi R_\text{分}^3} = \frac{3.3\times 30.53\times 10^3}{3.14\times \left(\dfrac{4.5}{2}\right)^3}\text{s}^{-1} = 2.82\times 10^3\text{s}^{-1}$$

该分流道的剪切速率处于主流道与分流道的最佳剪切速率 $5\times 10^2\sim 5\times 10^3\text{s}^{-1}$ 之间，所以，分流道内熔体的剪切速率合格。

（8）分流道的表面粗糙度和脱模斜度　分流道的表面粗糙度要求不是很低，一般取 $Ra = 1.25\sim 2.5\mu\text{m}$ 即可，此处取 $Ra = 1.6\mu\text{m}$。另外，其脱模斜度一般在 5°～10° 之间，这里取脱模斜度为 8°。

3. 浇口的设计

该塑件要求不允许有裂纹和变形缺陷，表面质量要求较高，采用一模两腔注射，为便于调整充模时的剪切速率和封闭时间，因此采用侧浇口。侧浇口的截面形状简单，易于加工，便于试模后修正，且开设在分型面上，从型腔的边缘进料。塑件轮毂和外周有 4 条肋板相连，而浇口正对其中一块肋板，有利于向轮毂和顶部填充。

（1）侧浇口尺寸的确定

1）计算侧浇口的深度。根据表 4-9，可得侧浇口的深度 h 计算公式为

$$h = nt = 0.7\times 3\text{mm} = 2.1\text{mm}$$

式中，t 是塑件壁厚，这里 $t = 3\text{mm}$；n 是塑料成型系数，对于 ABS，其成型系数 $n = 0.7$。

在工厂进行设计时，浇口深度常常先取小值，以便在今后试模时发现问题进行修模处理，并根据表 4-8 中推荐的 ABS 侧浇口的深度为 1.2～1.4mm，故此处浇口深度 h 取 1.3mm。

2）计算侧浇口的宽度。根据表 4-9，可得侧浇口的宽度 b 的计算公式为

$$b = \frac{n\sqrt{A}}{30} = \frac{0.7\times\sqrt{12780.6}}{30}\text{cm} = 2.64\text{mm}\approx 3\text{mm}$$

式中，n 是塑料成型系数，对于 ABS，其成型系数 $n = 0.7$；A 是型腔表面积（约等于塑件的

外表面面积）。

3）计算侧浇口的长度。根据表4-9，侧浇口的长度 l 一般选用 $0.5 \sim 0.75\text{mm}$，这里取 $l = 0.7\text{mm}$。

（2）侧浇口剪切速率的校核

1）计算浇口的当量半径。由面积相等可得 $\pi R_{\text{浇}}^2 = bh$，由此矩形浇口的当量半径 $R_{\text{浇}} = \left(\dfrac{bh}{\pi}\right)^{\frac{1}{2}}$。

2）校核浇口的剪切速率

① 确定注射时间：查表4-7，可取 $t = 1.6\text{s}$；

② 计算浇口的体积流量：$q_{\text{浇}} = \dfrac{V_{\text{塑}}}{t} = \dfrac{47.755}{1.6}\text{cm}^3/\text{s} = 29.85\text{cm}^3/\text{s} = 2.985 \times 10^4\text{mm}^3/\text{s}$。

③ 计算浇口的剪切速率：由式（4-20）可得 $\dot{\gamma}_{\text{浇}} = \dfrac{3.3q_{\text{浇}}}{\pi R_{\text{浇}}^3}$，则

$$\dot{\gamma}_{\text{浇}} = \frac{3.3q_{\text{浇}}}{\pi R_{\text{浇}}^3} = \frac{3.3q_{\text{浇}}}{\pi\left(\dfrac{bh}{\pi}\right)^{\frac{3}{2}}} = \frac{3.3 \times 2.985 \times 10^4}{3.14 \times \left(\dfrac{3 \times 1.3}{3.14}\right)^{\frac{3}{2}}}\text{s}^{-1} = 2.27 \times 10^4\text{s}^{-1}$$

该矩形侧浇口的剪切速率处于浇口与分流道的最佳剪切速率 $5 \times 10^3 \sim 5 \times 10^4\text{s}^{-1}$ 之间，所以，浇口的剪切速率校核合格。

4. 校核主流道的剪切速率

上面分别求出了塑件的体积、主流道的体积、分流道的体积（浇口的体积太小可以忽略不计）以及主流道的当量半径，这样就可以校核主流道的剪切速率。

（1）计算主流道的体积流量

$$q_{\text{主}} = \frac{V_{\text{主}} + V_{\text{分}} + nV_{\text{塑}}}{t} = \frac{1.12 + 1.1 + 2 \times 47.755}{1.6}\text{cm}^3/\text{s} = 61.1\text{cm}^3/\text{s}$$

（2）计算主流道的剪切速率

$$\dot{\gamma}_{\text{主}} = \frac{3.3q_{\text{主}}}{\pi R_{\text{主}}^3} = \frac{3.3 \times 61.1 \times 10^3}{3.14 \times 2.625^3}\text{s}^{-1} = 3.56 \times 10^3\text{s}^{-1}$$

主流道内熔体的剪切速率处于浇口与分流道的最佳剪切速率 $5 \times 10^2 \sim 5 \times 10^3\text{s}^{-1}$ 之间，所以，主流道的剪切速率校核合格。

5. 冷料穴的设计

冷料穴位于主流道正对面的动模板上，其作用主要是收集熔体前锋的冷料，防止冷料进入模具型腔而影响塑件的表面质量。本设计仅有主流道冷料穴。由于该塑件表面要求没有印痕，采用脱模板推出塑件，故采用与球头形拉料杆匹配的冷料穴。开模时，利用凝料对球头的包紧力使凝料从主流道浇口套中脱出。

4.14.4 成型零件的结构设计及计算

1. 成型零件的结构设计

（1）凹模的结构设计　凹模是成型塑件外表面的成型零件。按凹模结构的不同可将其

分为整体式、整体嵌入式、组合式和镶嵌式四种。根据对塑件的结构分析，本设计中采用整体嵌入式凹模，如图 4-298 所示。

（2）凸模的结构设计（型芯）　凸模是成型塑件内表面的成型零件，通常可以分为整体式和组合式两种类型。通过对塑件的结构分析可知，该塑件的型芯有两个：一个是成型零件内表面的大型芯，如图 4-299 所示，因塑件包紧力较大，所以设在动模部分；另一个是成型零件中心轴孔内表面的小型芯，如图 4-300 所示，设计时将其放在定模部分，同时有利于分散脱模力和简化模具结构。将这几个部分装配起来，如图 4-301 所示。

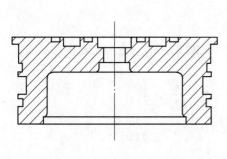

图 4-298　整体嵌入式凹模

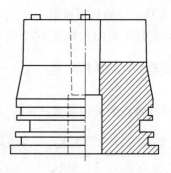

图 4-299　大型芯

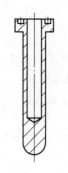

图 4-300　小型芯

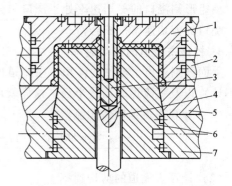

图 4-301　动、定模成型零件装配结构
1—凹模　2—定模板　3—小型芯
4—推杆　5—推件板　6—大型芯
7—型芯固定板

2. 成型零件钢材的选用

根据对成型塑件的综合分析，该塑件的成型零件要有足够的刚度、强度、耐磨性及良好的抗疲劳性能，同时考虑它的机械加工性能和抛光性能。又因为该塑件为大批量生产，所以构成型腔的嵌入式凹模钢材选用 P20（美国牌号）。对于成型塑件外圆筒的大型芯来说，由于脱模时与塑件的磨损严重，因此钢材选用高合金工具钢 Cr12MoV。而对于成型内部圆筒的小型芯而言，型芯较小，但塑件中心轮毂包住型芯，型芯需散发的热量比较多，磨损也比较严重，因此也采用 Cr12MoV，型芯中心通冷却水冷却，如图 4-300 所示。

3. 成型零件工作尺寸的计算

采用表 4-13 中的平均尺寸法计算成型零件工作尺寸，塑件尺寸公差按照塑件零件图中给定的公差计算。

（1）凹模径向尺寸的计算　塑件外部径向尺寸的转换：$l_{s1}=85^{+0.3}_{-0.2}\text{mm}=85.3^{\ 0}_{-0.5}\text{mm}$，相应的塑件制造公差 $\Delta_1=0.5\text{mm}$；$l_{s2}=81^{+0.3}_{-0.2}\text{mm}=81.3^{\ 0}_{-0.5}\text{mm}$，相应的塑件制造公差 $\Delta_2=0.5\text{mm}$。

$$L_{M1}=\left[(1+S_{cp})l_{s1}-x_1\Delta_1\right]^{+\delta_{z1}}_{0}=\left[(1+0.0055)\times85.3-0.6\times0.5\right]^{+0.083}_{0}\text{mm}$$
$$=85.47^{+0.083}_{0}\text{mm}$$

$$L_{M2}=\left[(1+S_{cp})l_{s2}-x_2\Delta_2\right]^{+\delta_{z2}}_{0}=\left[(1+0.0055)\times81.3-0.6\times0.5\right]^{+0.083}_{0}\text{mm}$$
$$=81.45^{+0.083}_{0}\text{mm}$$

式中，S_{cp} 是塑件的平均收缩率，查表 1-2 可得 ABS 的收缩率为 0.3% ~ 0.8%，所以其平均收缩率 $S_{cp}=\dfrac{0.003+0.008}{2}=0.0055$；$x_1$、$x_2$ 是系数，查表 4-13 可知 x 一般在 0.5 ~ 0.8 之间，此处取 $x_1=x_2=0.6$；Δ_1、Δ_2 分别是塑件上相应尺寸的公差（下同）；δ_{z1}、δ_{z2} 是凹模制造公差，对于中小型塑件取 $\delta_z=\dfrac{1}{6}\Delta$（下同）。

（2）凹模深度尺寸的计算　塑件高度方向尺寸的转换：塑件高度的最大尺寸 $H_{s1}=(30\pm0.1)\text{mm}=30.1^{\ 0}_{-0.2}\text{mm}$，相应的 $\Delta_1=0.2\text{mm}$；塑件轮毂外凸台高度的最大尺寸 $H_{s2}=5^{+0.1}_{0}\text{mm}=5.1^{\ 0}_{-0.1}\text{mm}$，相应的 $\Delta_2=0.1\text{mm}$。

$$H_{M1}=\left[(1+S_{cp})H_{s1}-x_1\Delta_1\right]^{+\delta_{z1}}_{0}=\left[(1+0.0055)\times30.1-0.63\times0.2\right]^{+0.033}_{0}\text{mm}$$
$$=30.14^{+0.033}_{0}\text{mm}$$

$$H_{M2}=\left[(1+S_{cp})H_{s2}-x_2\Delta_2\right]^{+\delta_{z2}}_{0}=\left[(1+0.0055)\times5.1-0.65\times0.1\right]^{+0.017}_{0}\text{mm}$$
$$=5.06^{+0.017}_{0}\text{mm}$$

式中，x_1、x_2 是系数，查表 4-13 可知一般在 0.5 ~ 0.7 之间，此处取 $x_1=0.63$、$x_2=0.65$。

（3）型芯径向尺寸的计算

1）动模型芯径向尺寸的计算。塑件内部径向尺寸的转换为

$$L_{s1}=75^{+0.2}_{-0.1}\text{mm}=74.9^{+0.3}_{0}\text{mm}, \Delta_1=0.3\text{mm}$$

$$l_{M1}=\left[(1+S_{cp})l_{s1}+x_1\Delta_1\right]^{0}_{-\delta_{z1}}=\left[(1+0.0055)\times74.9+0.7\times0.3\right]^{0}_{-0.05}\text{mm}$$
$$=75.5^{\ 0}_{-0.05}\text{mm}$$

式中，x_1 是系数，查表 4-13 可知一般在 0.5 ~ 0.8 之间，此处取 $x_1=0.7$。

2）动模型芯内孔尺寸的计算。

$$l_{M2}=\left[(1+S_{cp})l_{s2}-x_2\Delta_2\right]^{+\delta_{z2}}_{0}=\left[(1+0.0055)\times18-0.8\times0.1\right]^{+\delta_{z2}}_{0}\text{mm}=18.02^{+0.017}_{0}\text{mm}$$

式中，$l_{s2}=18^{\ 0}_{-0.10}\text{mm}$ 是成型塑件轮毂外圆柱孔的径向尺寸；x_2 的值可查表 4-13 一般在 0.5 ~ 0.8 之间，此处取 $x_2=0.8$。

3）定模型芯尺寸的计算。塑件内孔径向尺寸的转换为

$$L_{s3}=12^{\ 0}_{-0.1}\text{mm}=11.9^{+0.1}_{0}\text{mm}$$

$$l_{M3}=\left[(1+S_{cp})L_{s3}+x_3\Delta_1\right]^{0}_{-\delta_{z3}}=\left[(1+0.0055)\times11.9+0.65\times0.1\right]^{0}_{-0.017}\text{mm}$$
$$=12.03^{\ 0}_{-0.017}\text{mm}$$

式中，x_3 是系数，查表 4-13 可取 0.65。

（4）型芯高度尺寸的计算

1）成型塑件内腔大型芯高度尺寸的计算。塑件尺寸的转换为

$$h_{s1} = (27 \pm 0.1)\,\text{mm} = 26.9^{+0.2}_{0}\,\text{mm}$$

$$h_{M1} = \left[(1+S_{cp})h_{s1} + x_1\Delta_1 \right]^{0}_{-\delta_{z1}} = \left[(1+0.0055)\times 26.9 + 0.63\times 0.2 \right]^{0}_{-0.033}\,\text{mm}$$

$$= 27.17^{0}_{-0.033}\,\text{mm}$$

式中, x_1 是系数, 查表 4-13 可知一般在 0.5~0.7 之间, 此处取 $x_1 = 0.63$。

2) 成型塑件中心圆筒的型芯高度尺寸的计算。塑件中心圆筒高度尺寸的转换为

$$h_{s2} = 40^{+0.2}_{-0.1}\,\text{mm} = 39.9^{+0.3}_{0}\,\text{mm}$$

$$h_{M2} = \left[(1+S_{cp})h_{s2} + x_2\Delta_2 \right]^{0}_{-\delta_{z2}} = \left[(1+0.0055)\times 39.9 + 0.6\times 0.3 \right]^{0}_{-0.05}\,\text{mm}$$

$$= 40.30^{0}_{-0.05}\,\text{mm}$$

式中, x_2 是系数, 查表 4-13 可知一般在 0.5~0.7 之间。此处取 $x_2 = 0.6$。

（5）成型孔间间距的计算

$$C_M = \left[(1+S_{cp})C_s \right] \pm \frac{1}{2}\delta_z\,\text{mm} = (60.33 \pm 0.016)\,\text{mm}$$

式中, S_{cp} 是塑料的平均收缩率, 取 0.55%; C_s 是塑件中孔间距（60mm）。

塑件型芯及凹模的成型尺寸的标注如图 4-302、图 4-303 及图 4-304 所示。

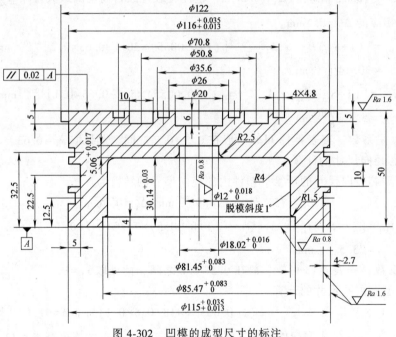

图 4-302　凹模的成型尺寸的标注

4. 成型零件尺寸及动模垫板厚度的计算

（1）凹模侧壁厚度的计算　凹模侧壁厚度与型腔内压强及凹模的深度有关, 根据型腔的布置, 模架初选 200mm×350mm 的标准模架, 其厚度根据表 4-17 中的刚度公式计算, 即

$$S = \left(\frac{3ph^4}{2E\delta_p} \right)^{\frac{1}{3}} = \left(\frac{3\times 35\times 30^4}{2\times 2.1\times 10^5\times 0.023} \right)^{\frac{1}{3}}\,\text{mm} = 20.65\,\text{mm}$$

式中, p 是型腔压力（MPa）; E 是材料弹性模量（MPa）; $h = W$, W 是影响变形的最大尺寸, 而 $h = 30\,\text{mm}$（简化）; δ_p 是模具刚度计算许用变形量。根据注射塑料品种,

$$\delta_p = 25i_2 = 25\times 0.918\,\mu\text{m} = 22.95\,\mu\text{m} = 0.023\,\text{mm}$$

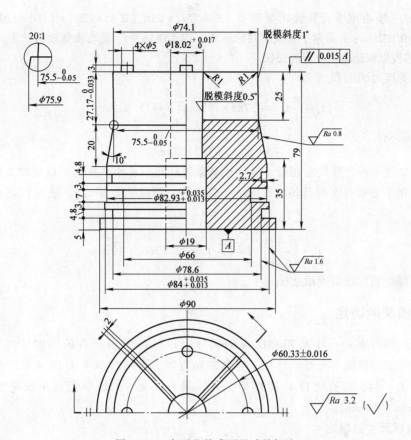

图 4-303 大型芯的成型尺寸的标注

式中，$i_2 = (0.45 \times 30^{\frac{1}{3}} + 0.001 \times 30)\mu m = 0.918\mu m$。

凹模侧壁是采用嵌件，为结构紧凑，这里凹模单边厚选15mm。由于型腔采用直线、对称结构布置，故两个型腔之间壁厚满足结构设计就可以了。型腔与模具周边的距离由模板的外形尺寸来确定，根据估算模板平面尺寸选用200mm×355mm，它比型腔布置的尺寸大得多，所以完全满足强度和刚度要求。

（2）动模垫板（支承板）厚度的计算动模垫板厚度和所选模架的两个垫块之间的跨度有关，根据前面的型腔布置，模架应选用200mm×350mm，垫块之间的跨度大约为200mm-40mm-40mm=120mm。那么，根据型腔布置及型芯对动模垫板的压力就可以计算得到动模垫板的厚度，即

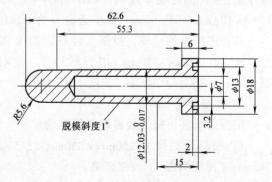

图 4-304 小型芯的成型尺寸的标注

$$T = 0.54L\left(\frac{pA}{EL_1\delta_p}\right)^{\frac{1}{3}} = 0.54 \times 120 \times \left(\frac{35 \times 8831.25}{2.1 \times 10^5 \times 355 \times 0.032}\right)^{\frac{1}{3}} mm = 32.79mm$$

式中，δ_p 是动模垫板刚度计算许用变形量，$\delta_p = 25i_2 = 25 \times$（$0.45 \times 120^{\frac{1}{5}} + 0.001 \times 120$）μm $= 25 \times$ 0.00129mm $= 0.032$mm；L 是两个垫块之间的距离，约 120mm；L_1 是动模垫板的长度，取 350mm；A 是两个型芯投影到动模垫板上的面积。

单件型芯所受压力的面积为

$$A_1 = \frac{\pi}{4}D^2 = 0.785 \times 75^2 \, \text{mm}^2 = 4415.625 \, \text{mm}^2$$

两个型芯的面积

$$A = 2 \times A_1 = 8831.25 \, \text{mm}^2$$

对于此动模垫板计算尺寸相对于小型模具来说还可以再小一些，可以增加 2 根支承柱来进行支承（两个支承柱在模具长度方向成一条直线，可以认为 $n = 1$），故可以近似得到动模垫板厚度

$$T_n = \left(\frac{1}{n+1}\right)^{\frac{4}{3}} T = \left(\frac{1}{2}\right)^{\frac{4}{3}} \times 32.79 \, \text{mm} = 13 \, \text{mm}$$

故动模垫板可按照标准厚度取 32mm。

4.14.5 模架的确定

根据模具型腔布局的中心距和凹模的尺寸可以算出凹模所占的平面尺寸为 115mm × 271mm，又考虑凹模最小壁厚，导柱、导套的布置等，再同时参考 4.12.4 节中模架的选型经验公式和表 4-34，选直浇口 B 型模架，又根据表 4-36，可以确定选用模架序号为 3 号（$W \times L = 200\text{mm} \times 350\text{mm}$）。

1. 各模板尺寸的确定

1）A 板尺寸。A 板是定模型腔板，塑件高度为 40mm，凹模深度 35mm，又考虑在模板上还要开设冷却水道，还需留出足够的距离，故 A 板厚度取 50mm。

2）B 板尺寸。B 板是型芯固定板，按模架标准板厚取 30mm。

3）C 板（垫块）尺寸。垫块 = 推出行程 + 推板厚度 + 推杆固定板厚度 + （5~10）mm = （35 + 20 + 15 + 5~10）mm = 75~80mm，初步选定 C 为 80mm。

经上述尺寸的计算，模架已经确定为 B 型模架，板面为 200mm × 350mm。其外形尺寸：宽 × 长 × 高 = 200mm × 350mm × 260mm，如图 4-305 所示。

2. 模架各尺寸的校核

根据所选注射机来校核模具设计的尺寸。

1）模具平面尺寸 200mm × 350mm < 345mm × 345mm（拉杆间距），校核合格。

2）模具高度尺寸 260mm，200mm < 260mm < 300mm（模具的最大厚度和最小厚度），校核合格。

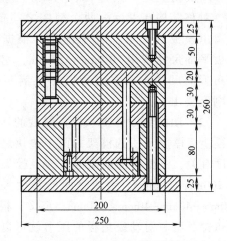

图 4-305　所选直浇口 B 型模架

3）模具的开模行程 $S = H_1 + H_2 + （5~10）\text{mm} = （40 + 40 + 5~10）\text{mm} = 85~90\text{mm} < 325\text{mm}$（开模行程），校核合格。

4.14.6 排气槽的设计

该塑件由于采用侧浇口进料，熔体经塑件下方的台阶及中间的肋板充满型腔，顶部有一个 $\phi12\text{mm}$ 小型芯，其配合间隙可作为气体排出的方式，不会在顶部产生憋气的现象。同时，底面的气体会沿着推杆的配合间隙、分型面和型芯与脱模板之间的间隙向外排出。

4.14.7 脱模机构的设计

1. 推出方式的确定

本塑件圆周采用脱模板、中心采用推杆的综合推出方式。脱模板推出时为了减小脱模板与型芯的摩擦，设计中在脱模板与型芯之间留出 0.2mm 的间隙，并采用锥面配合，如图 4-306 所示，可以防脱模板因偏心而产生溢料，同时避免了脱模板与型芯产生摩擦。

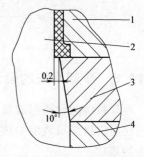

图 4-306　型芯与脱模板
1—凹模　2—型芯　3—脱模板
4—型芯固定板

2. 脱模力的计算

（1）圆柱大型芯脱模力　因为 $\lambda = \dfrac{r}{t} = \dfrac{37.5}{3} = 12.5 > 10$，

所以，此处视为薄壁圆筒塑件，根据式（4-23）脱模力为

$$F_1 = \frac{2\pi t E S_{cp} L \cos\varphi\ (f - \tan\varphi)}{(1-\mu)\ K_2} + 0.1A$$

$$= \frac{2\times3.14\times3\times1.8\times10^3\times0.0055\times\ (30-3)\ \times\cos1°\times\ (0.45-\tan1°)}{(1-0.3)\ (1+0.45\sin1°\cos1°)}\text{N} + 0.1\times3.14\times37.5^2\text{N}$$

$$\approx 3535.2\text{N}$$

式中，各项系数的意义见 4.9.2 节内容。

（2）成型塑件内部圆筒型芯的脱模力　因为 $\lambda = \dfrac{r}{t} = \dfrac{6}{3} = 2 < 10$，所以，此处视为厚壁圆筒塑件，同时，由于该塑件的内孔是通孔，所以，脱模时不存在真空压力，参考式（4-25）可得脱模力为

$$F_2 = \frac{2\pi r E S_{cp} L (f - \tan\varphi)}{(1+\mu+K_1)\ K_2}$$

$$= \frac{2\times3.14\times6\times1.8\times10^3\times0.0055\times40\times(0.45-\tan1°)}{\left(1+0.3+\dfrac{2\times\left(\dfrac{1}{2}\right)^2}{(\cos1°)^2+2\times\left(\dfrac{1}{2}\right)\times(\cos1°)}\right)(1+0.45\sin1°\cos1°)}\text{N} = 4131.4\text{N}$$

对于塑件的四个肋板，由于是径向布置，冷却收缩是径向收缩，所以对型芯的箍紧力不是太大，主要是黏模力，可以按计算脱模力乘以一个不太大的系数，此处考虑为 1.2。

3. 校核脱模机构作用在塑件上的单位压应力

（1）推出面积

$$A_1 = \frac{\pi}{4}(D^2 - d^2) = \frac{\pi}{4}(85^2 - 75.4^2)\,\text{mm}^2 = 1208.8\,\text{mm}^2$$

$$A_2 = \frac{\pi}{4}(D_1^2 - d_1^2) = \frac{\pi}{4}(18^2 - 12^2)\,\text{mm}^2 = 141.3\,\text{mm}^2$$

（2）推出应力

$$\sigma = \frac{1.2F}{A} = \frac{1.2(F_1 + F_2)}{A_1 + A_2} = \frac{1.2 \times (3535.2 + 4131.4)}{1208.8 + 141.3}\,\text{MPa}$$

$$= 6.81\,\text{MPa} < 11.7\,\text{MPa}（\text{ABS 的接触许用应力}）\ 合格$$

4.14.8 冷却系统的设计

冷却系统的计算很麻烦，在此只进行简单的计算。设计时忽略模具因空气对流、辐射以及与注射机接触所散发的热量，按单位时间内塑料熔体凝固时所放出的热量应等于冷却水所带走的热量。

1. 冷却介质

ABS 属中等黏度材料，其成型温度及模具温度分别为 200℃ 和 50~80℃。所以，模具温度初步选定为 50℃，用常温水对模具进行冷却。

2. 冷却系统的简单计算

（1）单位时间内注入模具中的塑料熔体的总质量 W

1）塑件的体积为

$$V = V_主 + V_分 + nV_塑 = (1.12 + 1.1 + 2 \times 47.755)\,\text{cm}^3 = 97.73\,\text{cm}^3$$

2）塑件的质量为

$$m = V\rho = 97.73 \times 1.02\,\text{g} = 99.68\,\text{g} = 0.0997\,\text{kg}$$

3）塑件壁厚为 3mm，可以查表 4-30 得 $t_冷 = 20.4\text{s}$。取注射时间 $t_注 = 1.6\text{s}$，脱模时间 $t_脱 = 8\text{s}$，则注射周期：$t = t_注 + t_冷 + t_脱 = (1.6 + 20.4 + 8)\,\text{s} = 30\text{s}$。由此得每小时注射次数：$N = (3600/30)$ 次 $= 120$ 次

4）单位时间内注入模具中的塑料熔体的总质量 $W = Nm = 120 \times 0.0997\,\text{kg/h} = 11.96\,\text{kg/h}$。

（2）确定单位质量的塑件在凝固时所放出的热量 Q_s 查表 4-31 直接可知 ABS 的单位热流量 Q_s 的值的范围在（310~400）kJ/kg 之间，故可取 $Q_s = 370\,\text{kJ/kg}$。

（3）计算冷却水的体积流量 q_V 设冷却水道入水口的水温为 $\theta_2 = 22℃$，出水口的水温为 $\theta_1 = 25℃$，取水的密度 $\rho = 1000\,\text{kg/m}^3$，水的比热容 $c = 4.187\,\text{kJ/}（\text{kg} \cdot ℃）$，则根据公式可得：

$$q_V = \frac{WQ_s}{60\rho c(\theta_1 - \theta_2)} = \frac{11.96 \times 370}{60 \times 1000 \times 4.187 \times (25 - 22)}\,\text{m}^3/\text{min} = 0.00587\,\text{m}^3/\text{min}$$

（4）确定冷却水道的直径 d 当 $q_V = 0.00587\,\text{m}^3/\text{min}$ 时，查表 4-27 可知，为了使冷却水处于湍流状态，取模具冷却水道的直径 $d = 0.01\text{m}$。

（5）冷却水在管内的流速 v

$$v = \frac{4q_V}{60 \times \pi d^2} = \frac{4 \times 0.00587}{60 \times 3.14 \times 0.01^2}\,\text{m/s} = 1.246\,\text{m/s}$$

（6）求冷却管壁与水交界面的膜传热系数 h 因为平均水温为 23.5℃，查表 4-28 可

得 $f=6.7$，则有

$$h = \frac{4.187f(\rho v)^{0.8}}{d^{0.2}} = \frac{4.187 \times 6.7 \times (1000 \times 1.247)^{0.8}}{0.01^{0.2}} \text{kJ}/(\text{m}^2 \cdot \text{h} \cdot \text{℃}) = 2.1 \times 10^4 \text{kJ}/(\text{m}^2 \cdot \text{h} \cdot \text{℃})$$

（7）计算冷却水道的导热总面积 A

$$A = \frac{WQ_s}{h\Delta\theta} = \frac{11.96 \times 370}{2.1 \times 10^4 \times \left[50 - \dfrac{22+25}{2}\right]} \text{m}^2 = 0.00795 \text{m}^2$$

（8）计算模具所需冷却水道的总长度 L

$$L = \frac{A}{\pi d} = \frac{0.00795}{3.14 \times 0.01} \text{m} = 0.253 \text{m} = 253 \text{mm}$$

（9）冷却水道的管道数目 x　设每条水道的长度为 $l=200\text{mm}$，则冷却水道的管道数目为

$$x = \frac{L}{l} = \frac{253}{200} \approx 1.2$$

由上述计算可以看出，一条冷却水道对于模具来说显然是不合适的，因此应根据具体情况加以修改。为了提高生产率，凹模和型芯都应得到充分的冷却。

3. 凹模和型芯冷却水道的设置

型芯的冷却系统的计算方法与凹模冷却系统的计算方法基本上是一样的，因此不再重复。尤其需要指出的是大型芯和小型芯的冷却方式。由于塑件上有四条肋板，大型芯设计时要在型芯上开四条沟槽，同时考虑推杆要通过大型芯推出塑件的轮毂部分，因此给冷却系统带来了难度。设计时在大型芯的下部采用简单冷却流道式来设计，小型芯采用隔片式冷却水道。凹模拟采用两条冷却水道进行冷却。冷却水道布置如图4-307所示。

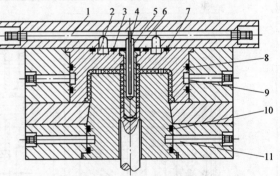

图 4-307　冷却水道布置
1—定模板水道　2—凹模水道
3、6、7、8、10—O 形密封圈　4—小型芯水道隔片
5—小型芯水道　9—凹模圆周水道
11—大型芯圆周水道

4.14.9　导向与定位机构的设计

注射模的导向与定位机构用于动、定模之间的开合模导向和脱模机构的运动导向。按作用它分为模外定位和模内定位。模外定位是通过定位圈使模具的浇口套能与注射机喷嘴精确定位；而模内定位则通过导柱导套进行合模定位。锥面定位则用于动、定模之间的精密定位。本模具所成型的塑件比较简单，模具定位精度要求不是很高，因此可采用模架本身所带的导向与定位机构。

4.14.10　总装图和零件图的绘制

经过上述一系列计算和绘图，把设计结果用总装图来表示模具的结构，如图 4-308 所示。零件图可由总装图来拆分，如图 4-302、图 4-303 和图 4-304 所示。

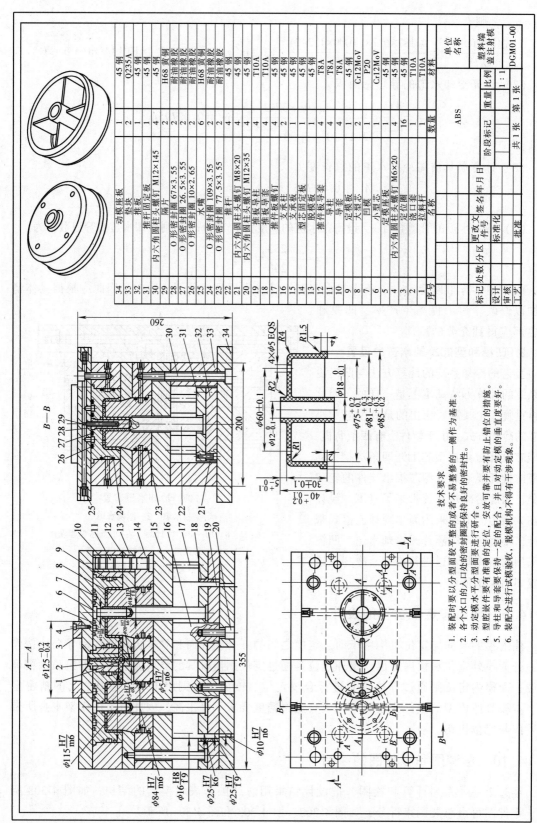

图 4-308　模具总装图

第 5 章 压缩成型工艺及模具设计

5.1 压缩成型工艺

压缩成型又称为模压成型或压制成型。压缩成型所用设备为压力机。压缩成型是热固性塑料成型的一种主要方法。用于压缩成型的塑料有酚醛塑料、氨基塑料、不饱和聚酯塑料、聚酰亚胺等。

压缩成型的方法有多种，如模压法、层压法、低压接触法等，本书只介绍模压法。模压成型的工艺过程如图 5-1 所示。由此图可知，整个模压成型工艺过程包括成型前的准备及模压过程两部分。

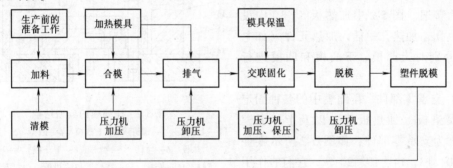

图 5-1　模压成型的工艺过程

5.2 压缩模的工作过程及结构组成

5.2.1 压缩模的工作过程

压缩成型所用的模具称为压缩模，是热固性塑料最常用的成型模具。

压缩模的典型结构如图 5-2 所示。压缩模的上模板 1 和下模板 14 分别安装在压力机的上、下压板上。上、下模闭合使装在加料室和型腔中的塑料受热、受压，变为熔融态并充满型腔。当塑件固化成型后，上、下模分开，脱模机构将塑件推出。

5.2.2 压缩模的结构组成

（1）成型零件　成型零件是直接成型塑件的零件，加料时与加料室一道起装料的作用。图 5-2 所示模具型腔由上凸模 3、凹模 4、型芯 7、下凸模 8、侧型芯 18 等构成。

（2）加料室　加料室是指凹模 4 的上半部。由于塑料原料与塑件相比具有较小的密度，成型前单靠型腔往往无法容纳全部原料，因此，在型腔之上设有一段加料室。

（3）导向机构　在图 5-2 中，由布置在模具周边的四根导柱 6 和导套 9 组成导向机构。它的作用是保证上模和下模两大部分或模具内部其他零部件之间准确对合。

（4）侧向分型与抽芯机构　当压缩塑件带有侧孔或侧向凹凸时，模具必须设有各种侧向分型与抽芯机构，塑件方能脱出。图 5-2 所示塑件有一侧孔，在推出前先用手动丝杠抽出侧型芯 18。

（5）脱模机构（推出机构）　压缩模中一般都需要设置脱模机构（推出机构），其作用是把塑件推出型腔。图 5-2 中的脱模机构由推杆 11 和 16、推板 15、推杆固定板 17 等零件组成。

（6）加热系统　在压缩热固性塑料时，模具温度必须高于塑件的交联温度，因此模具必须加热。常见的加热方式有电阻加热、蒸汽加热、煤气或天然气加热等，但以电阻加热最为普遍。图 5-2 中加热板 5、10 中设计有加热孔，加热孔中插入加热元件（如电热棒）分别对上凸模、下凸模和凹模进行加热。

（7）支承零部件　压缩模中的各种固定板、动模垫板（加热板等）以及上、下模座等均称为支承零部件，如图 5-2 所示零件 1、5、10、13、14、19、20 等。它们的作用是固定和支承模具中各种零部件，并且将压力机的力传递给成型零部件和成型物料。

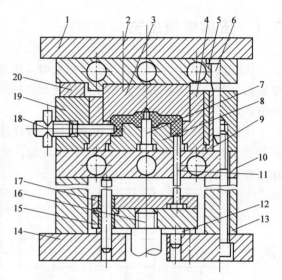

图 5-2　压缩模的典型结构

1—上模板　2—螺钉　3—上凸模　4—凹模　5、10—加热板　6—导柱　7—型芯　8—下凸模　9—导套　11、16—推杆　12—挡钉　13—垫板　14—下模板　15—推板　17—推杆固定板　18—侧型芯（带手动丝杠）　19—型腔固定板　20—承压板

5.3　压缩模设计

压缩模工作时的压缩方向通常为凸模运动的方向，因此，在设计时要考虑到便于加料、便于嵌件的安放和固定、便于抽长芯、有利于压力的传递和塑料的流动以及保证凸模的强度和重要尺寸的精度。

5.3.1　凸凹模的配合形式及有关尺寸确定

1. 凸模与加料室、凹模的配合形式

以半溢式压缩模为例，凸凹模一般由引导环、配合环、挤压环、排气溢料槽、承压块、加料腔等部分组成，如图 5-3 所示。

（1）引导环（L_2）　除加料室高度小于 10mm 的凹模外，一般均设有引导环。引导环有一段 α 斜度的锥面，并有圆角 $R1 \sim R2$，其作用是引导凸模顺利进入凹模，可减少凸凹模之间的摩擦，避免在推出塑件时擦伤其表面。

（2）配合环（L_1）　配合环是凸凹模相配合的部分，其作用是保证凸模定位准确，防

止塑料溢出。它的长度由凸凹模之间的间隙
而定，间隙小时取短一些。一般移动式压缩
模 $L_1 \approx 4 \sim 6mm$；固定式压缩模，当加料室高度
大于 30mm 时，L_1 取 $8 \sim 10mm$ 为宜。凸凹模
配合间隙，对中小塑件一般取 H8/f7 配合，
也可采用单边间隙 $0.025 \sim 0.075mm$。

（3）挤压环（L_3） 挤压环的作用是限制
凸模下行的位置，并保证塑件水平飞边尽量
薄。L_3 值按塑件大小及模具钢材而定。对于
中小型模具钢材质量好时，$L_3 \approx 2 \sim 4mm$；对
大型模具，$L_3 \approx 3 \sim 5mm$。挤压环主要用于半
溢式和溢料式压缩模。

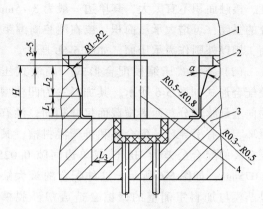

图 5-3 压缩模的凸凹模各组成部分
1—凸模 2—承压块 3—凹模 4—排气溢料槽

（4）排气溢料槽 热固性塑料压缩成型
时为了减少飞边，保证塑件精度和质量，必须将产生的气体和余料排出，一般可在成型过程
中进行卸压排气操作或利用凸凹模配合间隙来排气，但压缩成型形状复杂塑件及流动性较差
的纤维填充的塑料时应设排气溢料槽。成型压力大的深型腔塑件也应开设排气溢料槽。
图 5-4 所示为半溢式压缩模排气溢料槽的形式。图 5-4a 所示为圆形凸模上开设四条 $0.2 \sim$
$0.3mm$ 的凹槽，凹槽于凹模内圆面形成溢料槽；图 5-4b 所示为在圆形凸模上磨出深 $0.2 \sim$
$0.3mm$ 的平面进行排气溢料；图 5-4c、d 所示为在矩形横截面凸模上开设排气溢料槽的形
式。排气溢料槽应开到凸模的上端，使合模后高出加料室上平面，以便使余料排出模外。

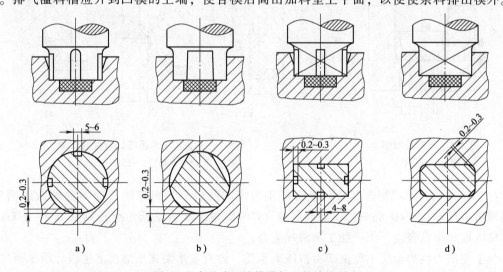

图 5-4 半溢式压缩模排气溢料槽的形式

固定式压缩模的排气溢料槽形式，一般在凸模上开设深 $0.2 \sim 0.3mm$ 的槽或利用加料室
四角与凸模内圆半径之差形成的间隙来排出余料，其尺寸也为 $0.2 \sim 0.3mm$。

2. 凸凹模配合的结构形式

（1）溢式压缩模配合形式 溢式压缩模没有加料室，凸凹模无配合部分，而是依靠导
柱和导套进行定位和导向。凸凹模接触表面既是分型面，又是承压面。为了减小飞边的宽

度，接触面积不宜太大，其单边一般为 3～5mm 的环形面，如图 5-5a 所示。为了提高承压部分的强度，可增大承压面积，或在型腔周围距边缘 3～5mm 外开出溢料槽，槽以内作为溢料面，槽以外则作为承压面，如图 5-5b 所示。

（2）不溢式压缩模配合形式　不溢式压缩模配合形式如图 5-6 所示，其加料室为凹模型腔的向上延续部分，两者横截面尺寸相同，没有挤压环，但有引导环、配合环和排气溢料槽，其中配合环的配合公差为 H8/f7 或单边间隙 0.025～0.075mm，如图 5-6 所示。这种配合的最大缺点是凸模与加料室侧壁的摩擦会造成塑件脱模困难，而且容易擦伤塑件外表面。为了克服这一缺点，可采用图 5-7 所示的改进形式。图 5-7a 所示

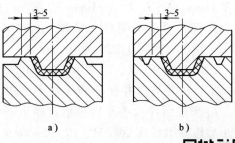

图 5-5　溢式压缩模配合形式

凹模型腔延长 0.8mm 后，每边向外扩大 0.3～0.5mm，减少塑件推出时的摩擦。同时凸凹模间形成空间，供排除余料用。图 5-7b 所示为将加料室扩大，倾斜角度一般取 45°，这样增加了加料室的面积，使得型腔形状复杂且又高的凹模加工方便，同时防止脱模时擦伤塑件外表面。图 5-7c 所示适用于带斜边的塑件，当压制流动性差的塑料件时，在凸模上仍需开设相应的溢料槽。

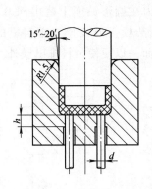

图 5-6　不溢式压缩
模配合形式

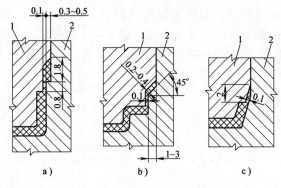

图 5-7　不溢式压缩模的改进配合形式
1—凸模　2—凹模

（3）半溢式压缩模配合形式　半溢式压缩模的凸模和加料室配合面的前端做成圆角。凸模圆角半径取 0.5～0.8mm，或前端制成 45° 的倒角。加料室圆角半径则取 0.3～0.5mm，这样可以增加模具强度，便于加工和清理废料。

为了使压力机的余压不致全部由挤压面承受，通常在半溢式压缩模上还设计承压面。承压面的作用是减轻挤压环的载荷，延长模具的使用寿命。图 5-8 所示为承压面结构的几种形式。图 5-8a 所示为用挤压环作为承压面，模具容易损坏，但飞边较薄；图 5-8b 所示为由凸模台肩与凹模上端面作为承压面，凸凹模之间留有 0.03～0.05mm 的间隙，可防止挤压边变形损坏，延长模具寿命，但飞边较厚，主要用于移动式压缩模；图 5-8c 所示为用承压块作为挤压面，挤压边不易损坏，通过调节承压块的厚度来控制凸模进入凹模的深度或控制凸模与挤压边缘的间隙，减少飞边厚度，主要用于固定式压缩模。

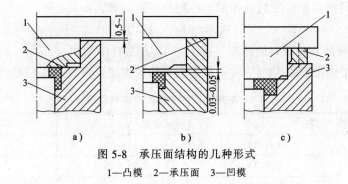

图 5-8　承压面结构的几种形式

1—凸模　2—承压面　3—凹模

承压块的形式如图 5-9 所示。图 5-9a 所示为长条形，用于矩形模具；图 5-9b 所示为弯月形，用于圆形模具；图 5-9c 所示为圆形，图 5-9d 所示为圆柱形，均可用于小型模具。

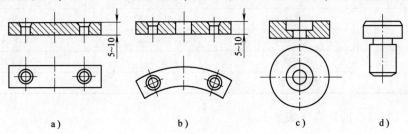

图 5-9　承压块的形式

承压块安装形式有单向安装和双向安装，如图 5-10 所示。承压块材料可用 T7、T8 或 45 钢，硬度为 35~40HRC。组装后承压块的厚度应一致。

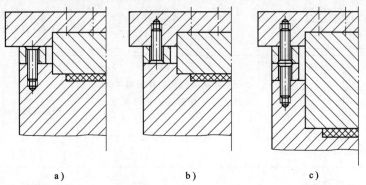

图 5-10　承压块的安装形式

a）、b）单向安装　c）双向安装

5.3.2　凹模加料室高度尺寸计算

加料室高度尺寸应根据塑件的几何形状、塑料的品种以及加料室的形式来决定，其计算方法如下。

（1）计算塑件的体积　当塑件几何形状复杂时，可分成若干个规则的几何形状分别计算，然后求出总和。

（2）计算塑件所需塑料原料的体积　一般按下式计算，即

$$V_料 = （1+f）K V_件 \qquad (5-1)$$

式中，$V_料$ 是塑件所需塑料原料的体积（cm³）；$V_件$ 是塑件的体积（cm³）；f 是飞边溢料的质量系数，一般取塑件净重的 5%～10%；K 是塑料的压缩比，可查表 5-1。

表 5-1　常用热固性塑料的密度和压缩比

塑　　料		密度 $\rho/\text{g} \cdot \text{cm}^{-3}$	压缩比 K
酚醛塑料	木粉填充	1.34～1.45	2.5～3.5
	石棉填充	1.45～2.00	2.5～3.5
	云母填充	1.65～1.92	2～3
	碎布填充	1.36～1.43	5～7
脲醛塑料纸浆填充		1.47～1.52	3.5～4.5
三聚氰胺甲醛塑料	纸浆填充	1.45～1.52	3.5～4.5
	石棉填充	1.70～2.00	3.5～4.5
	碎布填充	1.5	6～10
	棉短线填充	1.5～1.55	4～7

（3）加料室高度的计算（表 5-2）。

表 5-2　加料室高度的计算

结构形式	简　图	公　式	符号说明
不溢式压缩模加料室		$H = \dfrac{V}{A} + (0.5 \sim 1.0)\,\text{cm}$	V—塑料体积（cm³） A—加料室的横截面积（cm²） 0.5～1.0—修正量（cm）
杯形塑件加料室		压制薄壁深度大的杯形塑件时，加料室高度 H 可采用塑件高度加 1～2cm，即 $H = h + (1 \sim 2)\,\text{cm}$	h—塑件高度（cm）
不溢式压缩模加料室		$H = \dfrac{V + V_1}{A} + (0.5 \sim 1.0)\,\text{cm}$	V—塑料体积（cm³） V_1—下凸模凸出 AB 线部分的体积（cm³） A—加料室的横截面积（cm²）
半溢式压缩模加料室		$H = \dfrac{V - V_0}{A} + (0.5 \sim 1.0)\,\text{cm}$	V—塑料体积（cm³） V_0—AB 线以下型腔体积（cm³） A—AB 线以上加料室的横截面积（cm²）

结构形式	简　图	公　式	符号说明
上下模同时成型塑件的加料室		$$H = \frac{V-(V_a+V_b)}{A}+(0.5\sim 1.0)\text{cm}$$	V—塑料体积(cm^3) V_a—塑件在 AB 线以下部分的体积(cm^3) V_b—塑件在 AB 线以上部分的体积(cm^3)。此值使合模前 H 值的修正量变小，不便操作，故实际计算时可不减 V_b 值 A—AB 线以上加料室的横截面积(cm^2)
带中心导柱的半溢式压缩模加料室		$$H = \frac{V-(V_a+V_b)+V_c}{A}+(0.5\sim 1.0)\text{cm}$$	V—塑料体积(cm^3) V_a—塑件在 AB 线以下部分的体积(cm^3) V_b—塑件在 AB 线以上部分的体积（实际计算时可不减 V_b 值）(cm^3) V_c—型芯在 AB 线以上部分的体积（直径小时可忽略）(cm^3)
半溢式压缩模多腔压制的加料室		$$H = \frac{(V-V_h)n}{A}+(0.5\sim 1.0)\text{cm}$$	V—单个型腔所用塑料的体积(cm^3) V_h—AB 线以下单个塑件体积(cm^3) n—在总加料室内成型塑件数量 A—AB 线以上加料室的横截面积(cm^2)

注：1. 上述计算适用于粉状塑料，对片状压缩料则 H 值可减小 1/2，若用于压锭、多次加料及预成型方法的，则可大大减小 H 值。

　　2. 为防止加压时塑料溢出，故 H 值宜加 0.5～1.0cm 的修正量，当凸模有凸起的成型部分时宜取 1.0cm。

5.4　压缩模设计实例

　　图 5-11a 所示为壳形底座塑件，两侧带有 3mm×3mm 方形通孔，材料为 D141，大批量生产。

　　（1）工艺性能分析　D141 为一般工业电器用酚醛塑料，填料为木粉；密度为 1.4～1.5g/cm³，收缩率为 0.6%～1.0%，密度和收缩率可由生产厂家提供，也可由试验确定，本实例取密度为 1.4g/cm³，收缩率为 0.8%。该材料机电性能和物理、化学性能良好，尺寸稳定，耐热和耐蚀性良好，成型快，工艺性能良好；但脆性大，成型时需排气。

　　成型时应预热，以排除塑料中的水分和挥发物，预热温度可取 100～140℃；成型时成型压力不小于 25MPa，成型温度取（160±5）℃，保压时间为 0.8～1.2min/mm，该塑件壁厚为 4mm，可取保压时间为 3.2～4.8min。为提高生产率，可取保压时间 2min，模外保温熟化。

　　该塑件尺寸中等，一般公差等级，为有利压缩成型，确定为一模一腔；由于是大批量生产，所以采用固定式压缩模，机动抽侧芯。为简化模具结构和有利于塑件推出，塑件壳体底

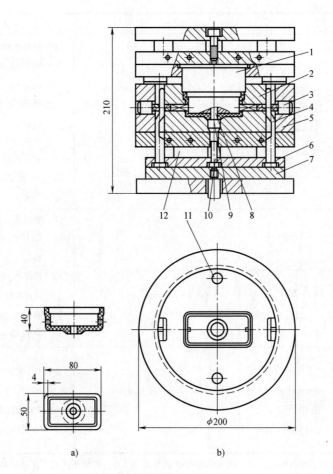

图 5-11　壳形底座塑件压缩模

1—凸模　2—凹模　3—侧型芯　4—弯销　5—模套　6—推杆固定板
7—推板　8—型芯　9—活动镶件　10—推杆　11—反推杆　12—垫块

部中心孔采用活动镶件成型。

（2）确定模具结构　设计的模具结构如图 5-11b 所示，具体设计要点如下。

该塑件是壳形底座，使用时要安装固定其他零件，因此，它的强度要好，能够承受一定的冲击作用，应保证塑件内部组织的致密性，故采用半溢式压缩模。

设计的模具凹模固定在下模板上，凸模固定在上模板上，凸模与凹模的合模对正由导柱、导套的导向机构保证。型腔设计时，由于凹模内镶嵌的凸模型芯较小，型腔容积较大，因此，加料室高度设计不用通过计算塑料原料体积确定，取加料室高度为 20mm。

侧型芯采用机动双侧弯销抽芯机构，推出塑件时弯销 4 上升先完成抽芯动作，推杆 10 随即与活动镶件 9 接触，将该活动镶件连同塑件一起推出。

下一次压缩前应先进行一次空合模，利用反推杆 11 使推板回位，弯销使侧型芯 3 回位，然后升起凸模，在凹模中心插入型芯 8 方可加料进行压缩成型。如压力机推出装置能被推出液压缸直接拖回，则可不进行空合模。

第6章　塑料压注成型工艺及模具设计

压注成型所使用的模具称为压注模。压注模又称为传递模，是热固性塑料成型的一种常用模具。

6.1　压注成型工艺

压注成型又称为传递成型或挤塑成型，是在改进压缩成型的缺点，吸收注射成型有浇注系统优点的基础上发展起来的一种热固性塑料成型方法。压注成型所用设备与压缩成型完全相同。

6.1.1　压注成型工艺过程

压注成型的工艺过程与压缩成型基本相似，不再详述。它们的主要区别是，压缩成型过程是先加料后合模，而压注成型是先合模后加料；压缩成型无单独的加料室，型腔即为加料室，且无浇注系统，而压注成型有单独的加料室，而且有浇注系统。

6.1.2　压注成型工艺条件

压注成型与压缩成型相比，其成型工艺条件有所不同。

（1）压注成型压力　由于经过浇注系统的压力损失，所以压注成型压力应比压缩成型大，一般为压缩成型的 2~3 倍。例如：酚醛塑料为 50~80MPa；纤维增强的塑料为 80~160MPa；而环氧树脂、硅酮等低压封装塑料为 2~10MPa。

（2）模具温度　压注成型的模具温度通常可比压缩成型低 15~30℃，一般为 130~190℃，这是由于熔体经过浇注系统时能从中获取一部分摩擦热所致。此外，加料室和下模的温度要低一些，而中间的温度要高一些。这样可保证熔体进入型腔畅通而不出现溢料现象，同时也可以避免塑件出现缺料、起泡、接缝等缺陷。

（3）成型周期　与压缩成型相比，压注成型的保压时间可以减少一些，因为塑料通过小横截面浇口时压力大，加热迅速而均匀，塑料交联反应也较均匀，所以当塑料进入型腔时已临近树脂固化的最后温度。

6.2　压注模的结构组成

压注模的结构与压缩模有许多相同之处，压注模的型室设计和脱模方法也与压缩模一样，成型零件的结构和尺寸计算也基本相同，与压缩模相比的主要区别在于它有浇注系统。

这种模具的结构是把压缩模的加料室从型腔中分离出来，另设能预热的加料室，通过浇注系统与型腔连接。更确切地说，实际上是由能预热、加压的加料室、流道、型腔 3 个部分组成，如图 6-1 所示。它用来成型流动性较好的热固性塑料，如有机硅塑料、硅酮塑料、环

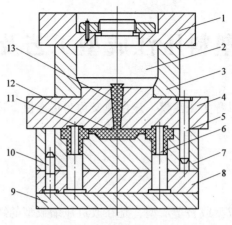

图 6-1 移动式压注模

1—上模板 2—柱塞 3—加料室 4—浇口板 5、10—导柱 6—型芯 7—凹模 8—型芯
固定板 9—下模板 11—浇口 12—分流道 13—主流道

氧树脂等。此类模具当前广泛用于封装半导体器件外形，如塑封二极管、晶体管、集成电路
等各种电子元件。

6.3 压注模设计要点

压注模的结构设计很多地方与压缩模、注射模相似，如型腔总体设计、分型面位置确
定、合模导向机构、脱模机构和侧向抽芯机构等。本节仅就压注模特殊结构部分进行讨论。

6.3.1 加料室结构及其尺寸计算

1. 加料室结构

加料室的横截面大多为圆形，以便机械加工。加料室与模具配合需要定位机构，具体结
构及定位方式见表 6-1。加料室的材料一般选用 T10A、CrWMn、9Mn2V 等钢，硬度为 52~
56HRC，其内腔最好镀铬且抛光至 $Ra = 0.4\mu m$。

2. 加料室的尺寸计算

（1）加料室横截面积的计算 计算加料室横截面积应从传热与合模两个方面考虑。对
未经预热的塑料，只需从传热方面考虑，此时加料室对物料的传热面积取决于加料量。根据
经验，每克未经预热的热固性塑料约需 $1.4 cm^2$ 的传热面积。加料室的传热面积应该等于加
料室横截面积的两倍再加上加料室装料部分侧壁面积之和。由于压注模加料室的装料高度较
低，为了计算方便，可略去侧壁面积，此时加料室横截面积即为加料室所需传热面积的一
半，即

$$A = \frac{1.4}{2}M = 0.7M \qquad (6-1)$$

式中，A 是加料室横截面积（cm^2）；M 是每次成型的加料量（g）。

对于经过预热的物料，可以从合模方面考虑，此时加料室横截面积应与压注模类型有
关。对于普通压力机用的压注模，其加料室横截面积应大于型腔与浇注系统横截面积之和，

表 6-1　加料室结构及定位方式

移动式加料室			固定式加料室		
序号	结构简图	说　明	序号	结构简图	说　明
1	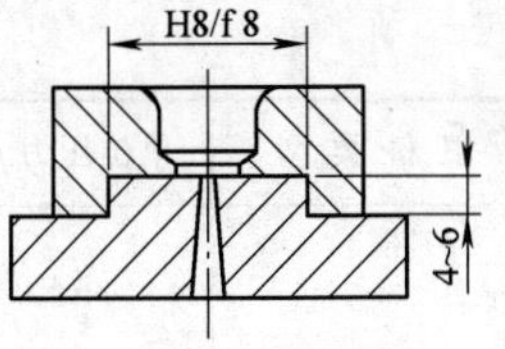 H8/f 8　4~6	凸缘定位	4	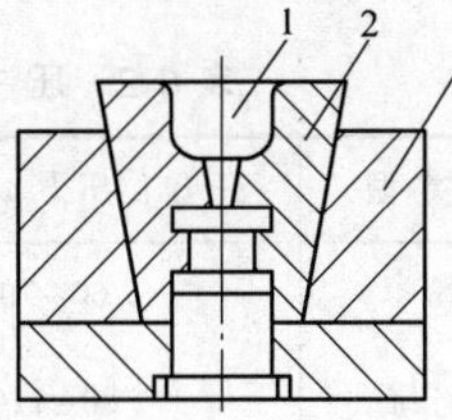 1　2　3	锥面定位,用于垂直分型的压注模 1—加料室 2—凹模拼块 3—模套
2	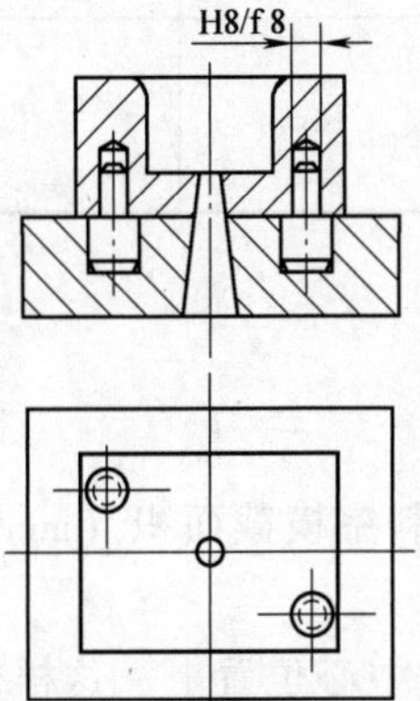 H8/f 8	定位销定位	5	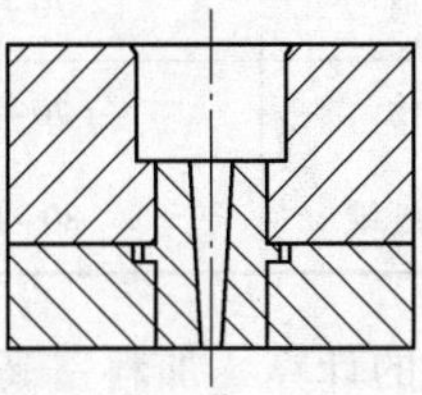	主流道浇口套外定位,用于普通压力机固定式模具
			6	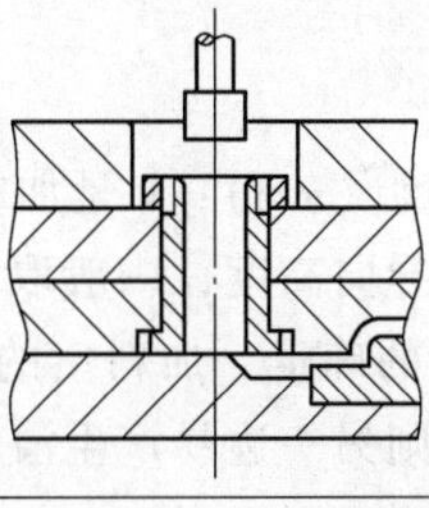	外圆定位,螺母固定,用于专用压力机固定式模具
3	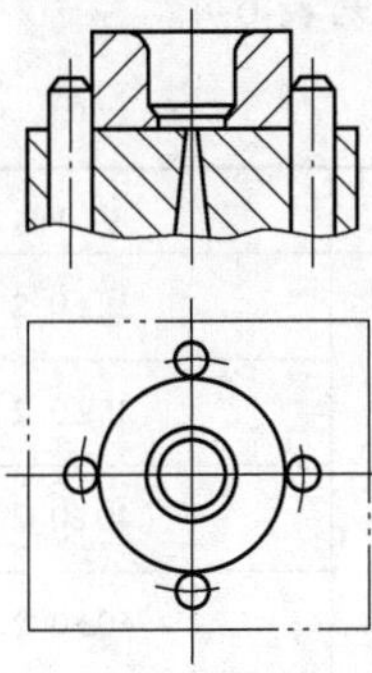	挡柱定位 (3~4 只)	7	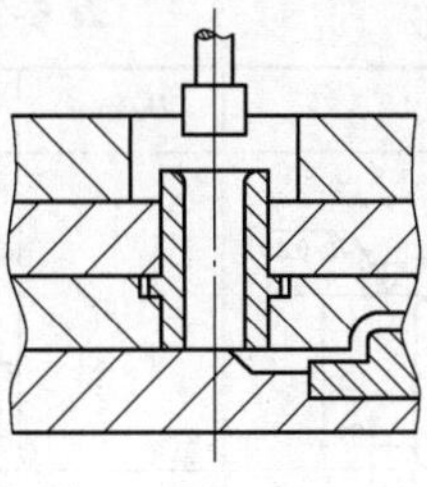	外圆定位,用于专用压力机固定式模具

否则，型腔内塑料熔体的压力将会推开分型面而产生溢料。根据经验，加料室横截面积必须大于等于型腔与浇注系统横截面积之和的 $10\% \sim 25\%$，即

$$A \geqslant (1.10 \sim 1.25) A_s \tag{6-2}$$

式中，A_s 是型腔与浇注系统在水平分型面上投影面积之和（mm^2）。

对于专用压力机用的压注模，其加料室横截面积可按下式计算，即

$$A = \frac{KF_{辅}}{p} \tag{6-3}$$

式中，$F_{辅}$ 是专用压力机辅助缸的公称压力（N）；p 是压注成型所需要的单位压力（MPa），可查表 6-2；K 是压力损失系数，一般取 $K = 0.75 \sim 0.90$。

对于垂直分型的压注模（表6-1中4号），其加料室横截面积可按下式计算，即

$$A = 2A_{垂} \tan (\alpha - \phi) \qquad (6-4)$$

式中，$A_{垂}$ 是型腔与浇注系统在垂直分型面上投影面积之和（mm^2）；α 是凹模拼块与模套的拼合角度，一般>12°；ϕ 是摩擦角，一般取8°。

表6-2 压注成型所需要的单位压力

塑 料 名 称	填 料 类 型	单位压力 p/MPa	塑 料 名 称	填 料 类 型	单位压力 p/MPa
酚醛塑料	木粉	60~70	环氧塑料		4~100
	玻璃纤维	80~110			
	布屑	70~80	硅酮塑料		4~100
三聚氰胺甲醛塑料	矿物	70~80	氨基塑料		70
	石棉纤维	80~100			

（2）加料室高度的计算 加料室高度可按下式计算，即

$$H = \frac{V}{A} + h_0 \qquad (6-5)$$

式中，H 是加料室高度（mm）；V 是加料室容积（mm^3）；A 是加料室横截面积（mm^2）；h_0 是加料室中不装料的导向高度，一般取 $h_0 = 8 \sim 15mm$。

（3）加料室位置的确定 加料室的位置应尽量布置在型腔的中心位置上，这样受力均匀。如果偏向一边，则另一边易产生溢料和飞边。

（4）加料室的推荐尺寸（表6-3）。加料室的定位凸台推荐尺寸见表6-4。

表6-3 加料室的推荐尺寸

简 图	D/mm	d/mm	d_1/mm	h/mm	H/mm
	100	$30^{+0.045}_{0}$	$24^{+0.03}_{0}$	$3^{+0.05}_{0}$	30 ± 0.2
		$35^{+0.05}_{0}$	$28^{+0.033}_{0}$		35 ± 0.2
		$40^{+0.05}_{0}$	$32^{+0.039}_{0}$		40 ± 0.2
	120	$50^{+0.06}_{0}$	$42^{+0.039}_{0}$	$4^{+0.05}_{0}$	40 ± 0.2
		$60^{+0.06}_{0}$	$50^{+0.039}_{0}$		40 ± 0.2

表6-4 加料室的定位凸台推荐尺寸

简 图	d/mm	h/mm
	$24.3^{-0.023}_{-0.053}$	$3^{0}_{-0.025}$
	$28.3^{-0.023}_{-0.053}$	
	$32.3^{-0.025}_{-0.064}$	
	$42.4^{-0.025}_{-0.064}$	$4^{0}_{-0.05}$
	$50.4^{-0.025}_{-0.064}$	

6.3.2 柱塞的设计

柱塞的作用是将加料室中的塑料熔体经浇注系统压入型腔。根据使用情况柱塞又分为普通压力机用柱塞和专用压力机用柱塞。

（1）普通压力机用柱塞 普通压力机用柱塞如图 6-2 所示。其中图 6-2a 所示为不带凸缘，加工简便省料，主要用于移动式压注模；图 6-2b 所示为在顶端增加凸缘，承压面积大，工作较平稳，移动式与固定式压注模均可用；而图 6-2c、d 所示主要用于固定式压注模。

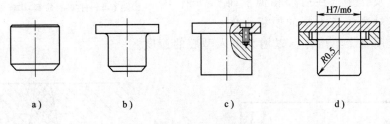

图 6-2　普通压力机用柱塞

（2）专用压力机用柱塞 专用压力机用柱塞如图 6-3 所示，柱塞的固定端带有螺纹可直接拧在压力机辅助缸的活塞上。图 6-3b 所示柱塞的头部开有环形槽，可防止废料黏附在加料室内或塑料卡住柱塞表面造成清理困难，柱塞端面的球形凹面能使塑料流动集中，减少侧面溢料。

另外，生产中还有在柱塞底面开楔形沟槽的结构，其作用是当作拉料杆拉出主流道凝料。图 6-4a 用于直径较小的柱塞，图 6-4b 可用于大直径(>75mm)的柱塞，图 6-4c 用于有多个主流道的柱塞。

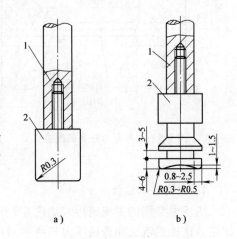

图 6-3　专用压力机用柱塞
1—辅助缸活塞杆　2—柱塞

6.3.3 加料室与柱塞的配合

柱塞通常可用 T8、T10A、CrWMn、Cr12MoV 等钢材加工制造，热处理要求为 40~45HRC，表面粗糙度如图 6-2 所示。为了提高其使用寿命，柱塞表面可镀硬铬，其镀层为 0.015~0.02mm。

加料室与柱塞的配合关系如图 6-5 所示。加料室与柱塞的配合一般为 H8/f9~H9/f9 或采用单边间隙 0.05~0.1mm；柱塞高度 H_1 比加料室高度 H_2 小 0.5~1.0mm，同时，在底部转角处也应留 0.3~0.5mm 的储料间隙。加料室与定位凸台的配合一般为 H8/f9~H9/f9，其配合高度为 4~6mm，高度差为 0~0.1mm，加料室底部的倾角 α 一般为 45°左右。

6.3.4 浇注系统的设计

压注模浇注系统的形状与注射模极为相似，在压注工艺上也有类似的地方，如要求熔体流动时压力损失小、温度变化小等。但是，压注成型也有自身的一些特点，如要求熔体在流道中进一步塑化和提高温度，以便熔体以最佳的流动状态进入型腔。

压注模的浇注系统一般由主流道、分流道、浇口和反料槽组成，如图 6-6 所示。其中主流道、分流道与浇口的定义及作用与注射模相似，而反料槽是正对主流道大端的模板上的凹穴，其作用是聚集熔体，以增大进入型腔的速度。

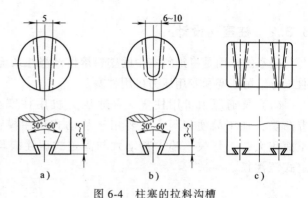

图 6-4　柱塞的拉料沟槽

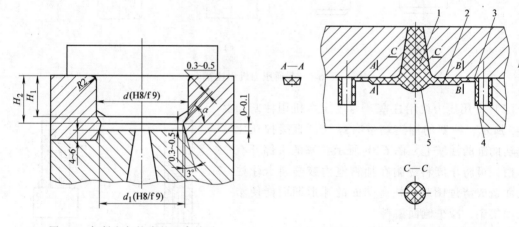

图 6-5　加料室与柱塞的配合关系

图 6-6　压注模浇注系统的组成

1—主流道　2—分流道　3—浇口　4—塑件　5—反料槽

1. 主流道的设计

压注模常用的主流道形式如图 6-7 所示。图 6-7a 所示为正圆锥主流道，其大端与分流道相连。这种主流道在普通压力机用移动式压注模中应用很广，主要用于一模多型腔模具，脱模时，主流道及分流道凝料与塑件一起由拉料杆脱出。图 6-7b 所示为倒圆锥形，其小端直接与塑件相连接，常用于单型腔或同一塑件有几个浇口的结构。开模时主流道与塑件在浇口处折断，并分别从不同的分型面分离出来。这种主流道多用于普通压力机的固定式压注模，并适用于以长纤维、碎布等填充的塑件成型。图 6-7c 所示为分流锥形主流道，主要用于塑件尺寸较大或型腔分布远离模具中心或主流道过长等情况。当型腔呈圆形排列时，分流锥和主流道均设计成圆锥形；当型腔呈两排并列时，分流锥和主流道都设计成矩形截面锥形。

2. 分流道的设计

为了获得理想的传热效果，使塑料受热均匀，同时又考虑加工和脱模都较方便，压注模的分流道常采用比较浅而宽的梯形横截面形状，并且最好开设在塑件留模那一边的模板上。分流道的横截面尺寸应根据塑料性能、塑件体积、壁厚及形状复杂程度而定，一般横截面积可为浇口横截面积的 1.5 倍。分流道长度一般取主流道长度的 1/3～1/2，梯形横截面分流道的横截面尺寸可参考图 6-8 确定。分流道也可采用半圆形横截面形状，其半径 R 一般取

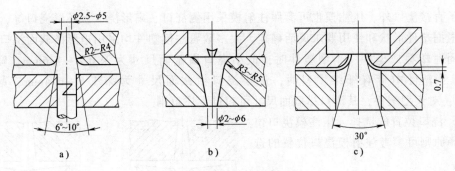

图 6-7 压注模常用的主流道形式

3~4mm。

分流道的长度应尽可能短,一般要保证浇注系统(包括主流道、分流道和浇口)的总长不超过100mm,而且流道应平直圆滑,尽量避免弯折(尤其对增强塑料),以保证塑料熔体尽快充满型腔。当分流道过长时,可通过设置分流锥(图6-9a)或采用多流道分别进料的措施来缩短分流道长度(图6-9b)。与注射模的分流道设计原则相同,多型腔压注模的分流道应尽量做到平衡布置,即流道至每一个型腔的距离和流道的形状、尺寸要对应相同。

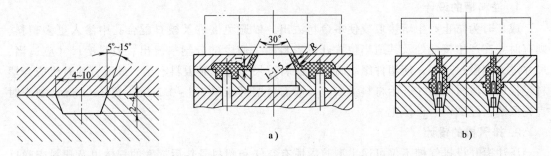

图 6-8 梯形横截面分流道
        的横截面尺寸

图 6-9 缩短分流道长度的方法

3. 浇口的设计

(1)浇口的形状和尺寸 对于直接浇口,其横截面一般采用圆形。如果直接浇口采用倒锥形,则浇口和型腔的连接可采用图6-10a所示结构,其连接处最小直径取2~4mm,连接长度可取2~3mm。图6-10b、c主要用于以长纤维为填料且流动性很差的塑料,由于流动阻力大,故在浇口附近的塑料上增加一凸台,成型之后去除。

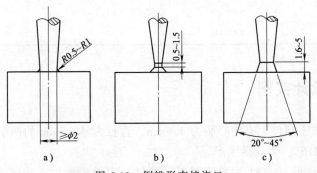

图 6-10 倒锥形直接浇口

除了直接浇口外，压注模也可参照注射模采用侧浇口、扇形浇口、环形浇口等，具体选用时，根据塑件形状和使用要求灵活确定。大多数压注模塑件均采用矩形横截面浇口。当用普通热固性塑料成型中、小型塑件时，最小浇口横截面尺寸为深 0.4~1.6mm、宽 1.6~3.2mm；当塑件中带有纤维填料时，最小浇口横截面尺寸为深 1.6~6.4mm、宽 3.2~12.7mm；对大型塑件，其浇口横截面尺寸可超过上述范围。

（2）浇口位置的选择　压注模浇口位置的选择原则可参考注射模浇口位置的选择原则。

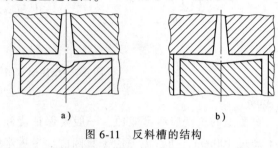

4. 反料槽的设计

反料槽的作用是有利于熔体集中流动，以增大流速，还有储存冷料的功能。反料槽一般位于正对着主流道大端的模板平面上，如图 6-11 所示。它的尺寸大小按塑件大小而定。

图 6-11　反料槽的结构

6.3.5　溢料槽与排气槽的设计

1. 溢料槽的设计

成型时为防止产生熔接痕或使多余料溢出，以避免嵌件及模具配合孔中渗入更多塑料，则有时需在产生接缝处及其适当位置开设溢料槽，使少部分塑料流出。溢料槽尺寸应适当，尺寸过大则溢料过多，使塑件组织疏松或缺料；尺寸过小时溢料不足，最适宜的时机应为塑料经保压一段时间后才开始将料溢出。一般溢料槽可取深 0.1~0.2mm，宽 3~4mm，制作时宜先取薄，经试模后再修正。

2. 排气槽的设计

压注模开设排气槽不仅可逸出型腔内原有空气和塑料受热后挥发的气体以及塑料交联反应产生的气体，还可以溢出少量前锋冷料。排气槽的横截面尺寸与塑件体积和排气数量有关，对于中、小型塑件，分型面上排气槽的深度可取 0.04~0.13mm，宽度可取 3.2~6.4mm。排气槽的横截面的推荐尺寸见表 6-5。

表 6-5　排气槽的横截面的推荐尺寸

横截面积 S/mm^2	宽×深/mm	横截面积 S/mm^2	宽×深/mm
~0.2	5×0.04	>0.8~1.0	10×0.10
>0.2~0.4	5×0.08	>1.0~1.5	10×0.15
>0.4~0.6	6×0.10	>1.5~2.0	10×0.20
>0.6~0.8	8×0.10		

6.4　压注模设计实例

图 6-12a 所示插座塑件上有中心距为 4.6mm、直径为 $\phi2.5mm$ 的两个深孔，小孔直径为 $\phi1.2mm$，材料为 H161，大批量生产。

（1）工艺性能分析　H161 为酚醛塑料，填料为木粉或矿物，密度为 $1.45g/cm^3$，收缩率为 1.0%~1.3%（取 1.2%）。该材料防霉，耐湿性能优良，力学、物理性能和电绝缘性能良好。H161 适用于压注模塑成型，成型压力为 130~150MPa，模具温度为 170~200℃。保压时间一般为 0.13~0.16min/mm，该塑件模内保压时间可取 12s（具体可试模时确定）。成型时应注意排气。

该塑件直径尺寸较小，为有利于提高生产率，减少开模次数，降低工人劳动强度，采用一模多腔，以适应大批量生产。

（2）确定模具结构　设计的模具结构如图 6-12b 所示，具体设计要点如下。

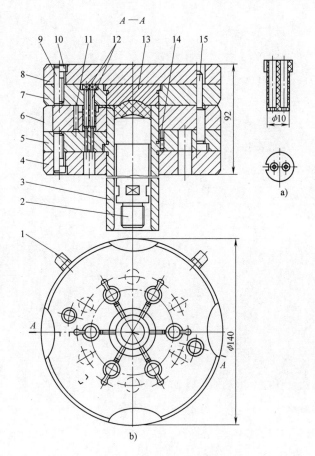

图 6-12　插座塑件压注模

1—手柄　2—柱塞　3—加料室　4—下垫板　5—模板　6—型腔板
7—型芯固定板　8—上垫板　9、14—圆柱销　10—螺钉
11、13—镶件　12—型芯　15—导柱

该模具设计采用通用模架（模架结构尺寸和技术性能行业内通用），由上模体、下模体和型腔板三部分构成。上、下模体分别与压力机的滑块和工作台面固定连接。为减少主流道凝料损耗，采用下加料室结构。

为有利模具闭合成型，六个型腔以加料室 3 为中心对称平衡布置，分流道直接与加料室相通。

模具安装时应使柱塞 2 通过模具与压力机推出液压缸相连，以传递压力。成型时先合模，后加料，柱塞 2 上升实现压注成型。

开模后推出液压缸继续向上运动，六根推杆将型腔板 6 托起；取下型腔板，在模外用专用托件架取出塑件。

采用该下加料柱塞式压注模减少了一个分型面（加料室和模具间），且成型压力也不再起合模力作用，因此合模比较可靠，能减少溢料飞边，且原料浪费少。整个模具可参照注射模设计程序进行设计。

第7章 塑料挤出成型工艺及模具设计

7.1 挤出成型工艺

挤出成型是热塑性塑料重要的加工方法之一，主要用于生产管材、棒材、板材、片材、线材和薄膜等连续塑料型材，其横截面有多种形状，如图7-1所示。此工艺还可用于塑料的着色造粒、共混、中空塑件型坯的生产。除热塑性塑料外，部分热固性塑料也可用于挤出成型。

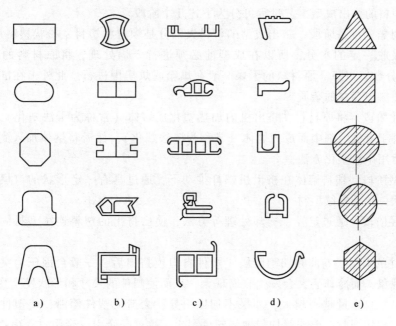

a)   b)   c)   d)   e)

图 7-1 可挤出成型的各种型材的横截面

7.1.1 挤出成型原理及特点

挤出成型又称为挤出模塑，其成型原理以管材挤出为例，如图7-2所示。它是将颗粒状或粉状塑料加入挤出机料筒内，在旋转的挤出机螺杆的作用下，塑料沿螺杆的螺旋槽向前方输送。在此过程中，不断地接受外加热和螺杆与物料之间、物料彼此之间以及物料与料筒之间的剪切摩擦热，逐渐熔融成具有流动性的黏流态。然后，在挤压系统的作用下，塑料熔体经过滤板后通过具有一定形状的挤出模具（称为机头）口模以及一系列辅助装置（如定径、冷却、牵引、切割等），从而获得等横截面的各种型材。挤出成型所用设备是挤出机组，一般由挤出机、辅机及控制系统组成。

与其他成型方法相比，挤出成型具有连续成型、生产量大、生产率高、设备简单、成本低、操作方便等特点。此外，成型件内部组织均匀紧密，尺寸稳定准确。

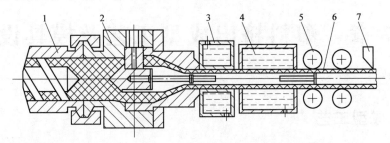

图 7-2 挤出成型原理

1—挤出机料筒　2—机头　3—定径装置　4—冷却装置　5—牵引装置　6—塑料管　7—切割装置

7.1.2 挤出成型工艺过程

热塑性塑料的挤出成型工艺过程可分为下述几个阶段。

（1）原材料的准备阶段　挤出成型的材料大部分是颗粒状塑料，粉状塑料用得比较少。原材料都会吸收一定的水分，所以在成型前必须进行干燥处理，将原材料的水分控制在 0.5%（质量分数）以下。原材料的干燥一般在烘箱或烘房中进行。此外，在准备阶段还要尽可能去除塑料中存在的杂质。

（2）塑化阶段　将原材料在挤出机内加热塑化成熔体（常称为干法塑化）或将固体塑料在机外溶解于有机溶剂中而成为熔体（常称为湿法塑化），然后将熔体加入到挤出机料筒中。生产中常用干法塑化方法。

（3）成型阶段　塑料熔体在挤出机螺杆推动下，通过具有一定形状的口模而得到横截面与口模形状一致的连续型材。

（4）定径阶段　通过定径、冷却处理等方法，使已挤出的塑料连续型材固化成为塑件（如管材等）。

（5）塑件的牵引、卷曲和切割阶段　塑件自口模挤出后，一般会因压力突然解除而发生离模膨胀现象，而冷却后又会发生收缩现象，从而使塑件的尺寸和形状发生变化。由于塑件被连续挤出，自重量越来越大，如果不加以引导，会造成塑件停滞，使塑件不能顺利挤出。所以在冷却的同时，要连续均匀地将塑件引出，这就是牵引。牵引过程由挤出机的牵引装置完成。牵引速度要与挤出速度相适应。牵引得到的产品经过定长切断或卷曲，然后进行打包。

7.2 挤出成型机头概述

用于挤出成型的模具称为挤出成型机头，通常简称为机头。

机头的作用如下。

1）使来自挤出机的熔融塑料由螺旋运动变为直线运动。

2）产生必要的成型压力，以保证塑件外形完整，内部密实。

3）使塑料通过机头时进一步塑化。

4）通过机头口模以获得横截面形状相同的、连续的塑件。

以直通式管材挤出机头（图7-3）为例，其结构可以分为以下几个主要部分。

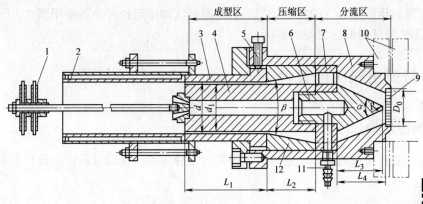

图 7-3 直通式管材挤出机头

1—堵塞 2—定径套 3—口模 4—芯棒 5—调节螺钉 6—分流器 7—分流器支架
8—机头体 9—过滤板和过滤网 10—连接法兰 11—通气嘴 12—连接套

（1）口模和芯棒 芯棒4和口模3是机头（挤出模）的主要成型零件，口模用来成型塑件的外表面，芯棒用来成型塑件的内表面。塑料熔体从口模与芯棒的环状缝隙挤出，因此塑件横截面形状是由口模和芯棒决定的。通过调节螺钉5可使口模的位置相对芯棒移动，从而使口模与芯棒之间各处的间隙得到调整（至少在两个垂直方向上分别设置调节螺钉，数量一般为4~8个），以控制塑件各处的壁厚大小，保证塑件壁厚均匀。

（2）过滤部分 过滤板和过滤网（图7-3中件9）的作用是使从挤出机出来的塑料熔体由旋转流动变为平直流动，且沿螺杆方向形成挤出压力，增加塑料的塑化均匀度，挡住混杂在塑料内的杂质或未塑化的塑料进入机头。

过滤板由 T8A 钢制成，厚度约为料筒内径的 20%，圆周面上有一圈装卸撬口凹槽（2mm×2mm），平面上钻有直径 3~6mm 排列规整的面孔，孔的两端有 60°~90°的倾角，呈流线型，要求光滑，减少料流阻力，并借以防止塑料漏流。

过滤网贴在过滤板一侧，如图7-3所示，由过滤板支承着。它通常是用不锈钢丝或铜丝制成的金属网，1~5层。对于多层过滤网，常将细的放中间，粗的放两边；对于两层过滤网，最好将粗的贴住过滤板，以支承细网不被料流冲破。应该注意的是，在挤出黏度大而热稳定性差的塑料时，一般不用过滤网。

（3）机头体 机头体是机头的主体（图7-3中件8），相当于模架，用来组装并支承机头的各零件。它的一端直接与挤出机连接；另一端与口模和调节机构连接，如图7-3所示。

（4）连接部分 机头与挤出机用螺钉及法兰连接，如图7-3所示件12。一般在挤出机上就附有法兰连接机构。

（5）分流器与分流器支架 通过图7-3所示分流器6（又称为鱼雷头）的塑料熔体分流变成薄环状以平稳地进入成型区，同时进一步对其加热和塑化。分流器支架7主要用来支承分流器及芯棒，同时也能对分流后的塑料熔体加强剪切混合作用。小型机头的分流器与分流器支架可设计成一个整体。

（6）定径套 图7-3所示的定径套2是定型模的一种形式。它的作用是通过冷却定型，使从机头口模挤出的高温塑件已形成的横截面形状稳定下来，并进行精整，从而获得精度更高的横截面形状和尺寸及更好的表面质量。挤出塑件的冷却一般采用水冷法，而定径时则常采用压缩空气加压或抽真空的方法；当采用压缩空气加压定径时，可使用图 7-3 所示的堵塞 1，以防止压缩空气泄漏，保持所需压力。

7.3 管材挤出机头的设计

7.3.1 典型结构

常用的挤管机头有直通式、直角式与旁侧式三种形式。现以直通式挤管机头为例讨论其设计要点。

7.3.2 直通式挤管机头工艺参数的确定

工艺参数主要包括口模、芯棒、分流器及分流器支架的形状和尺寸。在设计时首先需有已知的数据，包括挤出机型号、塑件的内径和外径及塑件所用的材料。

1. 口模

口模是用来成型管件外表面的成型零件。在设计时需要确定的主要尺寸是口模的内径和定型段的长度，如图 7-4 所示。

(1) 口模的内径 D　口模内径尺寸不等于管件外径尺寸，因为挤出的管件在脱离口模后由于压力突然释放，体积膨胀会使管径增大，此种现象称为巴鲁斯效应；也可能由于牵引和冷却收缩而使管径变小。这些膨胀和收缩与塑料性质、口模的温度和压力以及定径套的结构有关，影响因素较复杂，目前尚无成熟的理论计算方法计

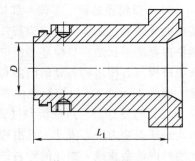

图 7-4　口模的结构

算其量值，一般凭经验或实测结果来调节确定。通常有以下两种方法来初步确定口模的内径。

1) 按经验公式确定

$$D = d/K \tag{7-1}$$

式中，D 是口模的内径（mm）；d 是管件的外径（mm）；K 是补偿系数，见表 7-1。

表 7-1　补偿系数 K 值

塑 料 种 类	定管件内径	定管件外径
聚氯乙烯(PVC)	—	0.95~1.05
聚酰胺(PA)	1.05~1.10	—
聚烯烃	1.20~1.30	0.9~1.05

2) 按拉伸比确定。管件的拉伸比是指成型区口模与芯棒间的环隙横截面积与管件的横截面积之比，其计算公式为

$$I = \frac{D^2 - d^2}{D_s^2 - d_s^2} \tag{7-2}$$

式中，I 是拉伸比，常用塑料挤管允许拉伸比见表 7-2；D_s、d_s 是塑料管件外、内径（mm）；D、d 是口模内径、芯棒外径（mm）。

表 7-2　常用塑料挤管允许拉伸比

塑料种类	LDPE	ABS	PA	PP	HDPE	PVC
允许拉伸比	1.2~1.5	1.0~1.1	1.4~3.0	1.0~1.2	1.1~1.2	1.0~1.4

（2）定型段的长度 L_1　口模和芯棒的平直部分的长度称为定型段的长度，如图 7-4 中 L_1 所示。塑料通过定型段，随着料流阻力增加使塑件致密。

定型段的长度应随塑料品种及塑件尺寸的不同而异。定型段的长度不宜过长或过短。过长时会使料流阻力增加很大；过短时起不到定型作用。具体长度可由以下经验公式计算。

1）按管件外径计算

$$L_1 = (0.5 \sim 3)D \tag{7-3}$$

式中，D 是管件外径的公称尺寸（mm）。

一般情况下，当管件直径较大时，定型段长度应取小值，因这时管件的被定型面积较大，阻力较大；反之就取大值。挤软管时取大值，挤硬管时取小值。

2）按管件壁厚计算

$$L_1 = nt \tag{7-4}$$

式中，t 是管件壁厚（mm）；n 是系数，见表 7-3。

表 7-3　系数 n 的值

塑料品种	硬聚氯乙烯 （HPVC）	软聚氯乙烯 （SPVC）	聚酰胺 （PA）	聚乙烯 （PE）	聚丙烯 （PP）
系数 n	18~33	15~25	12~23	14~22	14~22

2. 芯棒

芯棒又称为芯模，是用来成型管件内表面的零件，其结构如图 7-5 所示。直通式挤管机头的芯棒与分流器之间一般用螺纹连接，再靠分流器支架固定于机头体上。它的长度方向由成型区（定型段）和压缩区（段）两部分组成；轴心孔用于通入压缩空气，使管件内产生压力，实现外径定径，如图 7-5 所示。它的主要尺寸为芯棒的外径 d、成型段的长度 L'_1、压缩段的长度 L_2 及压缩角 β。

（1）芯棒的外径 d　芯棒的外径由管件的内径决定，但由于与口模一样受离模膨胀或冷却收缩的影响，所以芯棒的外径尺寸并非等于管件的内径尺寸，可按生产经验公式计算，即

$$d = D - 2\delta \tag{7-5}$$

式中，d 是芯棒的外径（mm）；D 是口模的内径（mm）；δ 是口模与芯棒的单边间隙（mm），$\delta = (0.83 \sim 0.94)t$，$t$ 是管件壁厚。

（2）芯棒成型段的长度 L'_1　$L'_1 \geq L_1$ 或稍长。

（3）芯棒压缩段的长度 L_2　使经过分流器支架后的多股塑料熔体很好地汇合，消除熔接痕。压缩段的长度 L_2 可按如下经验公式计算，即

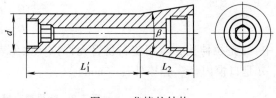

图 7-5　芯棒的结构

$$L_2 = （1.5 \sim 2.5）D_0 \tag{7-6}$$

式中，L_2 是芯棒压缩段的长度（mm）；D_0 是塑料熔体在过滤板出口处的流道直径（mm），如图 7-3 所示。

（4）压缩角 β　对低黏度塑料，$\beta = 45° \sim 60°$；对高黏度塑料，$\beta = 30° \sim 50°$。

3. 分流器和分流器支架

图 7-6 所示为分流器和分流器支架的结构图。分流器的作用是使塑料熔体通过时料层变薄，便于均匀加热，并产生剪切摩擦，使之进一步均匀塑化。图 7-7 所示为小型机头的分流器结构图，该图中分流器和分流器支架做成了整体式。

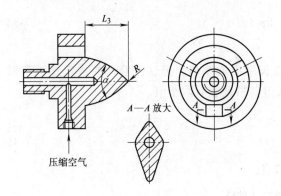

图 7-6　分流器和分流器支架的结构图

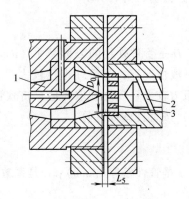

图 7-7　小型机头的分流器结构图
1—分流器　2—螺杆　3—过滤板

（1）在分流器设计时需要确定以下尺寸

1）分流器的角度 α，低黏度塑料 $\alpha = 30° \sim 80°$，高黏度塑料 $\alpha = 30° \sim 60°$。α 过大时料流的流动阻力大，熔体易过热分解；α 过小时不利于机头对其内的塑料熔体均匀加热，会导致分流器长度加长，机头体积也会增大。另外，角 α 扩张时，应小于芯棒的压缩角 β。

2）分流器的长度 L_3，由经验公式确定，即

$$L_3 = （1 \sim 1.5）D_0 \tag{7-7}$$

3）分流器头部圆角半径 $R = 0.5 \sim 2$mm，R 不宜过大，否则熔体容易在此处发生滞留。

4）分流器表面粗糙度 $Ra < 0.4\mu$m。

5）过滤板与分流器顶间隔 L_5，如图 7-7 所示，由经验公式确定，即

$$L_5 = 10 \sim 20\text{mm} \quad \text{或} \quad L_5 < 0.1D_1 \tag{7-8}$$

式中，D_1 是螺杆 2 的直径（mm）。分流器 1 顶与过滤板 3 端面保持距离 L_5 的作用是使从过

滤板各孔眼流出的塑料熔体有个汇集的空间。它的大小应适宜，过小时熔体流速会不稳定、不均匀；过大时熔体在此空间停留时间较长，容易过热分解。

（2）分流器支架　它主要用于支承分流器及芯棒。支架上的分流肋应做成流线型，在满足强度要求的条件下其宽度和长度应尽可能小些，以减少阻力。出料端角度应小于进料端，如图 7-6 所示 $A—A$ 放大处。分流肋应尽可能少些，以免产生过多的熔接痕，一般小型机头 3 根，中型机头 4 根，大型机头 6~8 根。分流器支架上通常还设有压缩空气进气孔和内部加热装置导线孔。

4. 拉伸比与压缩比

拉伸比与压缩比是与口模和芯棒尺寸相关的工艺参数。根据管件横截面尺寸确定口模环隙横截面尺寸时，一般是凭拉伸比确定。拉伸比在前面的口模内径的确定方法中已叙述。管件的压缩比 ε 是指机头和多孔板相接处最大进料横截面积与口模和芯棒的环隙横截面积之比，反映出塑料熔体的压实程度。低黏度塑料 $\varepsilon = 4 \sim 10$，高黏度塑料 $\varepsilon = 2.5 \sim 6.0$。

7.4　挤出模设计实例

用于挤出成型的模具称为挤出成型机头，下面是一个组合式硬管机头设计实例。

1. 设计要求

大批量生产的 $\phi 250\text{mm}$ 硬聚氯乙烯管挤出机头。

2. 设计步骤

1）按所需生产率选择挤出机。经计算选用 SJ-120 挤出机。

2）计算口模的内径及芯棒的外径。

口模的内径：$D = D_s / K$，式中 D_s 是硬管外径公称尺寸，$D_s = 250\text{mm}$，K 是补偿系数，取 0.95，$D = 250/0.95\text{mm} = 263.16\text{mm}$，取 263mm。

芯棒的外径：$d = D - 2\delta$，式中 $\delta = t/K_1 = 10/1.11\text{mm} = 9\text{mm}$（管壁厚 t 为 10mm，K_1 取 1.11），$d = 263\text{mm} - 2 \times 9\text{mm} = 245\text{mm}$。

3）确定过滤板出口处的流道直径为 120mm。

4）取压缩比 ε 为 4，确定分流器支架通道横截面积，即

$$S = \varepsilon \frac{\pi}{4}(D^2 - d^2) = 3.14 \times (263^2 - 245^2)\text{mm}^2 = 28712\text{mm}^2$$

5）计算确定机头其他尺寸，即

$$L_1 = (0.5 \sim 3)D_s = 0.8 \times 250\text{mm} = 200\text{mm}$$

$$L_2 = (1.5 \sim 2.5)D_0 = 2.5 \times 120\text{mm} = 300\text{mm}$$

$$L_3 = (1 \sim 1.5)D_0 = 1.5 \times 120\text{mm} = 180\text{mm}$$

按式（7-8），L_5 取 15mm。

6）确定机头采用组合式结构，以便于加工，采用压缩空气内压法外定径。

7）绘制机头装配结构图，如图 7-8 所示。

8）编制机头零件明细表。

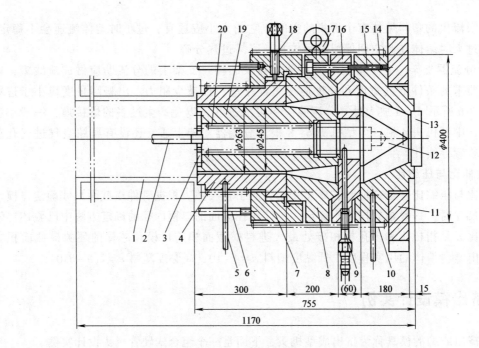

图 7-8　机头装配图

1—冷却装置（定径套）　2—气堵拉杆　3—支板　4—口模　5—温度计　6—拉杆　7—锁母　8、14—机头组
合体　9—气嘴　10—加热装置　11—铰链板　12—分流器　13—过滤板　15—内六角圆柱头螺钉
16—分流器支架　17—吊环　18—调节螺钉　19—芯棒　20—芯棒加热装置

第8章 塑料的其他成型方法

除了前面已经叙述的塑料注射成型、压缩成型、压注成型和挤出成型外，塑料还有多种其他的成型方法，如中空吹塑成型、真空吸塑成型、压缩空气成型、发泡成型等。本章只简单地介绍前三种塑料成型方法。

8.1 中空吹塑成型

8.1.1 中空吹塑成型工艺概述

中空吹塑成型（简称为吹塑）是把加热至高弹态的塑料型坯置于模具内，然后闭合模具，吹入压缩空气，使塑料型坯膨胀紧贴到型腔表面，经过保压冷却定型后开模取出，从而得到一定形状的中空塑件的塑料成型方法。

中空吹塑成型可以获得各种形状与大小的中空薄壁塑件，如塑料瓶子、容器、提桶、玩具等。吹塑塑件均用热塑性塑料，最常用的有聚乙烯、聚丙烯、聚氯乙烯等，其他还有聚碳酸酯、尼龙、聚苯乙烯、醋酸纤维素等。吹塑用的塑料要求用流动性差一些、熔融指数较小的塑料。

吹塑的方法很多，但都包括塑料型坯制造和吹塑两个不可缺少的基本阶段。根据这两个阶段进行的具体方法和过程的不同，吹塑成型工艺可分为挤出吹塑、注射吹塑、注射拉深吹塑，制坯与吹塑分开加工成型、多层吹塑五种形式。

1. 挤出吹塑成型

这种方法是成型中空塑件的主要方法，也是最简单、最方便、最原始的中空吹塑形式。图 8-1 所示为挤出吹塑成型工艺过程。由挤出机挤出熔融的型坯，将型坯引入对开的模具（图 8-1a、b）；将模具闭合（图 8-1c）；向型腔内通入压缩空气，使其膨胀附着型腔壁而成型，然后保压（图 8-1d）；最后经冷却定型，便可排出压缩空气并开模取出塑件（图 8-1e）。

这种成型方法，优点是设备与模具的结构简单、投资少、易操作，适合多种塑料的中空吹塑成型；缺点是型坯壁厚不易均匀，塑件需后加工去除毛刺、飞边，且生产率低。

2. 注射吹塑成型

这种方法是用注射机在注射模中制成型坯，然后把热型坯移入中空吹塑模具中进行中空吹塑。工

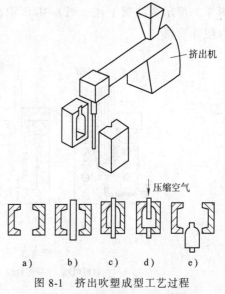

图 8-1 挤出吹塑成型工艺过程

a) 开模 b) 放入型坯 c) 模具闭合
d) 通入压缩空气、保压 e) 冷却、定型、排气，取出塑件

艺过程如图 8-2 所示：注射型坯（图 8-2a）；型芯与型坯一起移入吹塑模内，型芯为空心并在壁上带有孔（图 8-2b）；从型芯中通入压缩空气并吹胀型坯贴于型腔内壁上（图 8-2c）；经保压、冷却定型后释放压缩空气，开模取出塑件（图 8-2d）。

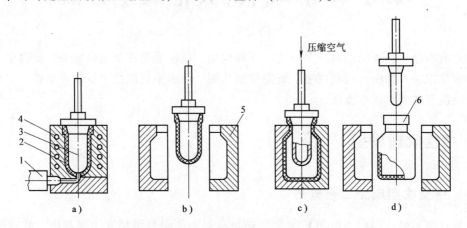

图 8-2 注射吹塑成型工艺过程
1—注射机喷嘴 2—注射型坯 3—空心型芯 4—加热器 5—吹塑模 6—塑件

经过注射吹塑成型的塑件壁厚均匀，无飞边，不需后加工，由于注射型坯有底，因此底部没有拼合缝，强度高，生产率高；但是设备与模具的费用高，多用于小型塑件的大批量生产。

3. 注射拉深吹塑成型

这种方法是在注射吹塑法中增加一道拉深工序，适用于深腔塑件，即把注射成型的型坯趁热拉深、延长后再进行吹塑。图 8-3 所示为注射拉深吹塑成型工艺过程。其中图 8-3a 所示为注射型坯，图 8-3b 所示为拉深型坯，图 8-3c 所示为吹塑型坯，图 8-3d 所示为塑件脱模。

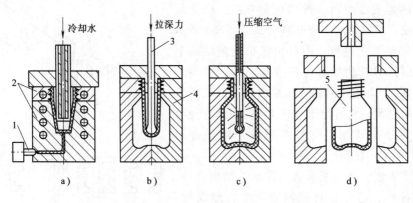

图 8-3 注射拉深吹塑成型工艺过程
1—注射机喷嘴 2—注射模 3—拉深芯棒（吹管） 4—吹塑模 5—塑件

4. 制坯与吹塑分开加工成型

这种方法也称为冷坯成型法，属于二次成型加工。它是用注射、挤出或压延等方法先预制好所需要的型坯，吹塑时把预制型坯再进行加热，然后进行吹塑。这种加工方法简单，可将制坯与吹塑分别在两个不同的地方进行。例如：片材吹塑就用这种方法，事先将片材压好裁好，吹塑时再将其型坯加热，然后进行吹塑，如图 8-4 所示。

5. 多层吹塑成型

多层吹塑成型是先用注射法或挤出法制出多层型坯，然后进行吹塑，生产出来的塑件壁是由多层不同塑料构成。这种方法可以利用各种材料的特点，通过材料的组合，改善容器的性能。例如：单独使用聚乙烯，由于气密性较差，其容器塑件不能盛装带有香味的食品；而聚氯乙烯的气密性优于聚乙烯，可采用外层为聚氯乙烯、内层为聚乙烯的容器，气密性好而且无毒。

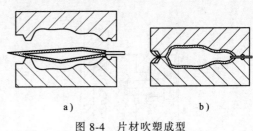

图 8-4　片材吹塑成型

a）开模放入型坯　b）合模吹气

多层吹塑成型方法分为共挤出吹塑法和多段注射法。一般采用前者，其原理是将来自多台挤出机的不同种类的塑料熔体，通过复合坯管机头挤出两层或多层的复合坯管，之后再进入吹塑模，吹塑出中空多层容器。多层吹塑模结构与一般吹塑模结构基本相同。多层吹塑的关键是各层间的熔接质量和接缝强度，这与塑料种类、层数及层厚比有关，尤其是对壁厚均匀的复合坯管至关重要。

8.1.2　中空吹塑成型的模具结构

挤出吹塑模的结构比较简单，一般由两块对开分型的半模（哈夫块）组成。两半模分别用螺钉安装在吹塑机的安装座板上，一半为定模，另一半为动模，通过挤出机的开合模机构进行开合，由设置在两半模上的导向机构（如导柱和导套）进行导向，如图 8-5 所示。由于吹塑塑件均为罐类容器，根据容器的一般通性，上口有螺纹或翻边按扣，可配上盖子，中腰部是容器的主体，底部为带沿口的增强肋，作为摆放的支承点。因此模具结构也由上口、中腰和底部三大部分组成，一般设计成三部分组合式。上口和底部一般均需要设切口，其是切除料坯余料用的。

上口的螺纹不是吹塑成型的，而是在吹嘴 1 与螺纹镶件 2 闭模时挤压成型的，如图 8-6 所示。但也有把吹嘴安在模具下面的，如图 8-7 所示下吹式模具结构。对于注射吹塑中空成型模和注射拉深吹塑中空成型模，由于它的型坯的上口部位螺纹直接由注射成型，其型坯又是不通孔，因此它的吹塑模既无上口成型螺纹和切口，

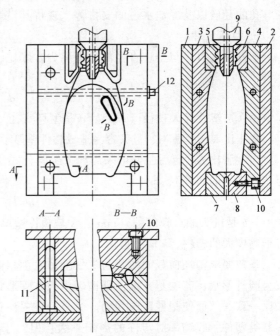

图 8-5　中空油壶吹塑模（上吹式）

1、2—左右底板　3、4—左右型腔　5、6—左右螺纹镶件　7、8—左右底部镶件　9—吹嘴　10—螺钉
11—导柱　12—水嘴

也无底部切口装置，模具更为简单。但由于它是多工位、多型腔，精度、位置度要求高，故模具加工费用比较高。

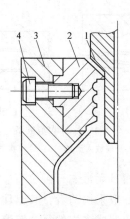

图 8-6　螺纹成型镶件

1—吹嘴　2—螺纹镶件　3—型腔　4—螺钉

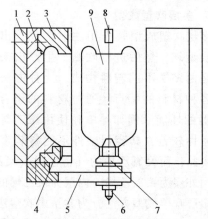

图 8-7　下吹式模具结构

1—左、右底板　2—左、右型腔　3—左、右底部镶件
4—左、右螺纹镶件　5—吹嘴滑道　6—进气嘴
7—吹嘴　8—余料　9—塑件

8.1.3　中空吹塑成型的模具设计要点

中空吹塑成型模的设计主要包括型坯尺寸的确定、夹坯刃口的设计、余料槽的布置、排气孔的开设以及冷却水道的安排等，现将其设计要点分述如下。

1. 型坯尺寸

塑件最大直径与型坯直径的比值称为吹胀比。吹胀比 f 可表示为

$$f = \frac{D}{d}$$

式中，D 是塑件最大直径（mm）；d 是型坯直径（mm）。

吹胀比要选择适当，过大容易造成塑件壁厚不均匀，根据经验，通常吹胀比 f 取 2~4。

当吹胀比 f 确定后，便可采用如下经验公式计算挤出机机头的口模缝隙（挤出机头口模与芯棒之间的间隙），即

$$b = ksf$$

式中，b 是机头的口模缝隙（mm）；s 是塑件壁厚（mm）；k 是修正系数，一般取 1.0~1.5，对于黏度大的塑料，k 取小值。

一般要求型坯横截面形状与塑件外形轮廓相似。例如：若吹塑圆形横截面的瓶子，型坯应为圆管形状；若吹塑方桶，则型坯应为方管形状。这样做的目的是使型坯各部位塑料的吹胀比一致，从而使塑件壁厚均匀。另外，还要注意塑料的收缩率，对于尺寸精度要求不高的容器类塑件，收缩率对塑件的影响不大；但对于有刻度的定量容器瓶类和瓶口有螺纹的塑件，要注意收缩率对塑件精度的影响。

2. 夹坯刃口

挤出吹塑模模底部分的作用是挤压、封接型坯尾部，切去余料，并要求不留明显痕迹，同时保证塑件底部具有一定壁厚。图 8-8 所示为模底部分结构示意图。图 8-8a 所示夹坯刃口

2 及余料槽 1 为模底部分的关键部位。夹坯刃口宽度 b 值的选取要适当，过小会减小塑件接合缝的厚度，从而影响接合强度，甚至出现图 8-8b 所示的裂缝缺陷。一般对于小型塑件 b 值取 1~2mm，对于大型塑件 b 值取 2~4mm。余料槽的作用是容纳剪切下来的余料，通常开设在刃口后面的分型面上，其单边厚度（$h/2$）常取型坯壁厚的 80%~90%。夹角 α 常取 30°~90°，随夹坯刃口宽度增大而增大，较小的 α 角有利增加接合缝的塑料量，提高接合缝强度。

3. 余料槽

夹坯刃口所切去的余料若落在模具的分型面上将影响模具的闭合，为此在上、下刃口附近应开设余料槽以容纳余料。余料槽大小应根据型坯夹持后余料的宽度和厚度来确定，以模具能够闭合严密为准。

4. 排气孔

吹塑模排气不良会使塑件表面产生斑纹、麻坑及成型不完整等缺陷，影响塑件质量。由于吹塑模两半模合模面的平面度较高和表面粗糙度值低，而且没有推杆，因此不能像注射模那样利用合模面间隙或推杆配合间隙排气，必须另设排气槽或排气孔，或者利用模具镶件间隙排气。排气的部位应选在空气最易储留及型坯最后吹胀贴模的部位，如模具型腔的角部、凹坑处，有时也可开设在分型面上。排气孔直径通常为 0.5~1.0mm。

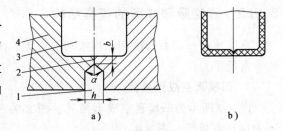

图 8-8　模底部分结构示意图
1—余料槽　2—夹坯刃口　3—型腔　4—模具本体

5. 冷却水道

为了缩短塑件在模具内的冷却时间并保证塑件的各个部位都能均匀冷却，模具冷却水道应根据塑件各部位的壁厚进行布置。例如：塑料瓶口部位一般比较厚，在设计冷却水道时就应加强瓶口部位的冷却。有关冷却系统的设计与计算，可参阅第 4 章有关部分。

6. 型腔表面加工

许多吹塑塑件的外表面都有一定的质量要求，有的要雕刻文字图案，有的要做成镜面、绒面、皮革纹面等，因此，要针对不同的要求对型腔表面采用不同的加工方式，如采用喷砂处理将型腔表面做成绒面，采用镀铬抛光处理将型腔表面做成镜面，采用电化学腐蚀处理将型腔表面做成皮革纹面等。

7. 挤出吹塑模还需与型坯挤出机头配套

型坯挤出机头结构与挤管机头类似。从结构上考虑，以采用螺旋式型坯挤出机头所获得的型坯性能较好，因为塑料熔体沿螺旋槽压缩并产生回转流动，能具有较好的熔合性，对吹塑有利。

8.2　真空吸塑成型

8.2.1　真空吸塑成型概述

真空吸塑成型简称为真空成型。成型时先将塑料板材固定在夹具上，置于专用的真空成型机内，利用电加热的辐射热进行加热，把板材烤软化；由设备上夹紧装置将板材、夹具、模具压紧，将塑料板材覆盖在模具上，使型腔成为密封体；然后，用真空泵把型腔内空气抽掉，且借助大气压力的作用使板材紧密地吸附在型腔内并与型腔壁贴在一起；冷却定型后，打开压紧夹具，将贴在型腔上的塑件取出。

真空成型塑件一般为精度不高的外包装体，如食品盒、儿童玩具的外包装壳体，以及一次性快餐盒之类，也可成型冰箱等家电的内衬件，板材厚度一般可达 2mm。

8.2.2　真空吸塑成型的模具结构

真空成型一般有凹模和凸模吸塑两大类，因此模具结构就是一片凹模或是一片凸模，结构非常简单。

1. 凹模真空成型模具

图 8-9 所示为凹模真空成型模具。图 8-9a 所示为将板材夹紧、压住、加热；图 8-9b 所示为抽真空成型；图 8-9c 所示为冷却后吹气脱模取出塑件。

凹模真空成型宜用于外表面精度较高、成型深度不大的塑件，不宜成型小而深的薄壁塑件。对于成型小而浅的塑件，应设计成一模多腔，型腔要排列紧凑，要求有较大的脱模斜度，而且拐角处均应呈圆弧状。

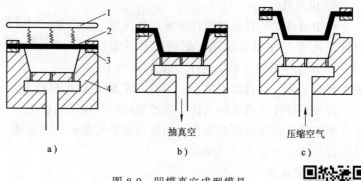

图 8-9　凹模真空成型模具

1—加热板　2—塑料板材　3—夹具　4—凹模

2. 凸模真空成型模具

凸模真空成型宜于成型塑件的内表面尺寸较为精确的塑件。图 8-10 所示为凸模真空成型模具，图 8-10a 所示为夹住板材加热；图 8-10b 所示为将加热后夹紧板材压紧在模具上；图 8-10c 所示为抽真空成型。

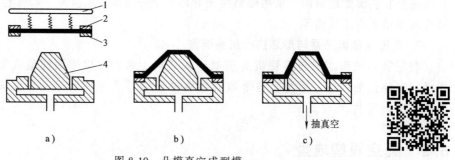

图 8-10　凸模真空成型模

1—加热板　2—塑料板材　3—夹具　4—凸模

3. 采用凹、凸模先后抽真空成型

采用凹、凸模先后抽真空成型如图 8-11 所示其成型过程如下。

1）先将塑料板材夹持在凹模上加热，软化后再将加热器移开，如图 8-11a 所示。

2）在凹模中抽真空，从凸模吹入少量压缩空气，将软化了的塑料板材吹鼓，如图8-11b所示。

3）再从凸模中抽真空，从凹模吹入压缩空气，使塑料板材附着在凸模的外表面上成型，如图 8-11c 所示。

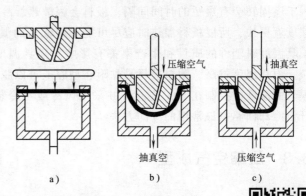

由于塑料板材经历吹鼓的过程，板材拉深后再成型，因此用这种成型法得到的塑件壁厚比较均匀。这种成型法主要用于成型较深的塑件。

图 8-11　采用凹、凸模先后抽真空成型

除了上述三种形式以外，还有在此基础演变的形式，如吹泡真空成型、辅助凸模真空成型和带有气体缓冲装置的真空成型等方法，由于篇幅有限，不再赘述。

8.2.3　真空吸塑成型的模具设计要点

1. 模具的尺寸精度

影响塑件尺寸变化的因素很多，如成型温度、模具温度、冷却时间等，因此要预先精确确定某一塑件的收缩率是十分困难的。如果生产批量大、尺寸精度要求又高，最好先用石膏模型试制出产品，测得其收缩率，以此作为设计型腔尺寸的依据。真空成型模具的凸模或凹模，都应具有足够的脱模斜度，凹模的脱模斜度一般为 $0.5°\sim1.0°$，凸模的脱模斜度一般为 $2°\sim3°$。模具的圆角半径可取塑料板材厚度，圆角半径过小会引起弯角处的应力集中，甚至于无法成型。

2. 模具的表面粗糙度

模具成型表面的表面粗糙度 Ra 值约为 $1.6\mu m$。由于真空成型模具都没有脱模机构，全靠压缩空气脱模，因此成型表面的表面粗糙度值不能太低，否则塑料板材黏附在型腔表面无法脱模。在这种情况下即使装有脱模机构，塑件脱模后也容易变形。真空成型的成型表面最好用磨料打毛或进行喷砂处理，因为打毛或喷砂后的型腔表面在成型时可储存一部分空气，避免了真空吸附现象。

3. 模具材料

真空成型所使用的模具材料，因受外力不大无特殊要求，一般采用易加工的材料，如木质较细的中等硬度木材、硬石膏、环氧树脂加一定比例铅粉浇注、铝合金；只对于形状复杂的塑件，才采用低碳钢。

4. 抽气孔设计

真空成型模具的抽气孔径一般为 $0.5\sim1mm$。孔的位置一般设在底部、隔角部、凹陷部。孔的数目不宜过多。当发现有吸塑不足的地方，可以在此处增补抽气孔。

5. 加热与冷却

通常采用电阻加热器或红外线辐射灯对需要真空成型的板材进行加热。电阻丝温度较高，通常采用调节电阻加热器与塑料板材之间的距离来控制板材的成型温度。板材的成型温

度应在玻璃化温度 T_g 与黏流温度 T_f 之间选择。在实际成型过程中，板材从加热到成型之间因工序周转会有短暂的时间间隔，板材会因散热、冷却而降低温度，特别是较薄的板材散热速度就更快，所以板材加热时应尽可能采用较高的温度，在生产中一般由试验来最后确定。模具温度对塑件的质量和生产率都有影响。模具温度过低，板材成型时易产生冷斑甚至开裂；模具温度过高，塑料板材易黏附在型腔上难以脱模，而且生产周期也长。一般真空成型模具的温度应控制在 50℃ 左右，并采用风冷或水冷装置加速模具内塑件的冷却，在模具内开设冷却回路是最常用的冷却方法。

8.3 压缩空气成型

8.3.1 压缩空气成型概述

压缩空气成型也称为气压成型，其原理与真空吸塑相似，区别在于用压缩空气代替抽真空后的大气压力。成型压力比吸塑大，一般为 0.3~0.8MPa。它的优点是成型速度快，周期短，加热时间短，成型时可切边，塑件尺寸精确，复印性好。成型料板厚一般为 1~5mm，最大可达 8mm 以上。

8.3.2 压缩空气成型的模具结构

1. 模具结构

如图 8-12 所示，它与真空成型模具不同点是：增加了模具型刃，因此塑件成型后在模具上就可将余料切除；加热板作为模具的一部分，塑料直接接触加热板，因此加热速度快。

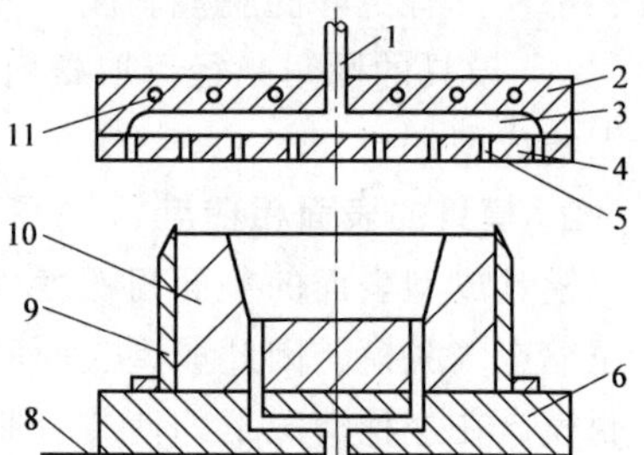

2. 成型过程

压缩空气成型过程如图 8-13 所示。图 8-13a 所示为将塑料板材置于加热板与凹模之间，固定加热板；图 8-13b 所示为塑料板材加热时型腔内通入微量气体，使塑料板材紧贴加热板加热；图 8-13c 所示为塑料板材被烤软化，加热板通入压缩空气，下面模具型腔排气，塑料板材被气压成型；图 8-13d 所示为加热板下降，型刃切除边缘余料；图 8-13e 所示为模具开启并从型腔底部及侧面吹入压缩空气，使塑件冷却脱模。

图 8-12 压缩空气成型的模具

1—压缩空气管 2—加热板 3—热空气室 4—面板 5—空气孔 6—底板 7—通气孔 8—工作台 9—型刃 10—凹模 11—加热棒

8.3.3 压缩空气成型的模具设计要点

压缩空气成型时，其模具的受力比真空成型模要大，所以模具材料一般采用碳素钢、工具钢及铜、铝合金等强度较高的材料。模具虽然没有抽空小孔，但也应设进气孔和排气孔。凸模的脱模斜度取 2°~5°；凹模的脱模斜度取 1°~2°，并需要在模具边缘设置切边装置，该切边装置称为型刃，如图 8-14 所示。型刃不宜太钝，但又不能太锋利。常用的型刃是把顶端削平 $h = 0.10~0.15mm$，以 $R0.05$ 的圆弧与两侧面相连。型刃的角度以 20°~30° 为宜。它的尖端必须比型腔的端面高，其高度应是板材的厚度加

±0.1mm。成型时,放在凹模型腔端面上的板材与加热板之间就能形成间隙,此间隙可使板材在成型期间不与加热板接触,避免板材过热造成塑件缺陷。

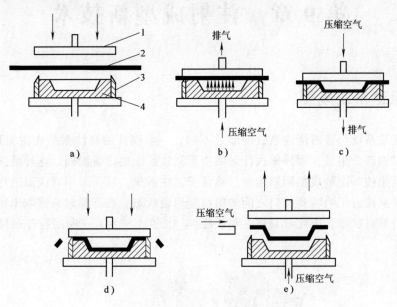

图 8-13　压缩空气成型过程

1—加热板　2—塑料板材　3—型刃　4—凹模

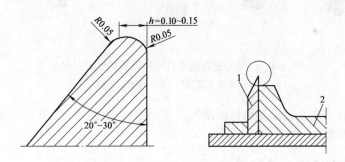

图 8-14　型刃的形状和尺寸

1—型刃　2—凹模

第9章 注射成型新技术

9.1 热流道系统成型

热流道浇注系统与普通浇注系统的形式不同。一般模具的浇注系统由主流道、分流道、冷料穴和浇口四部分组成，塑件每次注射成型后浇注系统也跟着凝固。这种情况不但浪费塑料原料，而且也使每次的成型周期增加。热流道浇注系统，就是采用对流道进行绝热或加热的办法来保持从注射机喷嘴到浇口之间的塑料呈熔融状态。在开模时只需取出塑件，流道的塑料仍然保持熔融状态，因此没有浇注系统凝料。图9-1所示为一模四腔普通流道与热流道成型塑件对比。

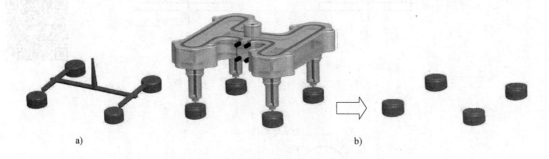

图 9-1 一模四腔普通流道与热流道成型塑件对比

a）普通流道系统 b）热流道系统

可以看出，采用热流道成型同样的塑件，省去了主流道、一级和二级分流道凝料，塑料原料的利用率大大提高。

9.1.1 热流道系统的分类和结构

热流道按保持流道温度的方式不同分类，可以分为绝热式流道和加热式流道两大类。

1. 绝热式流道

绝热式流道的特点是主流道和分流道都很粗大，以致在不另外加热的情况下流道中心部分塑料在连续注射时来不及凝固仍保持熔融状态，从而让塑料熔体能顺利地通过它进入型腔，达到连续注射而无须取出流道凝料的要求。由于不进行流道的辅助加热，其中的塑料熔体容易固化，因此要求注射成型周期短，并仅限于聚乙烯和聚丙烯的小型塑件。当注射机停止生产时，要清除凝料才能再次开机，所以在实际生产中采用较少。

2. 加热式流道

加热式流道与绝热式流道的区别在于具有加热元件。由于在流道的附近或中心设有加热元件，所以从注射机喷嘴出口到浇口附近的整个流道都处于高温状态，使流道中的塑料熔体维持熔融状态。在停机后一般不需要打开模具取出流道凝料，再开机时，只需加热流道达到要求温度时即可。与绝热式流道相比，它适应的塑料品种较广。

（1）单咀热流道模具　通过热咀直接将注射机喷嘴中的熔融塑料注射入型腔（模具只有一个热咀），且在塑件冷却的过程中，热咀中的塑料始终保持熔融状态（热咀带有加热元件），故称为热咀模具，如图9-2所示。

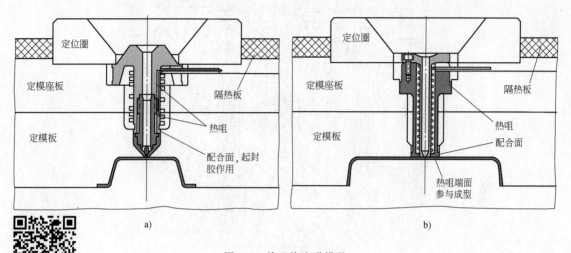

a)　　　　　　　　　　　　　b)

图 9-2　单咀热流道模具

a）点浇口进料　b）热咀端面参与成型

图 9-2a 所示为点浇口进料，适用于单型腔模具。图 9-2b 所示为热咀端面参与成型，所成型的塑件顶部有热咀端面的痕迹。其中，端面成型的热咀下部还可以设置冷的分流道，以实现一模多腔的模具结构，但由于分熔道中的熔体会凝固，从而会形成分流道凝料。

（2）多咀热流道模具　该类模具除了带有一级热咀外，还增加了具有加热功能的热流道板和二级热咀，如图9-3所示。

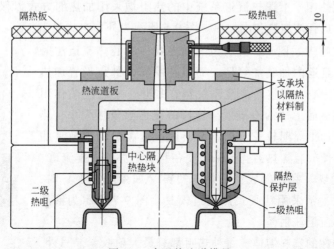

图 9-3　多咀热流道模具

由图 9-3 可以看出，熔融塑料从一级热咀进入，流经热流道板并通过二级热咀进入型腔。多咀热流道模具不仅可以实现一模多腔塑件成型，对于大型塑件，还可以采用多点进料，如图9-4所示。

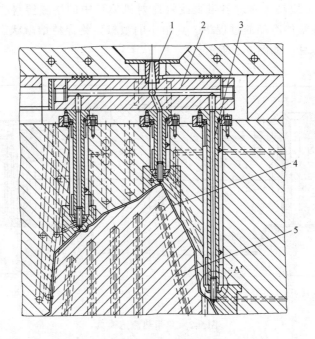

图9-4　多点进料热流道模具

1——级热咀　2—热流道板　3—二级热咀　4—塑件　5—冷却水道

9.1.2　热流道系统主要零件及组装

热流道系统主要由热咀、热流道板、加热元件、测温元件和隔热垫等组成。

1. 热咀

（1）外加热式热咀　上述热流道系统中的热咀均采用加热的方式以保持塑料的熔融状态，其中加热的方式有外加热和内加热。图9-5所示为外加热式热咀。

（2）内加热式喷嘴　图9-6所示为内加热式多型腔热流道注射模。它不仅在整个流道内加装加热器，而且在喷嘴内部也设置加热器，并延伸到浇口中心，即整个浇注系统都在加热。它的绝热作用是靠熔体与模具接触而形成的冷凝层。这样的流道热量损失小，热效率高，即使成型加工周期较长，仍不会凝固。这类热流道模具的流道直径较大，以便放置加热器，且采用交错穿通的办法安排流道。

（3）针阀式喷嘴　在注射成型低黏度塑料（如聚酰胺等）时，为了避免流延现象，常采用针阀式热流道模具。图9-7所示为液压缸驱动的针阀式热流道注射模。

对于不同流动性的塑料熔体，每种热咀都有最大射胶量。另外，应注意热咀的喷咀口大小，其不仅影响射胶量，还会产生其他影响。如果喷咀口太小，会延长成型周期；如果喷咀口太大，喷咀口不易封闭，易于流延或拉丝。

图9-5　外加热式热咀

a）线圈缠在热咀表面

b）线圈埋入热咀表面的螺旋槽中

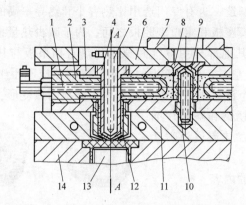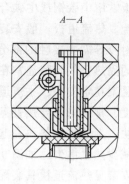

图 9-6　内加热式多型腔热流道注射模

1、5、9—管式加热器　2—分流道鱼雷体　3—热流道板　4—喷嘴鱼雷体　6—定模座板

7—定位环　8—主流道衬套　10—主流道鱼雷体　11—浇口板

12—喷嘴　13—型芯　14—型腔板

2. 热流道板

从加热方式上，热流道板分为外加热热流道板和内加热热流道板两大类。在熔体流动过程中，熔体的压力减小，但不允许材料降解。常用热流道板的形式有一字形、H 形、Y 形、X 形、米字形等，如图 9-8所示。

分流道常用圆形横截面，流道转折处应圆滑过渡，防止塑料熔体滞留。分流道端孔用细牙堵头封死，并用铜制或聚四氟乙烯密封垫圈防漏。热流道板上设有分流道和多个浇口喷嘴。被注射成型的可以是一模多腔塑件，也可以是多浇口的大型塑件。如注射大型周转箱、轿车保险杠等长流程比的塑件，加热熔融的流道物料有利于压力的传递，因此更需要热流道注射。

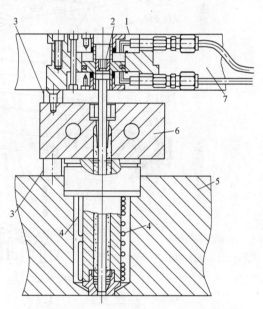

图 9-7　液压缸驱动的针阀式热流道注射模

1—液压缸　2—阀芯　3—支承块　4—加热线圈和加热带　5—定模板　6—热流道板　7—定模座板

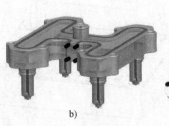

a)　　　　　　　　　　b)　　　　　　　　　　c)

图 9-8　热流道板的形式

a) 一字形　b) H 形　c) X 形

热流道板常用中碳钢或中碳合金钢制造，也有专门选用比热容小和热导率高的钢材或高强度的铜合金。热流道板一般安装在定模座板和定模型腔板之间，为了减少热量损失，除定位、支承、封胶等需要接触的部分外，其他部分用空气间隙或隔热石棉垫板与其他模板隔开。热喷嘴的隔热空气间隙通常在3mm左右，热流道板的隔热空气间隙应不小于8mm。由于热流道板悬架在定模中，主流道和多个浇口中高压熔体的作用力和板的热变形，要求它要有足够的刚度，常常采用导热性差的不锈钢和陶瓷片不锈钢作为垫块，上述这些垫块在起到增加热流道板刚度的同时还能减少热量散失，如图9-9所示。

垫块的安装见热流道模具装配部分的内容。

图9-9　垫块

9.1.3　热流道模具的装配

图9-10所示为热流道注射模的装配分解图。

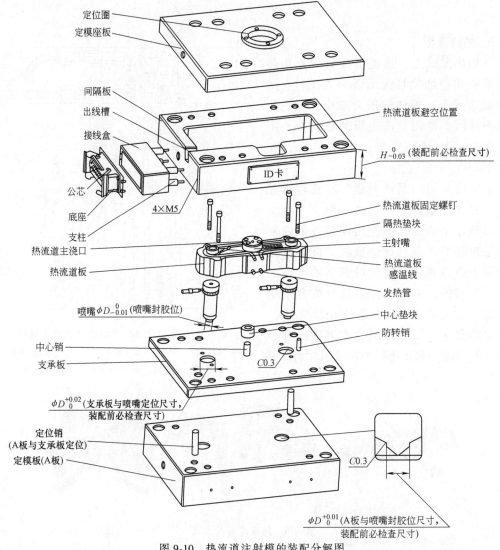

图9-10　热流道注射模的装配分解图

由图 9-10 可以看出，定模座板上的定位圈与热流道主浇口配合，在定模座板和定模板间是一块被加工出避空位置的间隔板，以安装热流道板。在间隔板的侧面设置公芯，用于热流道加热和温控系统引线接口。

（1）加热元件　加热元件是热流道系统的重要组成部分，其加热精度和使用寿命对于注射工艺的控制和热流道系统的工作稳定影响非常大。加热元件一般有加热棒、加热圈、加热管等，如图 9-11 所示。

不论采用内加热还是外加热方式，热咀、热流道板中温度应保持均匀，防止出现局部过冷、过热。另外，加热器的功率应能使喷嘴、热流道板在 0.5~1h 内从常温升到所需的工作温度，喷嘴的升温时间可更短。

（2）温控器　温控器就是对热流道系统的各个位置进行温度控制的仪器，从低端向高端分别有通断位式、积分微分比例控制式和新型智能化温控器等，如图 9-12 所示。

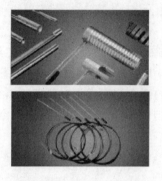

图 9-11　加热元件和感温线

图 9-12　温控器

热咀和热流道板的温度直接关系到模具能否正常运转，一般对其分别进行温度控制。

9.1.4　热流道注射模设计实例

图 9-13 所示为一模两腔热流道注射模。

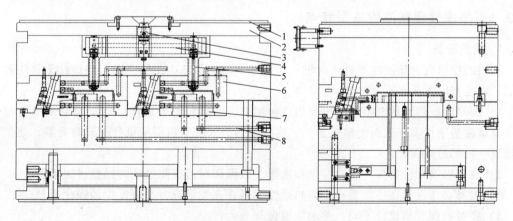

图 9-13　一模两腔热流道注射模

1—隔热板　2—定模座板　3——级热咀　4—流道板　5—二级热咀

6—型腔　7—型芯　8—冷却水道

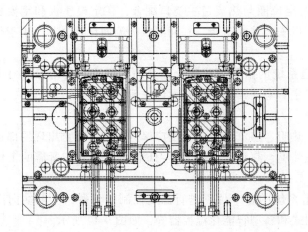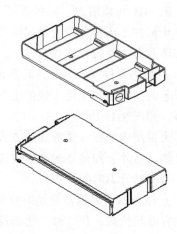

图 9-13　一模两腔热流道注射模（续）

该塑件采用一模两腔的结构，塑料熔体由一级热咀流入热流道板，再由两个二级热咀分别注入两个型腔。浇注系统部分采用加热的方式以使得其中的塑料保持熔融状态，另外，动、定模座板也加装了隔热板以减少热量损失。该塑件的两个侧面都带有侧凹，需要采用侧抽芯机构。虽然模具的浇注系统部分采用加热的方式，但成型零件部分则均设有冷却水道，以加速塑件的冷却，提高生产率。

9.2　热固性塑料注射成型

热固性塑料因其自身的特点，以往只采用压缩成型和压注成型方法来加工塑件。但由于热固性塑料耐热性及电绝缘的突出优点，再加上注射成型周期短，塑件质量好（尤其是带金属嵌件的电器、仪表类塑件），因此在很多场合下注射成型逐步取代了压缩成型和压注成型。

9.2.1　热固性塑料注射成型特点

1. 成型设备

所用的注射机为热固性塑料注射机。它的基本结构和基本工作方法与热塑性塑料注射机相似，但也有以下几点不同之处。

1）料筒的加热不用电阻丝加热而用线包加热。因线包通电后产生的交变电磁场使塑料分子在该磁场中振动，从而使塑料加热。这种加热方式使塑料层从里到外同时升温，使塑料不致发生局部过热固化。

2）注射料筒和注射螺杆均设有冷却水道，以保证在需要降温的时候能迅速降温。

3）模具必须设置加热装置，使得热固性塑料在高温下进行交联反应而固化成型。

4）螺杆的螺旋槽设计不同，要求能兼做排气元件。

2. 成型工艺特点

1）热固性塑料在注射机料筒中处于低黏度的熔融状态。

2）因热固性塑料中一般含有40%（质量分数）以上的填料，黏度和摩擦阻力较大，故要求高温（110℃±10℃）、高压（118~235MPa）成型。

3）热固性塑料成型时，由于交联固化反应而产生缩合水和低分子气体比较多。

9.2.2　热固性塑料注射模的设计要点

1. 分型面设计

热固性塑料成型时由于有许多挥发物排出，所以模具必须要有防溢流、排气措施。

1）模具尽量减少接触面积，以减小分型面的贴合间隙和增加单位面积上的贴合压力，防止溢边的产生。

2）分型面上应尽量减少孔穴和凹坑，以防止分型面上的溢边容易进入其孔穴中，造成清理困难。

3）分型面的表面硬度应该高一些，一般在40HRC以上，以防止飞边碎片在合模中压伤分型面表面。同时，分型面表面粗糙度 Ra 值应小，一般在 $0.2\mu m$ 以下，这样可有效地减小飞边对分型面的附着力，使得清除飞边更加容易。最好是在分型面上镀硬铬以增加其硬度。

4）分型面的排气要求。热固性塑料产生的飞边厚度通常只有 0.01mm，要防止这种飞边出现，分型面必须贴合严密。然而，由于热固性塑料注射成型时会产生很多气体，分型面又必须有缝隙以便排气，所以除了专门开设排气槽外，分型面模板必须具有非常好的刚性，才能有效地防止模板变形，使产生的飞边仅限于在排气槽中出现。

2. 浇注系统设计

热固性塑料注射模的浇注系统与热塑性塑料基本相同，但也有不同之处。

1）主流道与冷料穴。由于热固性塑料在注射成型时，塑料熔体是从温度较低的注射机喷嘴进入高温模具的主流道中，模具的热量和料流摩擦产生的热量使料温迅速增高，料流的黏度也随之迅速下降，流动性则大幅度地上升；所以可将主流道直径设计得较小一些，锥度取1°~2°。由于热固性注射机喷嘴与模具的接触时间较长，模具温度常使喷嘴端部存留一段已固化了的塑料，为避免其堵塞浇口，通常在主流道末端设置较大的冷料穴以收集这段凝料。

2）分流道。热固性塑料注射模的分流道要尽量采取平衡式布置形式，使各型腔能同时充满又能同时固化。

3）浇口。热固性塑料的浇口形式和浇口位置的选择原则与热塑性塑料基本相同。

9.3　共注射成型

使用两个或两个以上注射系统的注射机，将不同品种或不同色泽的塑料同时或先后注射到模具内成型的方法，称为共注射成型。该成型方法可以生产多种塑料的复合塑件。共注射成型所用的注射机称为多色注射机。据资料介绍，国外目前已有八色注射机在生产中应用，我国使用的多为双色注射机。使用两个品种的塑料或一个品种两种颜色的塑料进行共注射成型时，有两种典型的工艺方法：一种是双色注射成型；另一种是双层注射成型。

9.3.1　双色注射成型

双色注射成型的设备一般有两种形式。一种是两个注射系统（料筒）和两副模具共用一个合模系统，如图 9-14 所示。两副模具的凸模部分相同，而凹模部分不一样，其中用于第二次注射的凹模型腔大于第一次注射的凹模型腔。模具固定在一个模具回转板上，当其中一个注射系统向模具内注入一定数量的 A 种塑料之后（充满型腔），模具回转板转动，将此模具送到另外一个注射系统的工作位置上，这个注射系统马上向模具内注入 B 种塑料，直到第二个模具的型腔充满为止，然后塑料经过保压和冷却定型后脱模。用这种形式可以生产分色明显的混合塑件。

另一种是两个注射系统（料筒）共用一个喷嘴，如图 9-15 所示。喷嘴通路中装有启闭机构，调整启闭阀 2 的换向时间，就能生产出各种花纹的塑件。

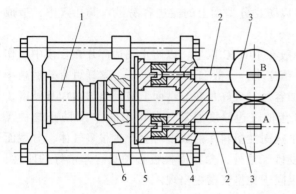

图 9-14　双色注射成型一

1—合模液压缸　2、3—注射系统　4—定模固定板
5—模具回转板　6—动模固定板

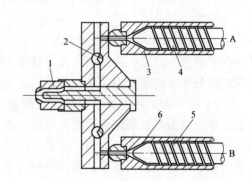

图 9-15　双色注射成型二

1—喷嘴　2—启闭阀　3—注射系统（A 塑料）　4、5—螺杆　6—注射系统（B 塑料）

9.3.2　双层注射成型

双层注射成型如图 9-16 所示，注射系统由两个互相垂直安装的螺杆 1 和螺杆 3 构成，端部是一个交叉喷嘴 2。注射时，先由一个螺杆将第一种塑料注入模具型腔内，当这些塑料与模具型腔内壁接触的部分开始固化，而其内部仍处于熔融状态时，另一个螺杆将第二种塑料注入型腔。后注入的塑料不断地把前一种塑料推向模具内壁表面，而自己占据型腔的中间部分，冷却定型后，就可得到先注入的塑料成型外层，后注入的塑料成型内层的包覆塑件。

双层注射成型还可使用新、旧不同的同一种塑料，成型具有新料性能的塑件。通常塑件内部

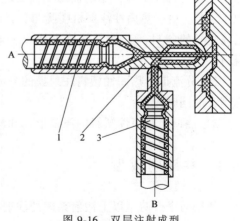

图 9-16　双层注射成型

1—螺杆（A 塑料）　2—交叉喷嘴
3—螺杆（B 塑料）

为旧料，外表则为一定厚度的新料，其力学性能几乎与全新料塑件无异。此外，利用这种方法还可采用不同色泽或不同品种塑料相组合，而获得具有某些优点的塑件。

值得注意的是，在使用不同品种的塑料进行共注射成型时，最好先进行两者互相结合性能试验。必要时，还应在本体上增设凹槽等措施以增加其结合强度。常用塑料的结合性能见表 9-1。

表 9-1 常用塑料的结合性能

	PP	PS	ABS	AS	POM	PC
PP	好	差	中			
PS	差	好				
ABS	差		好	好	中	好
AS		好	好			
POM	差		中		好	
PC			好			好

9.4 气体辅助注射成型

气体辅助注射成型如图 9-17 所示。就是当型腔中注射了部分塑料熔体后，紧接着通过喷嘴、流道将压缩空气（通常为 N_2）注入塑料熔体中形成夹心塑件，即塑件表层是连续结实的实体，而心部存在着空气空间。这样成型的塑件比强度高，很适合作为汽车、建材及日用工业中的塑件。

1. 气体辅助注射成型的基本特点及工艺因素概述

从图 9-17 可知，该成型系统与一般注射成型系统的主要区别在于添加了压缩空气的流道及控制系统，故可认为它是一种双色单模的共注射成型的变形，也可以认为是中空吹塑成型的变异型。气体的压力、流量及体积是决定塑件中气层夹心方位、大小等的重要因素。另外，模具结构和工艺参数如注射速度、熔体温度、模具温度、注射压力及保压时间等也对气层夹心产生重要的影响。

2. 气体辅助注射成型的优点

1）在塑件的厚壁处及肋条、凸台等部位表面不会出现缩陷，提高了塑件质量。一般气体辅助注射成型塑件的横截面形状如图 9-18 所示。

2）所需锁模力很小，只为一般注射成型的 1/5～1/10，故可大幅降低设备成本。

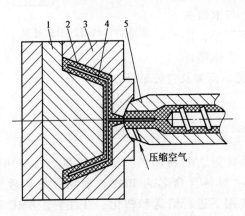

图 9-17 气体辅助注射成型
1—动模型芯板 2—塑件 3—定模型腔板
4—气层夹心 5—注射机喷嘴

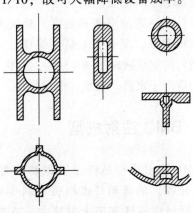

图 9-18 一般气体辅助注射
成型塑件的横截面形状

3）因成型时注射压力低，所以塑件中的残余应力小，不会出现翘曲和应力碎裂缺陷。

4）可减轻塑件重量，使塑件轻型化。

5）由于冷却时间短，缩短了成型周期，提高生产率。

6）可成型各种复杂形状的塑件。

9.5 发泡成型

发泡成型的实质是将发泡塑料注入型腔，再将氮气或发泡剂加入型腔，形成聚合物与气体的混合熔体，由于气体膨胀使熔体发泡而充满型腔。接触低温模壁的熔体中气体破裂，在型腔中发泡膨大，形成表层致密、内部呈微孔泡沫结构的塑件。它的工艺系统中有发泡塑料、发泡注射机、发泡注射模等。

发泡塑料又分为低发泡塑料、硬质发泡体。发泡塑件就是指发泡倍数在 1~2 倍左右，在塑料中加入发泡剂，采用特殊要求的注射机、模具和成型工艺所成型的塑件。

常用的注射发泡塑件的材料有聚苯乙烯、聚乙烯、聚丙烯、聚氯乙烯、聚碳酸酯和聚酰胺等。此外，含玻璃纤维的聚氯乙烯、聚乙烯、聚丙烯和聚酰胺等，可用于制造增强的发泡塑料件。

与普通注射一样，发泡塑件注射成功与否，主要取决于合适的注射速度（注射时间）、注射压力、注射温度（熔体温度）、型腔温度以及模具结构等。除此之外，相关的因素还有发泡剂的性质、发泡剂在熔体中分散的程度、发泡孔的最终尺寸及分布的均匀程度、气泡的增长过程和增长速率等，因为这些因素都将影响到塑件的表层和心部的结构状态，最终会影响到塑件的力学性能。

气泡的形成过程大致分为三个阶段：气泡的形成—气泡的增大—气泡的结合或稳定，如图 9-19 所示。

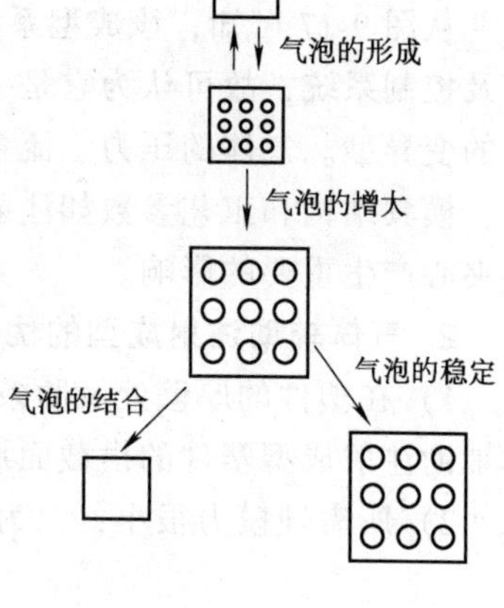

发泡塑件的优点：①表面平整无凹陷和挠曲，无内应力；②具有一定的刚度和强度，外观近似木材，与木材相比具有耐潮湿、成型加工简便等优点；③相对密度小，比一般塑料的重量减轻 15%~50%。因此，在国外，发泡塑件广泛地应用于家具、汽车、电器部件、建材、工艺品框架及包装箱等方面。

图 9-19　气泡的形成过程

9.6 BMC 注射成型

BMC 注射成型是将由不饱和聚酯、苯乙烯树脂、矿物填料、着色剂和 10%~30%（质量分数）的玻璃纤维增强材料等组成的块状塑料（命名为 BMC，属增强热固性塑料），通过液压活塞压入料筒内，在螺杆旋转作用下进行输送和塑化，并注射。BMC 塑件具有很高的电阻值、耐湿性和优良的力学性能以及较小的收缩率。因此，BMC 注射成型可用来生产广泛应用于电子工业、家用电器方面的厚横截面塑件，如各种壳体和小零件等。

BMC 注射成型时，模具温度在 140~170℃；注射料筒温度需严格控制，一般用循环液体加热，温度控制在 30~60℃；注射压力一般为 151MPa，注射时间为 2~3s，螺杆转速为 30~60r/min。在 BMC 注射机上装有特殊形式的料斗和供料装置。料筒开设有侧入口，以便与自动加料装置相连接。供料装置有液压活塞，可把物料压入塑化料筒内，在螺杆作用下进行输送和塑化。塑化螺杆的长径比一般为 20∶1。

为了保持玻璃纤维的长度以及准确地计量稳定塑化系统的压力，常采用深螺旋槽无压缩段的螺杆，并在料筒头部装上防溢流的针阀。

对于 BMC 注射必须注意材料流动路线、流道结构尺寸，考虑尽量小的阻力或死角，防止材料流动的困难或出现积料。BMC 注射模属于一种热固性塑料注射模，其结构设计与一般热固性塑料注射模相同。

9.7　反应注射成型

反应注射成型的实质是使能够起反应的两种液料进行混合注射，并在模具中进行反应固化成型的一种方法。因此，反应注射一般都包括两组液料的供给系统，以及液料泵输出、混合及注射系统。反应注射成型可用来成型发泡塑件和增强塑件，目前开发的应用领域已十分广泛。例如：聚氨酯塑件，在汽车制造业中用来做驾驶盘、坐垫、头部靠垫、手臂靠垫、阻流板、缓冲器、防振垫、遮光板、载货汽车车身、冷藏车、冷藏库等的夹心板；在电器中用来成型电视机、扬声器、计算机、控制台外壳等；在其他方面用来成型家具、仿木塑件、管道、冷藏器、热水锅炉、冰箱等的隔热材料。用反应注射成型还可以成型玻璃纤维增强聚氨酯发泡塑件，用来做汽车车厢的内壁材料或地板材料以及汽车的仪表面板等。

反应注射机可认为是一种广义的混色注射机。如图 9-20 所示，首先将储罐内不同物料按配比要求，经过计量泵等送入混合头，各组分在混

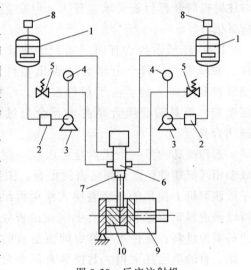

图 9-20　反应注射机

1—储罐　2—过滤器　3—计量泵　4—压力表
5—溢流阀　6—注射器　7—混合头（能自清洗）
8—搅拌器　9—合模装置　10—模具

合头内流动过程中进行充分混合。混合料在 10~20MPa 的压力下注入模具型腔内，入模后立即进行化学反应，固化成型。当一次计量完毕立即关闭混合头，各组分自行循环。

对反应注射机的要求有以下两点。

1）流量及配比要准确。

2）能快速加热或冷却物料，节省能源。

反应注射模属于一种热固性塑料注射模，其结构与一般热固性塑料注射模一样。在设计时，还要考虑由于在型腔中发生显著的化学变化，所以要对成型表面进行特殊设计，如防护、强化等。此外，也要考虑模具的排气设计。

9.8　叠层式模具

叠层式模具相当于将多副模具叠放组合在一起。这种模具往往需要有一个较长的主流道来输送熔体到模具中部。叠层式模具最适于成型大型扁平塑件、小型多腔薄壁塑件和需大批量生产的塑件。最初的叠层式模具因使用普通流道，每次注射后都要去除流道，导致不能实现自动化生产，因而应用较少。当叠层式模具应用了热流道技术后，其应用才得到了较大的提高。

叠层式热流道模具热流道系统的主流道设置在模具的中心部分。由于叠层式模具型腔有多个分型面，这意味着需要有一个机构使这些分型面能同时分型。与常规模具相比，这种模具锁模力只提高 5%~10%，但产量增加了 90%~95%，可以极大地提高设备利用率和生产率，节约成本。此外，由于模具制造要求基本上与常规模具相同，主要是将两副或多副型腔组合在 1 副模具中，所以模具制造周期可缩短 5%~10%。因此，尽管这种模具的加工技术要求较高，同时对注射机的开模行程要求也较大，但在工业上的应用前景仍较好。

图 9-21 所示为含有两层型腔的热流道叠层式模具，脱模时可从两个分型面处脱出塑件，这样可使塑件产量增加一倍。由于塑件扁平，即使设计成两层型腔，模具的总闭合高度也不会超过注射机允许的闭合高度。

这种模具的另一个优点是可以在一副模具中同时成型相匹配塑件，以达到精密的配合。图 9-21 所示为一般注射机上使用的典型叠层式注射模结构形式，其特点是进料口需延长到模具中间流道板处，同时对两边的型腔供料；在位于模具中间流道板的两侧各形成一副完整的单层注射模。此模具有两个分型面，有两套脱模机构，可分别采用机械、液压或气动脱模。延伸式喷嘴外侧可用电阻丝加热。

由于叠层式模具有两个分型面和两个脱模机构，因而必须在动模、中间流道板和定模之间设置联锁

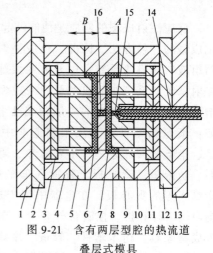

图 9-21　含有两层型腔的热流道
叠层式模具

1—注射机动模安装板　2—动模底板　3—塑件 B 脱模机构　4、10—垫块　5—塑件 B 型芯板　6—塑件 B　7—塑件 A　8—型腔板（中间流道板）　9—塑件 A 型芯板　11—塑件 A 脱模机构　12—定模底板　13—注射机定模安装板　14—延伸式喷嘴　15—塑件 A 浇口　16—塑件 B 浇口

机构。叠层式模具在开模时，不仅动模部分移动，中间部分也同时移动，即同时打开 2个分型面，并由两侧的脱模机构使塑件脱模。目前，叠层式模具的开模方式一般有齿轮齿条驱动（图 9-22a）、铰接杠杆驱动（图 9-22b）、和用液压缸驱动（图 9-22c）三种。

铰接杠杆传动装置小且磨损少。齿条开模机构在模具的两边各有一根齿条，两根齿条与安装在中间部分的齿轮相啮合，通过导轨及齿条控制系统使模具在两个分型面同时开启。与液压缸驱动和铰接杠杆驱动相比，齿轮齿条驱动性能较好，也较经济，但用铰接杠杆驱动模具的灵活性更大。采用液压缸辅助开模更易控制开模时间，但结构较大。

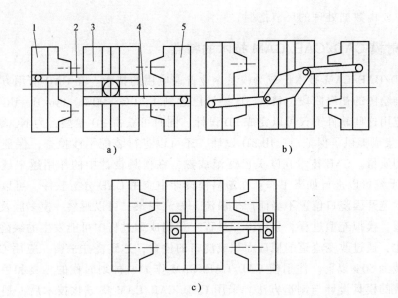

图 9-22　叠层式模具的开模方式
1、5—动、定模　2、4—齿条　3—流道板

9.9　注射模 CAD/CAE/CAM

　　传统注射模的设计，主要是依赖设计人员的经验，设计的速度、质量及可靠性的程度因设计人员的经验不同而异。又因模具是单品或极小批量的产品，传统中人工设计、样板靠模单件制造的模具，已经无法适应产品快速更新、质量日益提高的需求。计算机在塑料模具生产领域的应用已经成为一种解决设计和制造中各种难题的不可替代的手段，在设计和制造的过程中发挥了极其有效的作用。

　　计算机技术的应用可以贯穿于现代塑料模具生产的全过程。塑料模具的生产，具有加工的零件形状复杂，系列化、标准化程度比较高，生产批量大和生产周期短等特点。形状复杂多变可以充分发挥计算机重复、复杂计算的能力。现代的民用产品外形趋于流线型，模具的生产不借助于计算机则难以生存；系列化、标准化程度比较高，可以利用计算机数据库管理技术提高自动化设计、制造和生产管理的水平；生产批量大，要求产品的重复精度高，互换性好，从而要求生产模具和备用模具的型腔之间有完全的一致性，这也只有在计算机的辅助下才能实现。由于计算机辅助设计和制造技术使得计算、分析、出图和制造过程的效率大为提高，计算机参与生产管理使得人员和设备资源的调配得到优化，生产周期可以最大限度地缩短。

　　现代模具生产中采用集特种加工设备为一体的数控加工中心加工型腔零件，减少工序间的衔接环节，减少多次装夹定位造成的误差，减少经手人员的数量，质量和周期由计算机数据处理人员控制，尽可能避免人为失误，使得生产周期和成本估算的精确性大大提高，生产质量也得到保证。现代模具生产以数据处理为龙头，随着模具设计和工艺分析计算机专家系统的不断成熟和普及，新技术和新工艺的推广应用非常迅速，使得模具生产的质量、效率和可靠性可以主要由数据处理的环节把握。

9.9.1　注射模 CAD/CAE/CAM 技术的特点

模具 CAD/CAE/CAM 技术已成为模具企业普遍应用的技术。在 CAD 应用方面，已超越了用图板二维绘图的初级阶段，目前 3D 设计已达到了 70%～90%。Pro/E、UGⅡ等软件已普遍应用。应用这些软件不仅可以完成 2D 设计，同时可获得 3D 模型，为 NC 编程和 CAD/CAE/CAM 的集成提供了保证。应用 3D 设计，还可以进行装配干涉检查，保证了模具零件的加工精度和质量。CAE 技术在欧美已逐渐成熟，在模具设计中的作用越来越大。应用注射模的 CAE 系统可以进行如下工作：在塑料模设计中应用 CAE 分析软件，可以正确地选择浇口的种类，避开因浇口位置不当而产生滞流、喷流现象；可以观察一模多腔及多浇口的塑件的各个流道，模拟充型过程，分析冷却过程；预测成型过程中可能发生的缺陷和各个时段内的流量变化，通过改变流道的横截面积或浇口的位置，达到浇注平衡。应用 CAE 技术后，试模时间可减少 50% 以上。注射模 CAD/CAE/CAM 作为一种划时代的工具和手段，从根本上改变了传统的模具设计与制造方法。采用 CAD/CAE/CAM 集成化技术后，塑件一般不需要再进行原型试验，采用几何造型技术，塑件的形状就能精确、逼真地显示在计算机屏幕上，有限元分析程序可以对其力学性能进行预测，设计人员能从烦琐的绘图和计算中解放出来，集中精力从事诸如方案的构思和结构优化等创造性的工作。

9.9.2　注射模 CAD/CAE/CAM 的功能

1. 塑件的几何造型

三维实体的几何造型是模具生产过程的基础。采用几何造型系统，如线框架造型、表面造型和实体造型，在计算机中生成塑件的几何模型，是注射模 CAD/CAE/CAM 工作的第一步。由于塑件大多是薄壁件且有复杂的曲面，因此常用表面造型的方法来产生塑件的几何模型。

2. 模具方案布置

采用计算机软件来指导模具设计人员布置型腔的数目和位置，构思浇注系统、冷却系统及脱模机构，为选择标准模架和设计动模、定模部件装配图做准备。

3. 型腔表面形状的生成

由于塑件的成型收缩、模具的磨损及加工精度的影响，注射塑件的内、外表面并不就是模具的型芯、型腔的表面，需要经过比较复杂的转换才能获得型腔和型芯表面。目前大多数注射模设计软件只能根据塑料的收缩率来放大导入的塑件，这样分模得到的型腔和型芯的精度还不是很高，要准确地制成型腔和型芯表面形状仍是当前的研究课题。

4. 标准模架的选择

一般而言，设计软件应具有两个功能：一是能使模具设计人员输入本厂的标准模架，以建立自己的标准模架库；二是可方便地从已建好的专用标准模架库中选出设计中所需的模架类型及全部模具标准件的图形及数据。

5. 部件装配图及总装图的生成

根据所选的标准模架及已完成的型腔布置，设计软件以交互方式引导模具设计人员生成模具部件装配图和总装图。模具设计人员在完成总装图时能利用光标在屏幕上拖动模具零件，以搭积木的方式装配模具总图，十分方便灵活。

6. 模具零件图的生成

设计软件能引导设计人员根据部件装配图、总装图以及相应的图形库、数据库，完成模具零件的设计、绘图和标注尺寸。

7. 注射工艺条件及塑料材料的优化

基于模具设计人员的输入数据以及优化计算，程序能向模具设计人员提供有关型腔的填充时间、熔体成型温度、注射压力及最佳塑料材料的推荐值。有些软件还能动用专家系统，帮助模具设计人员分析注射成型故障及塑件成型缺陷。

8. 注射流动及保压过程模拟

一般常采用有限元方法来模拟熔体的充型和保压过程，其模拟结果能为模具设计人员提供熔体在浇注系统和型腔中流动过程的状态图，提供不同时刻熔体及塑件在型腔各处的温度、压力、剪切速度、切应力以及所需的最大锁模力等，其模拟结果对改进浇注系统及调整注射成型工艺参数有重要的指导意义。

9. 冷却过程分析

一般常采用边界元法来分析模壁的冷却过程，用有限差分法分析塑件沿模壁垂直方向的一维热传导，用经验公式描述冷却水在冷却水道中的导热，并将三者有机地结合在一起来分析非稳态的冷却过程。分析结果有助于缩短模具冷却时间、改善塑件在冷却过程中温度分布的不均匀性。

10. 力学分析

一般常采用有限元法来计算模具在注射成型过程中最大的变形和应力，以此来检验模具的刚度和强度能否保证模具正常工作。有些软件还能对塑件在成型过程中可能发生的翘曲进行预测，以便模具设计人员在模具制造之前及时采取补救措施。

11. 数控加工

采用各种自动编程系统软件，包括注射模中经常需要用的数控线切割指令生成，曲面的三轴、五轴数控铣削刀具轨迹生成，以及相应的后置处理程序等。

12. 数控加工仿真

为了检验数控加工软件的准确性，在计算机屏幕上模拟刀具在三维曲面上的实时加工并显示有关曲面的形状数据。

图 9-23 所示为注射模 CAD/CAE/CAM 集成系统框图。

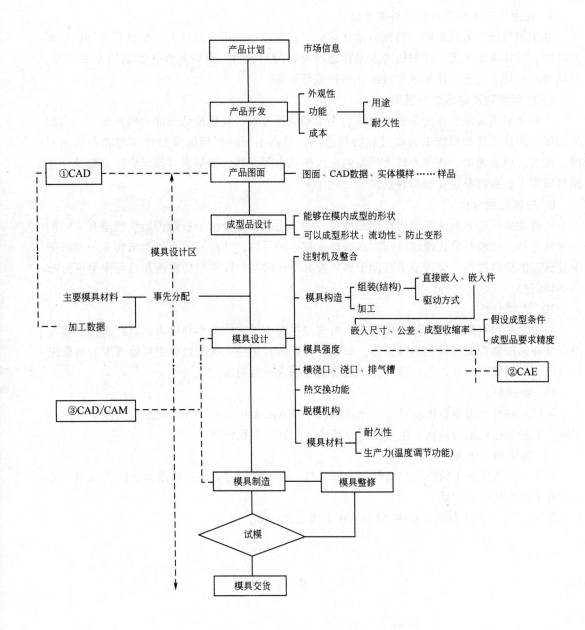

图 9-23　注射模 CAD/CAE/CAM 集成系统框图

附　　录

附录 A　中国大陆与中国台湾地区部分模具术语名称对照

中国大陆	中国台湾	中国大陆	中国台湾	中国大陆	中国台湾
YS 挡销	垃圾钉	垫块	方铁	推管（顶管）	司筒
分模隙	托模槽	浇口套	唧嘴	（推管）型芯	司筒针
弹簧	弹弓	浇口	入水（或水口）	动模座板孔 （注射机顶杆孔）	KO 孔
直导套	直司	导柱	直边（或导承销）	直接浇口	大水口
带法兰导套	托司（或杯司）	销钉	管钉	点浇口	小水口
中法兰导套	中托司	支承柱	撑头	拉料杆	勾针
推杆	顶针	滑块	行位	压板部位 （压板槽）	码模槽
推杆固定板	回针板（或前顶板）	流道推板	水口推板	注射成型	射出成型
定位圈	定位器	支承板	活动靠板	型芯	活动嵌件
定模座板	固定侧装设板	型芯固定板	活动模板	斜导柱	倾斜销
动模座板	活动侧装设板	推板	后顶板	侧芯滑块	滑动模芯

附录 B　注射模浇口套结构形式和推荐尺寸

（单位：mm）

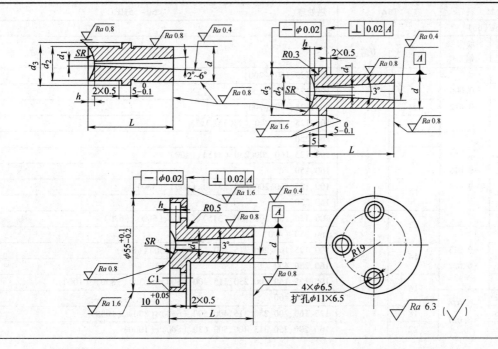

（续）

材　料		T10A		热处理			50~55HRC	
$d(k6)$		$d_2(f8)$		d_3	h	SR	d_1	L
公称尺寸	极限偏差	公称尺寸	极限偏差					
16	+0.012 +0.001	20	−0.020 −0.053	28	3	15	3.5	16~63
							5	16~63
20							3.5	16~80
							5	16~80
							6	16~100
25	+0.015 +0.002	35.5	−0.025 −0.064	45	5	20	5	20~100
							6	20~100
							8.5	31.5~100
31.5							8.5	31.5~100
							10	31.5~100
L尺寸规格		16、20、25、31.5、35.5、40、50、63、71、80、90、100						

附录 C　注射模直通式推杆的结构形式和尺寸

（单位：mm）

标记示例：

$d=8mm$、$L=200mm$ 的推杆

推杆 $\phi8\times200$ GB/T 4169.1—2006

材料：T8A GB/T 1298—2008（直径 d 在 6mm 以下
　　　允许用 65Mn GB/T 699—2015）

技术要求：

（1）工作端棱边不允许倒钝

（2）工作端面不允许有中心孔

（3）其他按 GB/T 4170—2016

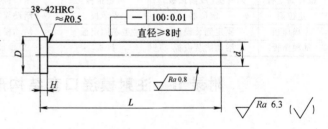

材　料		T8A	热处理	50~55HRC
$d(d6)$				
公称尺寸	极限偏差	$D_{-0.2}^{0}$	$H_{-0.05}^{0}$	$L_{0}^{+2.0}$
1.6	−0.006 −0.012	4	2	100、125、160、（200）
2				100、125、160、（200）
2.5		5		100、125、160、（200）
3	−0.010 −0.018	6	3	100、125、160、200、（250）、（315）
3.2				160、250
4		8		100、125、160、200、250、（315）、（400）
4.2				160、250
5		10		100、125、160、200、250、（315）、（400）、（500）
5.2				160、250
6		12		100、125、160、200、250、（315）、（400）、（500）、（630）
6.2				160、250、（400）
8	−0.013 −0.022	14	5	100、125、160、200、315、400、（500）、（630）、（800）
8.2				160、250、400
10		16		100、125、160、200、250、315、400、（500）、（630）、（800）、（1000）
10.2	−0.016 −0.027			160、250、400
12.5		18	7	125、160、200、250、315、400、500、（630）、（800）、（1000）
16		22		160、200、250、315、400、500、630、（800）、（1000）

（续）

材 料		T8A		热处理	50~55HRC
$d(d6)$					
公称尺寸	极限偏差	$D_{-0.2}^{\ 0}$	$H_{-0.05}^{\ 0}$		$L_0^{+2.0}$
20	-0.020	26	8		200、250、315、400、500、630、（800）、（1000）
25	-0.033	32			315、400、500、630、（800）、（1000）
32	-0.025 -0.041	40	10		500、630、（800）、（1000）

注：1. 括号内尺寸非优先选用。

2. d 为 3.2mm、4.2mm、5.2mm、6.2mm、8.2mm、10.2mm 的尺寸供修配用。

附录 D　斜导柱的结构形式和尺寸

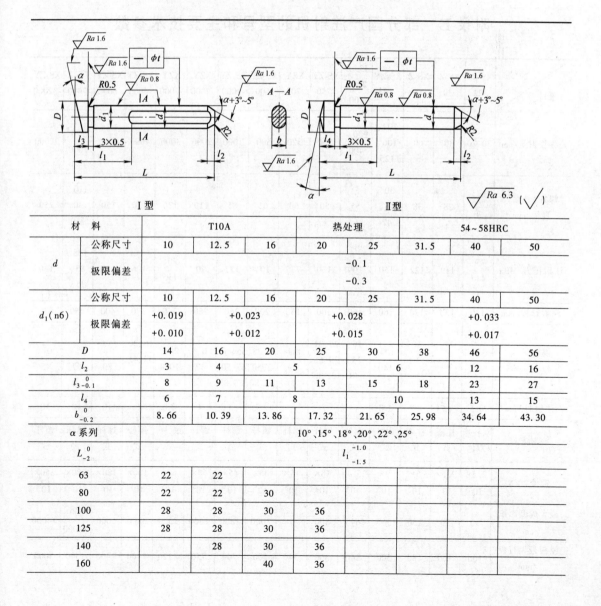

Ⅰ型　　　　　　　　　Ⅱ型

材 料		T10A			热处理		54~58HRC	
d	公称尺寸	10	12.5	16	20	25	31.5	40	50
	极限偏差				-0.1 -0.3				
$d_1(n6)$	公称尺寸	10	12.5	16	20	25	31.5	40	50
	极限偏差	+0.019 +0.010	+0.023 +0.012		+0.028 +0.015		+0.033 +0.017		
D		14	16	20	25	30	38	46	56
l_2		3	4	5		6		12	16
$l_{3\,-0.1}^{\ \ 0}$		8	9	11	13	15	18	23	27
l_4		6	7	8		10		13	15
$b_{-0.2}^{\ 0}$		8.66	10.39	13.86	17.32	21.65	25.98	34.64	43.30
α 系列		10°、15°、18°、20°、22°、25°							
$L_{-2}^{\ 0}$					$l_1{}_{-1.5}^{-1.0}$				
63		22	22						
80		22	22	30					
100		28	28	30	36				
125		28	28	30	36				
140			28	30	36				
160				40	36				

（续）

材料	T10A		热处理		54~58HRC	
180	40	36	46			
200	40	46	46	46	63	
220	40	46	46	46	63	
250		46	46	46	71	
280		46	46	46	71	71
315				63	71	71
355				63	71	71
400				63	71	71
450				63	80	80
500					80	80

附录 E　部分国产注射机的型号和主要技术参数

型号＼项目	XS-ZS-22	XS-Z-30	XS-Z-60	XS-ZY-125	J54-S-200/400	XS-ZY-250	XZY-300	XS-ZY-500	XS-ZY-1000	XZY-2000	XZY-3000	XS-ZY-4000	XS-ZY-6000	T-S-Z-7000	XS-ZY-32000
公称注射量/cm³	30、20	30	60	104、106、125	200~400	250	320	500	1000	2000	3000	4000	6000	3980、5170、7000（g）	32000
螺杆（柱塞）直径/mm	25、20	28	38	30、45、42	55	50	60	65	85	110	120	130	150	110、130、150	250
注射压力/MPa	75、117	119	122	150	109	130	775	104	121	90	90、115	106	110	158、85、113	130
注射行程/mm	130	130	170	160	160	160	150	200	260	280	340	370	400	450	879
螺杆转速/(r/min)				10~140	16、28、48	25、31、39、58、32、89	15~90	20、35、32、38、42、50、63、80	21、27、35、40、45、50、65、83	0~47	20~1000	16、20、32、41、51、74	0~80	15~67	0~45
注射时间/s	0.5	0.7		1.8		2		2.7	3	4	3.8	6	10	10	10
注射方式	双柱塞（双色）	柱塞式	柱塞式	螺杆式	螺杆式	螺杆式	螺杆式	螺杆式	螺杆式	螺杆式	螺杆式	螺杆式	螺杆式	螺杆式	螺杆式
锁模力/N	$2.5×10^5$	$2.5×10^5$	$5×10^5$	$9×10^5$	$25.4×10^5$	$18×10^5$	$15×10^5$	$35×10^5$	$45×10^5$	$60×10^5$	$63×10^5$	$100×10^5$	$180×10^5$	$180×10^5$	$350×10^5$
最大成型面积/cm²	90	90	130	360	645	500		1000	1800	2600	2520	3800	5000	7200~14000	14000
模板最大行程/mm	160	160	180	300	260	500	340	500	700	750	1120	1100	1400	1500	3000

项目 ＼ 型号	XS-ZS-22	XS-Z-30	XS-Z-60	XS-ZY-125	J54-S200/400	XS-ZY-250	XZY-300	XS-ZY-500	XS-ZY-1000	XZY-2000	XZY-3000	XS-ZY-4000	XS-ZY-6000	T-S-Z-7000	XS-ZY-32000
模板最大厚度/mm	180	180	200	300	406	350	355	450	700	890	960、680、400	1000	1000	1200	2000
模板最小厚度/mm	60	60	70	200	165	200	285	300	300	500		700	700	800	1000
模板尺寸/mm	250×380	250×280	300×440		532×634	598×520	620×520	700×850		1100×1180	1350×1250			1800×1900	2500×2460
拉杆空间/mm	235	235	190×300	260×360	290×368	448×370	400×300	540×440	650×550	760×700	900×800	1050×950	1350×1460	1200×1800	2260×2000
合模方式	液压-机械	液压-机械	液压-机械	液压-机械	液压-机械	增压式	液压-机械	液压-机械	两次动作、液压	液压-机械	充压式	两次动作、液压	两次动作、液压	两次动作、液压	液压抱合螺母
推出形式及两侧推出时中心距/mm	两侧推出（70）	两侧推出（170）	中心推出	两侧推出（230）	中心推出	中心及两侧推出	中心及两侧推出（530）	中心及两侧推出（530）	中心及两侧推出（350）	中心及两侧推出	中心推出	中心及两侧推出（1200）	中心及两侧推出	中心及两侧推出	中心及两侧推出
喷嘴 球半径/mm		12	12	12		18		18	18						
喷嘴 孔直径/mm		4	4	4		4		7.5	7.5						
定位圈尺寸/mm	63.5	63.5	55	100	125			150	150			300			

参 考 文 献

[1] 李德群，黄志高. 塑料注射成型工艺及模具设计 [M]. 2 版. 北京：机械工业出版社，2009.

[2] 黄虹. 塑料成型加工与模具 [M]. 2 版. 北京：化学工业出版社，2010.

[3] 瑞斯. 模具工程 [M]. 2 版. 朱元吉，译. 北京：化学工业出版社，2005.

[4] 徐佩弦. 塑料制品设计指南 [M]. 北京：化学工业出版社，2007.

[5] 徐佩弦. 塑料制品与模具设计 [M]. 上海：华东理工大学出版社，2010.

[6] 李海梅. 注射成型及模具设计实用技术 [M]. 北京：化学工业出版社，2009.

[7] 郭广思. 注塑成型技术 [M]. 2 版. 北京：机械工业出版社，2009.

[8] 付宏生，刘京华. 注塑制品与注塑模具设计 [M]. 北京：化学工业出版社，2003.

[9] 颜智伟. 塑料模具设计与机构设计 [M]. 北京：国防工业出版社，2012.

[10] 翁其金. 塑料模塑成型技术 [M]. 2 版. 北京：机械工业出版社，2011.

[11] 叶久新，王群. 塑料制品成型及模具设计 [M]. 长沙：湖南科学技术出版社，2004.

[12] 王文广，田宝善，田雁晨. 塑料注射模具设计技巧与实例 [M]. 北京：化学工业出版社，2007.

[13] 伍先明，陈志钢，杨军，等. 塑料模具设计指导 [M]. 3 版. 北京：国防工业出版社，2012.

[14] 三谷井造. 金属模具设计与实务 [M]. 欧阳渭城，译. 台北：全华科技图书股份有限公司，2004.

[15] 张秀玲，黄红辉. 塑料成型工艺与模具设计 [M]. 长沙：中南大学出版社，2006.

[16] 齐晓杰. 塑料成型工艺与模具设计 [M]. 2 版. 北京：机械工业出版社，2012.

[17] 屈华昌，张俊. 塑料成型工艺与模具设计 [M]. 3 版. 北京：机械工业出版社，2014.

[18] 张维合. 塑料成型工艺与模具设计 [M]. 北京：化学工业出版社，2014.

[19] 张维合. 注塑模具设计实用教程 [M]. 2 版. 北京：化学工业出版社，2011.